L'AGRICULTURE

DE

L'ITALIE SEPTENTRIONALE

PARIS. — IMPRIMERIE GÉNÉRALE DE CH. LAHURE
Rue de Fleurus, 9

L'AGRICULTURE

DE

L'ITALIE SEPTENTRIONALE

RAPPORT A SON EXCELLENCE M. ARMAND BÉHIC

MINISTRE DE L'AGRICULTURE
DU COMMERCE ET DES TRAVAUX PUBLICS

PAR

GUSTAVE HEUZÉ

Adjoint à l'Inspection générale de l'Agriculture
Chevalier de la Légion d'honneur
Professeur de culture à l'École impériale de Grignon

PARIS

LIBRAIRIE DE L. HACHETTE ET Cⁱᵉ

BOULEVARD SAINT-GERMAIN, Nᵒ 77

1864

MONSIEUR LE MINISTRE,

J'ai l'honneur de vous rendre compte de la mission que votre honorable prédécesseur, S. E. M. Rouher, a bien voulu me confier, ayant pour objet des études sur les irrigations, la fabrication du fromage de Parmesan, la culture du riz, du maïs, du chanvre et de la paille à chapeaux en Italie.

J'ai quitté la France le 20 août. Partout où j'ai eu besoin d'être guidé dans mes observations ou de recueillir des renseignements, j'ai trouvé une bienveillance qui est restée gravée

A

dans ma mémoire. M. Minghetti, alors ministre
de l'intérieur à Turin, s'est empressé de me
recommander au préfet de Milan. Je suis heureux de citer aussi très-particulièrement M. le
général marquis Bertone de Sambuy, l'un des
agriculteurs les plus éclairés du Piémont; M. le
docteur Monaco, M. François Dunasi, directeur de la Société des irrigations du Verceillais et M. Malinverni à Verceil ; M. Bear à Milan et M. Édoard Kramer, ingénieur à Milan,
et petit-fils de l'avocat Berra, l'auteur de
plusieurs ouvrages estimés sur l'agriculture
du Milanais; Mme veuve Stabilini à Torre
d'Arres près Pavie; le professeur Botter à Bologne; l'honorable marquis Casimo Ridolfi et
le savant docteur Salvagnoli à Florence ;
M. Wyse, manufacturier à Prato.

Qu'il me soit permis de remercier M. de
Monny de Mornay, directeur de l'agriculture,
qui s'est plu à me tracer la route que je devais
suivre et m'a donné l'appui de ses conseils et
de son expérience.

Votre Excellence a daigné m'accorder l'autorisation de publier sous ses auspices les

observations que j'ai faites pendant ma mission. Je la prie d'agréer l'expression de ma profonde reconnaissance pour sa marque de haute bienveillance.

Je me suis tout d'abord bien pénétré du climat, de la configuration et de la nature du sol du Piémont, de la Lombardie et de la Toscane. Cette étude m'a été très-utile en ce qu'elle m'a permis de bien saisir les différences qu'on observe entre les différentes régions agricoles de l'Italie, et de me rendre compte de la remarquable influence que l'eau, régulièrement distribuée, exerce et sur la couche arable et sur les plantes.

L'emploi de l'eau dans l'Italie septentrionale constitue à la fois un art et une science. Nulle part en Europe on n'admire des travaux hydrauliques mieux étudiés e plus habilement exécutés, et des prairies plus heureusement créées et plus ingénieusement arrosées. Certes, c'est dans les localités où les eaux sont judicieusement utilisées qu'il est permis de dire : tout vit, tout se renouvelle ! C'est là, en effet, qu'on voit les laboureurs pendant l'été ne point

fuir le soleil au milieu du jour et ne pas at-
tendre les rafraîchissements du soir pour jouir
d'un vrai bonheur champêtre. Ailleurs, où les
rayons brûlants du soleil suspendent toute végétation herbacée pendant l'été, c'est au mois
de juin que les belles journées finissent et
que les mauvais jours commencent.

On a donc eu raison de dire depuis longtemps que les irrigations sont une source féconde de prospérité pour l'Italie septentrionale,
puisqu'elles ont contribué largement à élever
au plus haut degré la richesse territoriale, et
qu'il est impossible en contemplant ces ver-
dures infinies qu'elles font naître, de ne pas
aimer la nature et admirer sa splendeur.

Ces arrosages sont principalement pratiqués
dans les plaines du Piémont et du Milanais,
mais on les observe aussi dans la basse Toscane, le duché de Modène et sur quelques
points des États Romains. Les eaux sont trop
en contre-bas du niveau des terres dans les
Romagnes et le Bolonais pour qu'on puisse les
faire servir fructueusement à l'irrigation des
prairies ou des cultures.

Les arrosages (*adaquamento*) ont pris naissance dans le Piémont au commencement du quatorzième siècle, époque à laquelle on fit des dérivations importantes. Ces irrigations se sont développées chaque année, protégées qu'elles étaient par la maison royale de Turin. Elles ont leurs principaux centres dans les provinces d'Ivrée, de Verceil, de Novare et d'Alexandrie, localités où la plupart des terres labourables ont été formées par les débris que les eaux ont successivement enlevés aux montagnes alpines.

Le sol de ces provinces était autrefois inculte, aride ou marécageux. Les irrigations ont permis de le transformer avec le temps en terre productive. Si les eaux avec lesquelles on arrose les alluvions (*alluvione*) de ces contrées étaient plus fécondes, nul doute qu'elles eussent depuis longtemps fait naître une richesse territoriale plus grande que celle qu'on est heureux de constater.

Les arrosages qu'on exécute dans ces provinces sur 200 000 hectares, ont lieu avec les eaux des nombreux cours d'eau qui descendent directement de la ceinture de montagnes qui les limite au nord et à l'ouest. Toutefois, si les canaux qui portent ces eaux sont pour les provinces d'Ivrée, Verceil, etc., une source vraie de prospérité, on constate bien à regret chaque année des variations considérables dans leur débit[1] et on remarque que ces mêmes eaux apportent parfois en abondance sur les prairies des parties argileuses, du sable et des débris schisteux qui nuisent plus ou moins à la fécondité du sol et à la végétation des plantes. Ces parties limoneuses charriées par les eaux n'arrivent pas toujours en totalité sur les terres arrosées; souvent elles restent (*deposito*) en grande partie dans les canaux et elles obligent à curer ces derniers afin qu'ils aient le même débit à toutes les époques de l'année.

Les eaux que les terres labourables, les prairies et les plantes n'absorbent pas arrivent dans le thalweg au milieu duquel coule le Pô,

---

1. Les fleuves qui descendent directement des glaciers sont en hiver à leur étiage (*magra*); en été, par suite de la fonte des neiges, ils coulent à pleins bords (*piena*).

ce grand collecteur des irrigations pratiquées entre les Alpes et les Apennins.

La partie montagneuse est aussi arrosée sur un grand nombre de points avec les ruisseaux qui descendent des élévations, mais les irrigations y sont principalement faites au moyen de rigoles de niveau étagées les unes au-dessus des autres.

Les plaines sont arrosées d'après le système en usage dans la Lombardie. Sur plusieurs points, là où la terre devient bocagère, et lorsque le soleil ruisselle des flots d'or, les prairies y présentent les mêmes tapis de verdure et de fraîcheur.

Les irrigations du Milanais ont une origine très-ancienne. Selon la tradition, les premiers arrosages y auraient été faits par les moines de l'abbaye que saint Bernard fonda à Chiaravalle. Toutes choses égales d'ailleurs, c'est vers le milieu du quinzième siècle, sous le règne de François Ier Sforce, duc de Milan, époque de la renaissance des arts et des sciences, que cette industrie agricole changea complétement l'aspect de la basse Lombardie. Depuis cette mémorable époque, chaque siècle a contribué aux perfectionnements des irrigations, soit en créant de nouveaux canaux, soit en dotant le Milanais de règlements mieux étudiés, plus pratiques et plus libéraux, enfin, soit en modifiant ceux qui avaient été édictés pendant les douzième et treizième siècles.

La France n'est pas restée étrangère à cette prospérité. C'est Louis XII qui le premier, en 1502, régla le droit d'aqueduc en publiant dans les *Statuts du Milanais*, les principes sur lesquels il repose de nos jours. D'un autre côté, les lois et règlements rendus par Napoléon Ier en 1804, 1806, 1807 et 1808 régissent encore les dérivations et les conduites d'eau, les concessions perpétuelles ou temporaires, la recherche des sources, la modellation (*modellazione*) des eaux, l'organisation des sociétés syndicales, etc. Tous ces faits et d'autres qu'il serait facile de rappeler, démontrent bien que la France, à toutes les époques, a favorisé la prospérité agricole et civile de l'Italie !

L'immense richesse territoriale qu'on constate dans la basse Lombardie a pour cause principale la position hydrographique des riantes campagnes de Milan et le volume considérable d'eau qui y circule pendant l'été.

Ces eaux sont ordinairement d'une limpidité remarquable, parce qu'elles se sont épurées dans les lacs alpestres dans lesquels elles arrivent après les pluies ou la fonte continue et périodique des neiges et des glaciers qui couvrent les parties supérieures des principales montagnes. Les canaux qui les reçoivent des rivières et les distribuent sur mille points divers, ont un débit régulier et successif, grâce à des travaux hydrauliques[1] que la France n'a jamais cessé d'admirer et qu'elle a toujours enviés !

Si l'alimentation intermittente des canaux du Piémont oblige parfois à suspendre momentanément les arrosages, l'abondance de l'eau qui circule dans les canaux de la Lom—

---

1. M. Nadault de Buffon, ingénieur des ponts et chaussées, a étudié ces travaux dans le remarquable ouvrage qu'il a publié sous le titre suivant : *Des canaux d'irrigation de l'Italie septentrionale envisagés sous les divers points de vue de la science hydraulique.* Paris, 2 volumes in-8, 1861.

bardie rend les irrigations toujours possibles
pendant le printemps et l'été dans cette partie
de l'Italie.

Il existe peu de contrées en Europe dans lesquelles la nature se soit montrée aussi géné-
reuse, aussi libérale envers les agriculteurs.
Ainsi, elle ne s'est pas bornée à incliner le sol du
Piémont et la Lombardie des Alpes aux rives du
Pô, à mettre pour ainsi dire à leur disposition
des cours d'eau d'une grande puissance, elle a
voulu qu'ils puissent trouver sous le banc de
sable sur lequel repose l'alluvion qui forme la
couche végétale de la riche plaine lombarde,
de nombreuses sources ayant la propriété de
fournir pendant l'hiver des eaux à une température beaucoup plus élevée que la température de l'air atmosphérique. Ce sont ces
eaux qui arrosent les marcites (*marcita*),
prairies qui fournissent au milieu même de
l'hiver une herbe abondante et nutritive.

Les eaux dont on peut disposer en abondance
pendant le printemps et l'été, sont utilisées sur
les prairies ordinaires. Les arrosements qu'elles
permettent d'exécuter durent ordinairement

six mois, c'est à dire depuis la fin de mars jusqu'au commencement de septembre. On ne les
interrompt pendant cette période que durant
deux jours chaque mois, lorsqu'on doit opérer
le faucardement (*taglio delle erbe*) ou fauchage
des herbes qui végètent dans le lit des canaux.

Chaque année avant et après la saison des
arrosages, on arrête le service des eaux (*impe-
dimento*). Cette mise à sec des canaux dure de
25 à 28 jours au printemps et de 7 à 10 jours
en automne; elle permet d'opérer le curage
(*spurgo*) ou enlèvement de la terre, du sable
que les eaux ont déposés, de boucher les fuites
(*stillazione*) et d'exécuter tous les autres travaux d'entretien. Les usagers sont toujours pré-
venus par voie de publication des jours de chô-
mage des canaux. Il en est de même lorsqu'on
doit procéder à la vérification des bouches
(*gattellation*). Dans ce dernier cas, l'absence
des intéressés n'arrête pas l'opération.

Tous les canaux de la Lombardie sont dérivés des rivières. Ils traversent les routes sous
des ponts et les autres canaux au moyen d'a-
queducs (*ponte canale*) ou de siphons (*tomba*

a sifone). Ceux qui servent à la fois aux irrigations et à la navigation, sont bordés sur l'une des deux rives par un chemin de halage (*strada d'alzaje*).

Les uns et les autres présentent çà et là des bouches (*bocca*) ayant un débit (*prodotto*) qui varie suivant le nombre de modules (*modelli*) qu'elles doivent fournir; souvent ces bouches sont munies d'un partiteur (*partitore*), disposition hydraulique spéciale qui permet de partager un volume d'eau entre plusieurs propriétaires.

On distingue dans le Piémont et la Lombardie trois classes de canaux : le canal qui appartient à l'État est appelé *naviglio*; celui qui est la propriété d'autrui est désigné sous le nom de *fossa*; tout canal secondaire ou dérivé d'un canal principal, qu'il appartienne à l'État ou à des particuliers, est appelé *roggia*.

Les canaux navigables de la Lombardie ont ensemble une longueur de 217 916 kilomètres. Ils fournissent 360 mètres cubes d'eau par seconde qui servent à arroser en été 420 000 hectares, et en hiver 3100 hectares. Une once légale d'eau (*oncia d'acqua*) se vend de 10 000 à 12 000 francs, et on la loue par bail au prix annuel de 450 à 500 francs.

Les canaux royaux sont surveillés par l'administration des finances. Suivant l'article 631 du code sarde, les ingénieurs-irrigateurs sont tenus de veiller à ce qu'aucune modification ne soit faite aux bouches d'eau. Leur location est perçue au profit du trésor public. Les canaux qui arrosent le Verceillais sont au nombre de trois; les naviletti au nombre de six. On ne compte qu'une roggia. Le canal d'Ivrea a 80 bouches, et le canal de Cigliano 17. Ces canaux sont loués à une Société spéciale pour une somme qui dépasse annuellement 500 000 fr. Outre ce revenu, l'administration des finances perçoit chaque année 52 000 francs pour les 387 modules d'eau que le Gouvernement avait concédés à perpétuité ou temporairement.

Les canaux que l'État n'a pas loués à des Compagnies financières fournissent l'eau à un prix qui varie suivant le module, la qualité de l'eau et les plantes qu'on se propose d'arroser. Indépendamment de la valeur de l'eau, chaque locataire doit payer une cote (*cota*) annuelle par once et par hectare destinée à solder une partie des frais généraux d'entretien des canaux et des frais d'administration.

Les lois sarde, lombarde et parmesane qui réglementent le droit d'aqueduc, les concessions d'eau ainsi que les cultures à l'arrosage, ont été exposées et étudiées dans l'ouvrage de M. de Monny de Mornay ayant pour titre : *Législation des irrigations dans l'Italie supérieure*, j'ai dû, pour ce motif, passer sous silence dans mon ouvrage la jurisprudence de ces pays.

Dans le Verceillais la Société des irrigations a été établie sur des bases particulières qui présentent un grand intérêt. Cette Compagnie n'ayant pas encore été signalée en France, j'ai cru utile de faire connaître son organisation et les dispositions réglementaires qui la régissent.

Les agriculteurs du Verceillais qui reçoivent de l'eau de cette Société ne sont pas justiciables des tribunaux ordinaires. Toutes les contestations auxquelles donnent lieu les concessions

qui leur ont été faites sont réglées par une juridiction spéciale qui n'a son analogue que
dans la plaine d'Alicante en Espagne. Ayant été
à même pendant mon séjour à Verceil de constater les importants services que rend le *tribunal des eaux* qui a son siége dans cette ville,
je n'ai pas hésité à joindre aux observations sur
la pratique des irrigations tous les détails nécessaires pour qu'on puisse apprécier cette
juridiction exceptionnelle à sa juste valeur.

Les irrigations sont bien conduites sur tous
les points de la plaine lombarde. Grâce aux réservoirs naturels situés sur les contre-forts des
montagnes des Alpes, à la forte pente des canaux et à la régularité de leur débit, à la limpidité et à la température estivale de l'eau,
les arrosages y entretiennent avec moins de frais
que dans beaucoup d'autres contrées de l'Europe une verdure qu'on ne cesse d'admirer.

Les eaux n'y sont jamais nuisibles parce
qu'elles courent partout et ne séjournent nulle
part par suite de la pente que présente le gazon
des prairies ou la surface des terres arrosables.

Les prairies si remarquables par leur frai

cheur ravissante sont arrosées par déversement. Les colateurs (*scolatori*) qu'on y remarque et qui reçoivent les eaux ayant été une première fois utilisées, sont disposés le plus ordinairement de manière à devenir des rigoles d'arrosage pour les terrains inférieurs. Le maïs, le froment et les cultures horticoles sont arrosées par infiltration.

La quantité d'eau qu'on utilise par hectare varie suivant la nature du sol et les plantes qu'on doit irriguer. On arrose copieusement et sans inconvénient aucun les graminées et les légumineuses auxquelles on demande des tiges et des feuilles ayant une végétation luxuriante. On donne peu d'eau aux plantes qu'on cultive pour leurs graines, parce que des arrosements copieux nuisent à la fécondation des fleurs.

Ces divers arrosages n'ont pas lieu tous les jours dans les circonstances ordinaires. Le volume d'eau (*ponte acqua*) débité par une bouche est le plus ordinairement distribué entre plusieurs intéressés, de manière que le retour (*rotazione*) de l'eau sur la même prairie n'ait lieu que tous les 7, 10 ou 14 jours.

Les eaux bien utilisées, en permettant aux plantes de se développer avec une activité surprenante, les obligent à diminuer la richesse du sol. Aussi pour éviter que les arrosages ne fassent naître une prostration de fécondité, est-on forcé, dans la Lombardie comme dans le Piémont, de fertiliser les prairies tous les deux ou trois ans avec du fumier (*letame*) ou d'autres engrais (*concime*). C'est commettre une très-grande faute que d'arroser continuellement un terrain qu'on ne fume pas. On a mille fois constaté dans la Lombardie que l'eau ne permet de doubler ou tripler les capitaux agricoles qu'à la condition que son action sera soutenue par la chaleur atmosphérique, des engrais et le travail actif et intelligent des irrigateurs (*compari*). Les seules prairies irriguées qu'on ne fertilise pas dans la Lombardie sont celles qu'on arrose avec les eaux limoneuses et riches en matières organiques que fournit le canal de Milan ou la *Vecchabbia*.

Les propriétés agricoles de la plaine lombarde ont une étendue satisfaisante. Les concessions d'eau et les travaux hydrauliques

qu'on y rencontre à chaque pas sont de véritables obstacles à la trop grande division des
héritages. Ces domaines sont exploités par des
fermiers instruits, intelligents, ayant tous les
capitaux nécessaires et qui sont heureux de
vivre pendant neuf mois au milieu d'une richesse dont il est facile d'apprécier l'abondance et la variété.

Dans les provinces où les arrosages ne sont
pas possibles, on allie la culture des céréales
aux prairies artificielles : vesce, trèfle, luzerne.
C'est Camillo Tarello qui a proposé le premier
en Italie des successions raisonnées de culture
ayant pour base le trèfle rouge (*trifolio*) et les
pâturages artificiels. Son ouvrage intitulé *Ri-
cordo d'agricoltura* a été imprimé à Mantoue
en 1577, après avoir été couronné par la répu-
blique de Venise.

L'agriculture de ces localités n'est pas toujours prospère, parce que les métayers ont
ordinairement peu de capitaux et qu'ils fer-
tilisent médiocrement les terres qu'ils exploitent.

La production des prairies d'été et des marcités assure dans la Lombardie l'existence de nombreuses vaches appartenant à la race schwitz. Ce sont ces vaches qui fournissent le lait avec lequel on fabrique le célèbre fromage appelé Parmesan (*cacio di Parmigiano*). La fabrication de ce fromage n'est pas très-complexe, mais si elle peut être décrite dans tous ses détails, il est bien difficile d'indiquer exactement le *point de chauffe* du lait, la quantité de présure qu'il faut ajouter à ce dernier et le degré auquel on doit arrêter la cuisson de la matière caséeuse. Chaque fromager agit à sa manière suivant la qualité du lait qu'il a à sa disposition et la nature du fromage qu'il doit fabriquer. D'après les faits que j'ai observés dans le Pavesan, je crois pouvoir dire que la fabrication du fromage de Parmesan, pour être parfaite, doit être dirigée par un homme habitué depuis longtemps à l'exécuter.

Cette industrie a une grande importance dans le bas Milanais. C'est par son intermédiaire qu'on transforme en argent la valeur de l'herbe fournie par les prairies d'été et les prairies d'hiver.

La Lombardie a aussi des rizières. Ces cultures spéciales y ont plus d'importance que dans le Piémont. On évalue l'étendue qu'elles occupent annuellement dans la Lombardie à 82 000 hectares, et dans le Piémont à 64 000 hectares. Ces surfaces ont une valeur vénale de 220 000 000 francs.

Pendant longtemps l'eau restait stagnante dans les rizières. On croyait alors que c'était de cette manière que ces cultures devaient être conduites. De là, cet air toujours empoisonné, ces effluves malsaines, ces fièvres endémiques qui ont forcé pendant cinq siècles à regarder les rizières comme très-nuisibles pour l'homme et à les éloigner des villes et des villages.

Il n'est permis à personne de révoquer en doute les faits constatés par l'histoire civile du Piémont et de la Lombardie, et de jeter un voile sur la sombre peinture que Muratori a faite de l'état des paysans lombards et piémontais au commencement du siècle dernier; mais si, pendant une longue période, les rizières ont nui à l'existence ou altéré la constitution des populations qui subissaient leur pernicieuse influence, le temps est venu où l'on peut les considérer comme ayant une action bien peu funeste sur la santé publique, quand elles sont suffisamment éloignées des centres populeux. Les rizières, en effet, dans lesquelles l'eau est sans cesse en mouvement pendant la végétation du riz, où cette même eau s'écoule très-rapidement au moment de la mise à sec qui a lieu ordinairement dans la première quinzaine de septembre, ne sont pas plus malsaines que les rizières qu'on observe chaque année en Chine.

On se plaint de nos jours de l'insalubrité des rizières qu'on a établies en Portugal, dans l'Estramadure, la province de Beira et qui commencent à se répandre dans l'Alemtejo et l'Algarve. Les arguments que M. Joâo de Andrade Corvo fait valoir à l'appui de la thèse qu'il défend sont dignes sans contredit d'un sérieux examen, mais ils n'infirment pas contre les rizières bien établies et habilement dirigées qu'on observe aujourd'hui dans le Verceillais. Il est maintenant prouvé par l'expérience que

les rizières qu'il serait facile d'établir dans la
basse Camargue auraient une influence moins
nuisible sur la santé publique, si l'eau y était
sans cesse renouvelée, que l'action exercée de
nos jours par le delta du Rhône, sur les populations qui respirent ses miasmes délétères.

Le docteur G. Pisani a avancé dans un travail étendu et très-intéressant qu'il a adressé
en 1860, au conseil municipal de Verceil, que
les rizières doivent être très-éloignées des centres de populations et qu'il fallait limiter leur
étendue dans l'intérêt de la santé de tous,
même lorsqu'elles étaient dirigées suivant les
nouveaux procédés culturaux. M. Antonio Malinverni, propriétaire à Verceil, a soutenu
l'année suivante devant le même conseil, une
thèse diamétralement opposée. Pour lui et
les propriétaires verceillais qui partagent son
opinion, les nouvelles rizières sont moins nuisibles que les anciennes, elles ne diminuent en
rien la robusticité des ouvriers et les forces de
la société et on peut dès lors, sans aucun inconvénient, les établir à 2500 mètres des murs
des villes. Dans les circonstances actuelles,

aucune rizière ne peut être créée à moins de 4000 mètres de Verceil, quoiqu'elles puissent être distantes de 2800 mètres seulement des habitations appartenant à la ville de Novare.

Ces opinions contradictoires relatives à l'influence que les rizières exercent sur la santé des populations ont aussi pris naissance dans le sein du congrès médical qui a eu lieu à Cunéo en 1855. Le docteur Pietro Strada, rapporteur de la commission nommée l'année précédente à Novare dans le but d'étudier plus à fond les diverses opinions avancées pour ou contre les rizières, a émis le vœu : 1° que leur surface soit en rapport avec les besoins ; 2° que ces cultures fussent conduites de manière que l'eau n'y reste jamais stagnante ; 3° qu'on puisse, à un moment donné, procéder dans un court délai à l'assec complet du sol ; 4° qu'on insiste pour qu'à l'avenir les habitations des travailleurs agricoles fussent bien aérées et construites dans des endroits secs.

Toutes les observations émises en faveur de la culture du riz pratiquée sur des sols bien disposés et avec des eaux sans cesse courantes, ne concernent pas les rizières permanentes (*rijaze da zappa*). Celles-ci sont établies sur des terrains toujours marécageux, et, n'alternant jamais avec la culture des céréales et les plantes fourragères, elles font naître chez les populations de cruelles maladies qui les déciment, à moins que leur fâcheuse influence ne soit contre-balancée par une nourriture très-alibile et des conditions hygiéniques parfaites.

Le maïs est aussi arrosé partout où l'agriculture italienne a suffisamment d'eau à sa disposition. Sous l'action de la température atmosphérique qui est très-élevée dans la Lombardie, la Toscane, etc., pendant les mois de juin, juillet et août, l'eau appliquée modérément permet aux plantes de végéter avec vigueur et de donner des récoltes qui surpassent les produits qu'on obtient en France dans les localités les plus favorables à cette graminée. J'ajouterai que le climat et aussi les arrosements autorisent dans toute l'Italie la culture des variétés précoces après la moisson des céréales. Ces maïs hâtifs seront utiles aux agriculteurs du Languedoc et de la Provence le jour où les irrigations seront pratiquées dans ces provinces sur une étendue plus grande que la surface sur laquelle on les exécute chaque année dans les circonstances actuelles.

Le maïs se marie partout à la culture du froment, même dans les localités où l'agriculture est encore très-arriérée, mais dans le val de l'Arno (Toscane), on ne l'observe pas sur les points où l'on cultive le seigle et le blé qui fournissent les pailles avec lesquelles on fabrique à Florence et dans les environs les chapeaux connus sous le nom de *chapeaux de paille d'Italie* ou *chapeaux de paille de riz*.

La culture de ces deux céréales est toute particulière; je l'ai complétée par des détails sur la préparation des pailles qu'elle fournit, la fabrication des tresses et la confection des chapeaux. Je crois que cette culture et cette industrie pourraient être introduites avec avantage dans la vallée du Rhône depuis Orange jusqu'à Arles.

Je n'ai pas décrit la culture des céréales et des légumineuses alimentaires, afin de rester dans le cadre que je me suis tracé, mais j'ai signalé les pâtes qu'on fabrique en Toscane et dans le duché de Gênes. Les meilleures sont sans contredit celles qui nous viennent de Naples ; mais si nos fabriques ont fait depuis vingt ans dans cette industrie des progrès considérables qui ont diminué nos importations et augmenté considérablement nos exportations, il faut avouer que les pâtes de Florence et de Pise sont plus riches en matières azotées, qu'elles contiennent toujours moins d'eau et qu'elles se conservent mieux que les pâtes fabriquées en France.

On a demandé depuis longtemps le nom des plantes qui fournissent les racines déliées, rigides et jaunâtres qu'on introduit chaque année d'Italie en France et avec lesquelles on fabrique les brosses fines de toilette dites *brosses de chiendent*. Ces plantes appartiennent à la famille des graminées et au genre *andropogon*. Elles sont indigènes, vivaces et fleurissent en mai et en juin. On les trouve aussi dans l'ancien comté de Nice dans les endroits secs et élevés.

Ces graminées et les sorghos à balais qu'on cultive très en grand dans les provinces de la Vénétie, ne sont pas les seules plantes industrielles que j'aie étudiées. A côté de ces végétaux ayant une destination spéciale, se range naturellement le chanvre du Bolonais et du Ferrarais.

Si la culture de cette plante textile ne diffère pas sensiblement de la culture du chanvre suivie dans les vallées de la Loire, du Grésivaudan et de la Garonne, s'il est vrai que les labours profonds, des terres de consistance moyenne, de copieuses fumures et les rayons brûlants du soleil assurent partout sa réussite, le rouissage des tiges et l'extraction de la filasse offrent dans le Bolonais des particularités très-intéressantes. J'ai été à même, au moment où je prenais part comme membre du jury à l'exposition agricole et industrielle de Florence, d'étudier une seconde fois les opérations qui suivent le rouissage. M. Ed. Lecouteux, qui faisait aussi partie du jury de l'exposition italienne, a constaté comme moi tout l'intérêt que présentent les machines que j'ai décrites après avoir détaillé la culture du chanvre. J'ai acquis la certitude que le mode de rouissage en usage dans le Bolonais et les appareils qui servent au teillage du chanvre dans cette partie de l'Italie, doivent rendre de grands services aux agriculteurs de notre pays. Quiconque a touché, examiné la filasse et la bourre qu'on a préparées avec ces machines, reste convaincu de la supériorité de ces appareils sur les machines dont on se sert encore en France dans l'Anjou et le Dauphiné.

J'ai terminé mon travail en signalant quelques particularités concernant les arbres fruitiers appartenant à la culture proprement dite ; en rappelant les avantages qu'on obtient annuellement en Toscane et dans le Bolonais à l'aide du colmatage ; en constatant que l'horticulture française si longtemps caractérisée par son infériorité possède aujourd'hui des jardins qui surpassent les parterres fleuris de la Toscane, non pas par le marbre et le porphyre qui les décore, mais bien par leur facture, leur ordonnance, la belle végétation des plantes qu'on y cultive et les richesses florales qui en font le plus précieux et le plus splendide ornement.

Enfin, je ne pouvais oublier de mentionner 1° les Maremmes de la Toscane, ces immenses déserts où pendant l'été la brise n'est jamais saturée de fraîcheur tant le soleil donne à la terre une teinte bistrée ; 2° les marais Pontins, ces lieux qui rappellent Rome païenne couchée dans la poussière et forment un grand contraste avec Rome chrétienne témoignant par ses splendeurs des progrès des arts et de l'industrie et constatant à tous que les générations se sont transmis depuis dix-huit siècles les trésors de l'intelligence !

Je dois les dessins sur acier et sur bois qui accompagnent le texte de mon ouvrage à deux habiles artistes : M. Rouyer et M. Guiguet, dessinateurs de l'administration de l'agriculture. Ces dessins ont été faits d'après des plantes que j'ai rapportées de la Lombardie, et des photographies que j'ai fait exécuter en Toscane.

Je me trouverai très-heureux, Monsieur le

Ministre, si dans le travail que j'ai l'honneur de vous présenter, le but que je me suis proposé a été atteint et si j'ai justifié la confiance dont Votre Excellence a daigné m'honorer.

Je suis avec un profond respect, Monsieur le Ministre,

De Votre Excellence,

Le très-humble et dévoué serviteur,

Gustave HEUZÉ.

Versailles, le 10 novembre 1863.

CONSIDÉRATIONS GÉNÉRALES

SUR

L'ITALIE SEPTENTRIONALE

L'AGRICULTURE

DE

L'ITALIE SEPTENTRIONALE.

L'Italie, cette terre privilégiée, la patrie de Virgile, de Palladius, de Gallo et de Tarello, se distingue des autres parties de l'Europe par la douceur de son climat, la pureté de son ciel, son sol tantôt uni, tantôt mouvementé, ses volcans et ses nombreux cours d'eau, et par la richesse et l'ingratitude de ses terrains. Elle se révèle aussi par ses campagnes fécondes et les riches teintes qui les décorent, ses montagnes nues ou boisées, arides ou cultivées, ses immenses marais si connus par les miasmes morbides qu'ils laissent échapper à certaines époques de l'année, enfin par la diversité de ses cultures et la variété infinie de ses productions.

Elle possède des terres labourables très-variées, quant à leur nature, des lacs de toutes dimensions, un grand nombre de rivières et des canaux de tous les ordres.

L'Italie est située entre les 47° et 36° latitude boréale et les 4° et 16° longitude orientale ; elle comprend deux parties bien distinctes :

1° L'Italie continentale ;
2° L'Italie péninsulaire.

L'*Italie continentale* est située entre la chaîne des Alpes et l'Apennin septentrional. Elle comprend :

1° La Ligurie ou le duché de Gênes ;
2° La Gaule transpadane ;
3° La Gaule cisalpine ;
4° La Vénétie.

L'*Italie péninsulaire* est comprise entre l'Apennin sud et le détroit de Messine. Elle renferme :

1° L'Étrurie ou la Toscane ;
2° Le Latium ou la campagne de Rome ;
3° L'Ombrie ;
4° La Campanie ;
5° Le Samnium ou les Abruzzes.

On a aussi divisé l'Italie en trois parties :

1° L'Italie septentrionale ;
2° L'Italie centrale ;
3° L'Italie méridionale.

Cette dernière division est moins géographique, mais elle est plus agricole.

A. — L'*Italie septentrionale* s'étend d'une part de la chaîne inférieure des Alpes au versant nord des Apennins, et de l'autre de Coni (Piémont) à Bologne, sur les bords de l'Adriatique.

Cette vaste région comprend :

1° L'immense plaine d'alluvion située entre les versants abrupts des montagnes alpines, dont les crêtes supérieures sont toujours couvertes de glaciers ou de neiges perpétuelles, les rives de l'Adriatique et les monts Apennins.

Cette riche plaine où la vie est si puissante est connue sous le nom de *vallée du Pô*, parce qu'elle est traversée par ce fleuve. Cette vallée, au temps de Polybe, était marécageuse et ombragée par d'antiques forêts.

2° Les terres accidentées qu'on observe entre les Alpes maritimes, la Méditerranée et les Alpes cottiennes.

Cette partie de l'Italie comprend :

1° Le Piémont ;

2° Le duché de Gênes ;

3° La Lombardie ;

4° Le duché de Parme ;

5° Le duché de Modène ;

6° Le Bolonais ;

7° Le Ferrarais ;

8° Les Romagnes ;

9° Le Frioul;

10° La Polésine;

11° La Vénétie.

Elle forme une contrée agricole toute spéciale qu'on peut désigner sous le nom de *région du maïs*. Cette zone est beaucoup plus prospère et productive qu'au temps où elle appartenait aux Gaulois cisalpins.

L'Italie septentrionale est limitée au nord par la chaîne alpine, ce berceau des grands fleuves, et au sud par l'Apennin. Les *Alpes rhétiques* présentent deux bras bien distincts : le premier forme le côté méridional de la Valteline et donne naissance aux montagnes du Bergamasque; le second constitue les montagnes qu'on observe dans le Brescian. Les *Alpes centrales* envoient entre l'Adda et le Tessin les montagnes du haut Milanais. Enfin, les *Alpes cadoriques* donnent naissance aux monts Euganéens qui forment les élévations coniques qu'on remarque aux environs de Vérone et sur lesquelles la nature est souvent nue, sans verdure.

Les pentes de la chaîne alpine offrent des dépôts intermédiaires. Ces calcaires sont recouverts sur divers points par des terrains secondaires et près des plaines par des dépôts arénacés.

L'Apennin se dirige du nord-ouest au sud-est. Il se rattache aux Alpes maritimes. Il envoie deux bras dans l'Italie péninsulaire : sa chaîne orientale aboutit au cap Leuca ; sa chaîne occidentale va jusqu'au détroit de Messine.

L'Apennin présente des croupes arrondies séparées par des vallées plus ou moins profondes et étroites. Sur plusieurs points des chaînes qu'il présente, on le traverse de rocher en rocher, de vallon en vallon. Souvent les rochers, les pins et les châtaigniers qu'on y observe, sont suspendus sur les abîmes, au-dessous de pelouses ondoyantes, vertes et semées de fleurs agrestes. Quoi qu'il en soit, tous les rameaux de l'Apennin s'abaissent vers les côtes de la Méditerranée et de l'Adriatique.

La chaîne des Apennins offre des roches intermédiaires, parmi lesquelles on observe de grands dépôts de grauwacke et de nombreuses roches calcaires. A droite et à gauche de la chaîne qui se dirige vers Messine, on remarque des dépôts de calcaire jurassique ; puis, sur les versants qui s'inclinent vers l'Adriatique et la Méditerranée, des dépôts tertiaires, parmi lesquels il existe çà et là des groupes isolés de terrains volcaniques.

L'Italie septentrionale est traversée par trois fleuves principaux : 1° le Pô ; 2° l'Adige ; 3° le Bacchiglione.

Le Pô arrose Turin, Casal, Pavie et Crémone. Un de ses bras baigne Ferrare et aboutit à la mer Adriatique, près de la lagune de Comacchio.

L'Adige arrose Vérone et Rovigo.

Le Bacchiglione baigne Vicence et Padoue.

La vaste région du maïs est pourvue de nombreux éléments de prospérité, grâce aux cours d'eau qui descendent des Alpes et des Apennins avec des pentes rapides et qui ont permis de donner une grande extension aux cultures à l'arrosage. Toutefois, si cette région comprend, comme dans le Piémont et surtout dans le Milanais, de magnifiques plaines où la vie végétale a une puissance extraordinaire, où les productions les plus variées se succèdent sans interruption, au milieu desquelles les eaux miroitent pendant le printemps et l'été, elle offre aux regards du voyageur sur les bords de l'Adriatique, des plages bien tristes et souvent insalubres. Ces lagunes ont pris naissance par suite de dépôts formés par les eaux de la Brenta, sur les points où la mer a peu de profondeur. On n'y observe ni frais bocages, ni vertes prairies, ni moissons dorées.

La région septentionale a été appelée avec raison le *jardin de l'Italie*, parce que les hivers n'y durent pas plus de deux mois et que la chaleur en été y est tempérée par les ombrages et les eaux vives qu'on y remarque dans un très-grand nombre de lieux.

Partout, dans cette région, sauf sur les versants méridionaux des montagnes de l'ancien duché de Gênes et sur les déclivités abritées et chaudes des montagnes alpines appartenant à la haute Lombardie, la végétation arbustive forestière se distingue par sa nature alpestre ; mais si le mûrier végète facilement dans la région du maïs, si le soleil permet à la vigne de bien mûrir ses raisins, soit sur les treillages, soit sur les érables ou les ormes dans les plaines ou sur les étages inférieurs des montagnes, l'air n'y est jamais embaumé par le parfum des fleurs des orangers et des citronniers.

Cette partie de l'Italie produit en abondance du blé, du riz, du maïs, du vin, du fromage, de la soie et de la viande. Le bétail y est assez bon. Les vaches qu'on y possède sont généralement tenues à l'étable.

B. — L'*Italie centrale* s'étend d'un côté des anciens duchés de Parme et de Modène aux États de l'Église, et, de l'autre de la mer Adriatique à la mer Méditerrannée.

Elle comprend :

1° Le grand-duché de Toscane ;
2° Le duché de Lucques ;
3° Les marches d'Ancône ;
4° L'Ombrie ;
5° Les États Romains.

Les Apennins qui la traversent du nord au sud offrent deux versants : le premier s'incline vers la Méditerranée ; le second a sa pente dirigée vers l'Adriatique. Ces montagnes sont très-accidentées dans cette partie de l'Italie ; elles sont entrecoupées de vallées, de plateaux et de quelques plaines.

Les surfaces horizontales qu'on observe à l'embouchure du Tibre et de l'Arno, et au milieu desquelles on jouit d'un horizon immense, sont de véritables plaines. Ces parties, souvent entièrement inhabitées, sont baignées par la Méditerranée.

La zone centrale est traversée par deux fleuves principaux : 1° le Tibre, qui arrose Pérouse et Rome et finit à Ostie ; 2° l'Arno, qui baigne Florence et Pise et aboutit à la Méditerranée près de Livourne. Elle renferme trois lacs : le lac de Trasimène ou de Pérugia, le lac Bolsena et le lac de Bracciano.

Cette partie de l'Italie forme une seconde zone agricole que l'on doit appeller *région de l'olivier* et dans laquelle les plantes du nord et les végétaux du sud se marient dans les vallées ou sur les versants abrités des vents du nord ou du nord-ouest.

D'après Pline, cette région italienne n'avait pas un *seul pied d'olivier au temps de Tarquin l'ancien.*

Cette deuxième zone comprend les montagnes calcaires, grises et souvent arides et sauvages des Apennins, les volcans sans feu de Radicoffani, les gorges marécageuses de Riciorci, la fertile vallée de l'Arno, les terrasses artistement disposées de Florence, les plaines si fraîches et si fécondes de

Pise et de Lucques, les riches marais du Val di
Chiana desséchés par les Médicis, les montagnes
bleues des environs de Sienne, les Maremmes insalubres qu'on observe entre l'Arno et le Tibre, les
riantes montagnes de Tivoli avec leurs oliviers séculaires, les beautés pittoresques qui décorent les
monts Albano, le désert qui circonscrit Rome, l'antique cité universelle, enfin les marais Pontins situés entre le Tibre et le Carigliano et si connus
par les épidémies fiévreuses auxquelles ils donnent
naissance chaque année dans le Latium.

Toutes choses égales d'ailleurs, ce sont les villas
embaumées, les horizons dorés, la transparence
de l'air, l'azur infini du ciel, les rayons étince-
lants du soleil, les parfums des jardins, la fraîcheur des nuits, le bronze, le marbre, le porphyre
qui ornent les résidences situées sur le penchant
des collines au milieu d'orangers, de citronniers,
de myrtes odorants qu'on observe dans cette partie de l'Italie qui ont inspiré Raphaël, Corrège et
tant d'autres. C'est pourquoi en Toscane on considère toujours l'atmosphère comme étant imprégnée
du parfum des beaux-arts.

La région de l'olivier grâce à la douceur inex-
primable de son climat produit du blé, du maïs, de
l'huile, du vin, de la soie, des châtaignes, des raisins, des figues, des citrons et des caroubes, mais
elle a peu de prairies.

En général partout avec la vigne existent le mûrier et l'olivier.

C.—L'*Italie méridionale* s'étend des limites orientales de la Toscane jusqu'aux extrémités méridionales de la Calabre.

Elle comprend :

1° Les États Napolitains ;
2° La Sicile.

Elle forme une zone agricole particulière à laquelle on doit donner le nom de *région du cotonnier*.

Cette partie de l'Italie est la plus accidentée, la moins productive et la plus sauvage. Elle renferme les immenses plaines calcaires de la Pouille ou de l'ancienne Apulie, les formations cristallines des Calabres, les formations sédimentaires des Abruzzes, les terres volcaniques de la Campanie ou Terre de Labour, la riche plaine située à l'embouchure du Volturno, les fertiles terres de Bari, les montagnes à la fois si tristes et si pittoresques de la Sicile.

Les limites ouest, sud et est des États Napolitains et toutes celles de la Sicile sont baignées par la mer. Les vignobles qui fournissent les vins de Falerne, de lacryma-christi et de Syracuse sont situés à une faible distance de la Méditerranée.

La température de cette région est la plus élevée. C'est la chaleur des Abruzzes et surtout de la

Campanie, le soleil brûlant de Naples et de Catane qui assurent la réussite du coton dans cette partie de l'Italie.

La végétation sur tous les points de cette vaste région a une nature orientale ou africaine. Ainsi, on y voit croître naturellement le *chamærops humilis* ou palmier nain dans les États Napolitains, le dattier à Terracine et les orangers à Sorrento, près de Naples.

Cette région fournit du blé, du maïs, de l'orge, des fromages de brebis, du coton, de la soie, du vin, de l'huile et des fruits de toutes sortes : figues, caroubes, citrons, oranges, cédrats, etc.

L'Italie, considérée dans sa climatologie, présente deux grands zones séparées par les montagnes apennines. La partie située au *nord* de ces élévations reçoit les quantités de pluie suivantes :

En hiver.	239 millimètres.
Au printemps.	253 —
En été.	275 —
En automne.	253 —
Par an.	1021 millimètres.

Voici les températures moyennes de l'année et des jours les plus froids et les plus chauds prises sur trois points différents de cette région :

	Moy. de l'an.	Janvier.	Juillet.
Milan.	12°,8	— 0°,6	+ 23°,7
Venise	13°,7	+ 1°,8	23°,9
Sienne	15°,4	4°,4	22°,7

La région située au *sud* des Apennins reçoit les quantités d'eau ci-après :

En hiver.	195 millimètres.
Au printemps.	194 —
En été.	133 —
En automne.	291 —
Par an.	814 millimètres.

Voici maintenant les températures moyennes de l'année, et des jours les plus froids et les plus chauds qu'on a observées sur trois points de cette zone :

	Moy. de l'an.	Janvier.	Juillet.
Naples	16°,1	+ 9°,2	+ 24°,5
Palerme. . . .	17°,2	10°,7	24°,5
Catane.	19°,6	11°,3	28°,4

Ainsi, les pluies, dans l'Italie septentrionale, sont plus abondantes au printemps et en été et la température moyenne moins élevée que dans l'Italie méridionale. C'est pourquoi cette partie de l'Italie est propre à la culture des plantes fourragères, à l'élevage ou à l'entretien des animaux domestiques et à la culture de la vigne.

Voici l'altitude des principales villes de l'Italie septentrionale.

Milan.	152 mètres.
Bologne.	121 —
Parme.	94 —
Modène.	67 —
Rome.	47 —

Aoste qui est très-élevé dans les montagnes alpines est à 590 mètres au-dessus du niveau de la mer.

L'Italie actuelle, suivant la statistique de 1862, comprend :

    Surface. . . . .   24 830 153 hectares.
    Population. . . . . . .   21 894 925 habitants.
Soit 88 habitants par 100 hectares.

Son territoire se divise comme il suit :

    Surface imposable. . .   21 847 028 hectares.
      —   improductive .   2 983 125   —
    Total. . . . .   24 830 153 hectares.

Avant la guerre d'Italie le royaume de Sardaigne comprenait :

    Surface. . . . .   5 248 300 hectares.
    Population . . . .   4 125 735 habitants.
Soit 80 habitants par 100 hectares.

Ces dernières données statistiques ne concernent pas la Sardaigne, mais elles renferment la superficie et la population des provinces de Savoie et de Nice.

Les terres sont exploitées par des métayers, des régisseurs et des fermiers.

Le métayage est très-répandu dans la Toscane, l'Ombrie, les Romagnes et le Bolonais.

Le fermage est commun dans la Lombardie et sur une grande partie du Piémont.

Les métairies ont de 20 à 40 hectares. Elles sont plus grandes dans les plaines que dans les montagnes. L'étendue des fermes varie de 60 à 200 hectares.

C'est par exception qu'on rencontre dans les pays à rizières des fermes comprenant de 600 à 1000 hectares.

Le bétail n'est pas très-nombreux. Le Piémont, le duché de Parme et de Modène et les parties basses de la Toscane sont les seules contrées dans lesquelles on engraisse des bêtes bovines. Celles-ci sont livrées à la boucherie ou à l'exportation à l'âge de 7 à 8 ans. Le Piémont et le duché de Modène engraissent aussi des bêtes à laine.

En général, en Italie, on consomme peu de viande de boucherie. La viande de porc est celle qu'on recherche le plus.

Les chevaux de gros trait n'y sont pas communs. Ceux qu'on y élève ont une taille moyenne et se distinguent par beaucoup d'agilité et de force.

Toutes choses égales d'ailleurs, l'Italie considérée dans son ensemble n'est ni commerçante, ni manufacturière ; c'est dans l'agriculture que résident ses principaux éléments de prospérité et de richesse.

PREMIÈRE PARTIE

L'ITALIE SEPTENTRIONALE
1858
SUISSE
EMPIRE FRANÇAIS
EMPIRE D'AUTRICHE
ROYAUME D'ITALIE
ÉTATS PONTIFICAUX
DE PARME
DE TOSCANE
MER ADRIATIQUE
Chambery
Grenoble
Gap
Turin
Casale
Alexandrie
Milan
Novare
Vercel
Valteline
Trient
Trieste
Venise
Plaisance
Parme
Modène
Bologne
Ravenne
Gênes
Golfe de Gênes
Draguignan
Hyères
Pise
Livourne
Florence
Sienne
Grosseto
Orbetello
Civita Vecchia
Urbino
Macerata
Fermo
Camerino
Pérouse
Spolète
Rome
Corse
Ajaccio
Bastia

CHAPITRE I.

LA RÉGION DU MAÏS.

—

1° LE PIÉMONT.

Le Piémont est situé au pied des Alpes et à la base des Apennins; il a pour limites au nord l'ancien duché de Savoie, à l'ouest l'ancien comté de Nice, au sud le duché de Gênes, et à l'est la Lombardie. Il comprend la *Ligurie*, contrée qui formait autrefois la partie sud-ouest de la Gaule cisalpine et qui s'étendait des Apennins aux Alpes maritimes.

Le Piémont et la Ligurie comprennent :

Surface imposable . . .	3 327 656 hectares.
— non imposable.	401 617 —
Total.	3 729 273 hectares.
Population.	3 803 609 habitants.

Soit 102 habitants par 100 hectares.

On y compte 792,607 propriétaires; soit 4 propriétaires pour 479 habitant.

Cette partie de l'Italie comprend deux parties bien distinctes :

1° Les Alpes ;
2° Les alluvions du Pô.

La chaîne alpine, avec ses hautes sommités, borde le Piémont au nord et à l'ouest ; elle a pour base des roches de première et deuxième formation.

Les alluvions qui couvrent les plaines sont formées des débris que les eaux ont enlevés aux montagnes alpines ; elles sont plus ou moins sablonneuses, plus ou moins graveleuses, et toutes s'inclinent vers le Pô.

Le Piémont comprend cinq provinces, savoir :

1° La province de Turin ;
2° La province d'Aoste ;
3° La province de Coni ;
4° La province de Novare ;
5° La province d'Alexandrie.

Les cours d'eau qui traversent le Piémont sont très-nombreux et se versent dans le Pô, fleuve qui aboutit à l'Adriatique. A l'exception des rivières qui prennent naissance dans les montagnes situées à l'ouest de Turin, tous ces cours d'eau sortent des hautes Alpes et ont un débit presque régulier, parce qu'ils sont pour la plupart alimentés par les

lacs dans lesquels arrivent, pendant la belle saison, les eaux provenant de la fonte des neiges
perpétuelles et des glaciers.

La population piémontaise est sobre, économe,
religieuse, charitable et de mœurs douces.

La partie montagneuse est très-accidentée. On y
observe des vallées étroites et profondes, des collines à pentes plus ou moins rapides et des élévations à sommets aigus ou arrondis et dont plusieurs, à cause de leur grande altitude, se dessinent
au loin sur un fond gris azuré, par suite des neiges et des glaces qui couvrent leurs extrémités.

On observe dans ces montagnes cinq régions vé-
gétales bien distinctes :

1° La région des sapins ;
2° La région du seigle ;
3° La région du froment ;
4° La région du châtaignier ;
5° La région du maïs.

La région la plus basse est celle du maïs ; la région la plus élevée comprend les arbres résineux.

Les plaines se distinguent partout par la plani-
métrie de leur sol. Les plus remarquables au point
de vue agricole, sont :

1° La plaine de Coni ;
2° La plaine de Savigliano ;
3° La plaine de Turin ;

4° La plaine d'Ivrée;

5° La plaine de Verceil;

6° La plaine de Novare;

7° La plaine de Mortara;

8° La plaine d'Alexandrie.

Voici le nombre d'habitants qu'on observe dans les diverses circonscriptions appartenant au Piémont :

Circonscription	de Turin	906 000	habitants.
—	d'Alexandrie . .	595 000	—
—	de Coni	566 000	—
—	de Novare	543 000	—
—	d'Aoste	78 000	—

Les territoires d'Asti, Casal, Alexandrie et Chiavani sont les plus peuplés. On y compte 120 à 140 habitants par kilomètre carré. Leur sol est profond et riche.

La circonscription de Turin renferme les provinces de Turin, Biella, Ivrée, Pignerol et Suze.

La circonscription d'Alexandrie comprend les provinces d'Alexandrie, Acqui, Asti, Casal, Tortone et Voghera.

La circonscription de Coni renferme les provinces de Coni, Alba, Mondovi et Saluces.

La circonscription de Novare comprend les provinces de Novare, Lomellina, Pallanza et Verceil.

La circonscription d'Aoste ne comprend que la province de ce nom. Elle est la moins peuplée. On n'y compte que 24 habitants par kilomètre carré.

Cette province est située entre les chaînes du Mont-Blanc et celles du petit Saint-Bernard.

Toutes les rivières qui traversent la circonscription de Turin se dirigent de l'ouest à l'est ; celles qui parcourent les circonscriptions de Coni et d'Alexandrie coulent de l'ouest au nord-est ; enfin, les rivières qui traversent les circonscriptions de Novare et d'Aoste, vont du nord au sud.

La première circonscription est traversée par le Pô ; la seconde par le Tenaro ; la troisième par la Bormida ; la quatrième par la Dora Baltea ; la cinquième par la Sesia. Ces principales rivières traversent des terrains d'alluvion d'une grande fertilité, mais elles ne sont pas régulièrement navigables.

Le climat du Piémont est salubre ; si en hiver le froid y est souvent très-vif, par contre, la chaleur en été y est tempérée très-heureusement par le voisinage des montagnes, les grands réfrigérants qu'on observe sur leurs sommets, les vapeurs qui enveloppent leurs cimes et qui arrivent dans les vallées et par les eaux qui circulent d'une manière incessante dans les rivières et les canaux.

Il tombe annuellement à Turin 954 millimètres d'eau qui se répartissent comme il suit :

Janvier. . .	64^{mm},8	Juillet . . .	94^{mm},4
Février. . .	22 1	Août. . . .	70 6
Mars. . . .	59 2	Septembre.	68 4
Avril . . .	115 6	Octobre. . .	90 4
Mai. . . .	112 6	Novembre .	83 1
Juin	119 4	Décembre .	53 2

On y compte chaque année en moyenne 108 jours de pluie et 9 jours de neige.

La quantité d'eau qui tombe annuellement à Ivrée s'élève à 1470 millimètres.

Cette partie de la région du maïs est traversée par le Pô. Ce fleuve, le plus grand de l'Italie, prend sa source sur les pentes du mont Viso, qui sépare les Alpes cottiennes des Alpes maritimes. Il a pour principaux affluents :

Sur la gauche :

1° La *Dora Riparia*, qui naît au mont Genèvre ;

2° La *Dora Baltea*, qui a sa source au Mont-Blanc ;

3° La *Sesia*, qui naît au mont Rosa ;

4° Le *Tessin*, qui prend sa source au mont Saint-Gothard ;

5° L'*Adda*, qui sort des Alpes rhétiques ;

6° L'*Oglio*, qui descend du Tonal dans le Tyrol ;

7° Le *Mincio*, qui naît aussi dans le Tonal ;

Sur la droite :

1° Le *Tenaro*, qui naît au mont Tende ;

2° La *Stura*, qui passe à Coni ;

3° La *Strebbia*, qui descend des Alpes maritimes ;

4° La *Secchia*, qui naît dans les monts Apennins ;

5° Le *Tenaro*, qui sort aussi des Apennins.

Le Pô a un cours de 585 kilomètres ; après avoir arrosé le Piémont, il passe à Plaisance, arrose Crémone, traverse les anciens duchés de Modène et de Parme, sépare la Vénétie du Ferrarais et se jette ensuite dans l'Adriatique.

La région irriguable comprend les territoires de Turin, Coni, Aoste, Verceil, Biella, Novare, Vigerano et Mortara.

Les eaux qui servent à l'arrosement des prairies d'Ivrée, de Verceil, de Novare et de Mortara, sont dérivées de la Doire Baltée et de la Sésia, rivière dont les eaux ont une grande vitesse et un volume très-variable.

La Doire Baltée alimente :

1° Le *canal d'Ivrée*, qui a été créé en 1468. Ce canal a un parcours de 72 000 mètres et il fournit de l'eau à 19 canaux secondaires qui ont ensemble une longueur de 88 000 mètres. Ces divers cours d'eau arrosent 42 500 hectares sur les communes de :

<table>
<tr><td>Ivrée,</td><td>Tronzano,</td></tr>
<tr><td>Albiano,</td><td>Crova,</td></tr>
<tr><td>Vestigne,</td><td>Azigliano,</td></tr>
<tr><td>Masino,</td><td>Salasco,</td></tr>
<tr><td>Borgo-Masino,</td><td>Cascine di stra,</td></tr>
<tr><td>Mont-Crivello,</td><td>Olcenengo,</td></tr>
<tr><td>Villareggia,</td><td>Veneria,</td></tr>
<tr><td>Cigliano,</td><td>Casalrosso,</td></tr>
<tr><td>Salluggia,</td><td>Viancino,</td></tr>
<tr><td>Livorno,</td><td>Lignana,</td></tr>
<tr><td>Bianzé,</td><td>Selve,</td></tr>
<tr><td>Borgo-d'Alice,</td><td>Dezzana,</td></tr>
<tr><td>Trenzano,</td><td>Costanzana,</td></tr>
<tr><td>Santhia,</td><td>Stroppiana,</td></tr>
<tr><td>San-Germano,</td><td>Vercelli.</td></tr>
</table>

Le canal d'Ivrée débite par seconde 288 onces milanaises ou 10 mètres cubes 317 litres.

2° Le *canal de Cigliano* date de 1785. Son parcours est de 31 000 mètres [1] ; il arrose avec le canal qu'il alimente et qui a 34 700 mètres de longueur une surface de 43 000 hectares sur les communes de :

<table>
<tr><td>Villareggia,</td><td>Tronzano,</td></tr>
<tr><td>Cigliano,</td><td>Santhia,</td></tr>
<tr><td>Saluggia,</td><td>Carisio,</td></tr>
<tr><td>Livorno, -</td><td>Vestigne.</td></tr>
<tr><td>Bianzé,</td><td></td></tr>
</table>

1. Depuis 1859, le canal del Cigliano a 165 000 mètres de longueur. (Voir IIe partie, chapitre III.)

Son débit est de 14 mètres cubes 246 litres par seconde.

3° Le *canal del Rotto* a été ouvert en 1400. Sa longueur est de 12 200 mètres et celle des deux branches qu'il alimente de 36 600 mètres; il arrose 10 000 hectares sur les communes de :

Saluggia,	Morano,
Crescentino,	Balzola,
Fontanetto,	Vilanova,
Pallazuolo,	Balono,
Trino,	Livorno,
Grangia di Pobietto,	Lucedio.
Torrione,	

Il débite 350 onces milanaises, ou 14 mètres cubes 700 litres par seconde.

Les principaux canaux dérivés de la Doire Baltée étaient autrefois des possessions particulières; aujourd'hui, ils appartiennent à l'État.

La Sesia alimente :

1° Le *canal Gattinara* et la branche qu'il fournit arrosent 1800 hectares sur les communes de :

Gattinara,	Albano,
Lenta,	Oldenico,
Gistarengo,	Roasendo,
Arborio,	Buzenzo,
Greggio,	Bollono.

Il débite 80 onces milanaises par seconde.

2° Le *canal Mora* date de 1481. Il a 52 000 mètres de longueur, et arrose 2800 hectares sur les communes de :

Ghemme,	Trecate,
Sizzano,	Cerano,
Fara,	Castolo,
Vignale,	Vigevano.
Novare,	

Son débit est 86 onces milanaises par seconde.

3° Le *canal Busca* a été construit en 1382.

Il alimente deux canaux secondaires et arrose 2750 hectares dans les communes de :

Ghemme,	Biandrate,
Carpignano,	Casaleggio,
Silavenzo,	Castel-Novetto,
Orfongo,	Rosasco,
Confienza,	Cozzo,
Robbio,	Valle.
Mondello,	

Son débit est de 40 onces ou 1 mètre cube 764 litres par seconde.

4° Le *canal Rizzo-Biraga* a été ouvert en 1468. Il alimente 22 canaux secondaires et arrose 3600 hectares sur les communes de :

Casignano,	Vespolate,
Briandrate,	Marza,
Confienza,	Zemme.
Cameriano,	

Ce canal, ainsi que la Roggia-Busca, alimentent principalement les rizières.

5° Le *canal Sartirana* a été créé en 1380.

Il alimente 19 canaux secondaires et 6550 hectares sur les communes de :

Langosco,
Rosasco,
Candia,
Sartirana,
Torrebereti,

Mede,
Villabiscossi,
Semiana,
Goido.

Son débit est de 260 onces milanaises ou 10 mètres cubes 920 litres par seconde.

Le Tessin alimente :

1° Le *canal Langosco* qui a été construit au milieu du quatorzième siècle. Il a 43 000 mètres de longueur et avec les 13 canaux secondaires qu'il alimente, il arrose 7660 hectares sur les communes de :

Galliate,
Tresate,
Cerano,
San-Marco,
Garbagno,
Casinale,
Garlarco,
San-Giorgio,
Cassolo,

Vigevano,
Gambolo,
Trumello,
Valleggio,
Scaldassole,
Ferrara,
San-Nozzaro,
Alagna,
Borgo San-Siro.

Il débite 340 onces ou 14 mètres cubes 280 litres par seconde.

2° Le *canal Sforzesca* date de 1482. Il alimente

deux branches secondaires et arrose 5950 hectares sur les territoires de :

Vigevano,
Sforzesca,
Occhie,
Pratosecco.

Le TORRENT D'AGONA et le TORRENT DE TERDOPPIO, qui roulent leurs eaux entre la Sesia et le Tessin, alimentent de nombreux canaux secondaires.

Les *canaux dérivés de l'Agona* sont au nombre de 13; ils arrosent 8000 hectares sur les territoires de :

Confienza,
Robbio,
Castelnovetto,
Ricorvo,
Castel-Agona,
Mortara,
Cernago,
San-Giorgio,
Olevano,
Campalestro,
Lumello,
Galliavola,
Mezzanabiglia,
San-Nazaro.

Les *canaux dérivés du Terdoppio* sont au nombre de 10; ils permettent d'irriguer 3160 hectares sur les territoires de :

Villanova,
San-Marco,
Gambolo,
Tromello,
Roventino,
Garlasco,
Dorno,
Zinasco,
Bombardone.

Tous ces divers canaux arrosent :

1° Les provinces de Verceil, Ivrée, Biella, situées entre la Dora Baltea et la Sesia ;

2° Les provinces de Novare, Verceil et Mortara, comprises entre la Sesia et le Tessin.

Les plaines comprises entre les Alpes maritimes et la Dora Baltea sont arrosées avec les eaux de la Doire de Suze, de la Stura, de l'Orco, de la Malesina et de la Chiusella.

Le *canal de Caluso* est dérivé de l'Orco ; il date de 1556, a 27 900 mètres de longueur et arrose 7000 hectares sur les territoires de

Castellamonte,	Montalenghe,
Bairo,	Barone,
Aglié,	Caluso,
San-Giorgio,	Mazze,
Orio,	La Mandria.

La province d'Alexandrie est arrosée par le *canal Charles Albert* qui date de 1839 et qui a 26 100 mètres de longueur.

En résumé, les eaux qui circulent dans les *canaux de l'État* et les *canaux privés* servent annuellement à l'arrosement de 110 000 hectares dans le *Bas-Piémont*. Les premiers permettent d'irriguer 42 000 hectares ; les seconds servent à l'arrosage de 68 000 hectares. Ces 110 000 hectares se divisent de la manière suivante :

Provinces d'Ivrée et de Verceil. . . .	47000	hectares.
— de Novare et de Mortara. .	61 000	—
— d'Alexandrie.	2 000	—
Total.	110 000	hectares

En général on évalue à 196 000 hectares la surface arrosée dans le Piémont avec les eaux des sources, des rivières et des canaux. Cette immense superficie se décompose comme il suit :

Irrigation dans les vallées supérieures.	72 000	hectares.
— entre la Doire de Suze et la Doire Baltée.	8 000	—
— entre la Doire Baltée et la Sesia.	48 000	—
— entre la Sesia et le Tessin.	66 000	—
— dans la plaine d'Alexandrie.	2 000	—
Total.	196 000	hectares.

Tous les canaux appartenant à l'État sont gérés par l'administration des finances. Les agents qu'elle a sous ses ordres règlent tout ce qui concerne l'assiette et la perception des redevances, et ils répriment les contraventions aux dispositions des règlements en vigueur concernant les cours d'eau.

Les surfaces arrosées dans les vallées du Haut-Piémont appartient aux provinces de Coni, Saluces, Pignerolo, Aoste, Biella et Varello. Le système d'arrosage qu'on y a adopté rappelle la méthode en usage dans les Vosges, le Tyrol et la Suisse. On y observe des réservoirs qui fournissent l'eau à diverses hauteurs.

Le Cavanais occupe la partie nord-ouest des parties montagneuses.

La partie la mieux irriguée, celle qui fait la gloire du Piémont est située entre Coni et Turin. Les prairies naturelles et les champs de trèfle qu'on y admire sont, en effet, entretenus et arrosés avec beaucoup de soin. Les unes et les autres sont fauchées deux ou trois fois par an ; c'est par exception, qu'aux environs de Pignerol, on fauche les prairies quatre fois chaque année, à partir du moment où les corolles carminées des pâquerettes s'épanouissent sur l'herbe qui verdit.

Dans ces districts comme dans les contrées arrosables de la Lombardie, on constate que la population est plus grande et que les familles y sont plus nombreuses.

Tous les champs sont entourés de fossés et çà et là de haies vives dans lesquelles le saule argenté joue un rôle remarquable.

Le sol des plaines et des vallées est généralement sablonneux, plus ou moins argileux ou plus ou moins pierreux ou graveleux. On le laboure avec l'araire modifié très-heureusement par M. le marquis de Sambuy ou au moyen de l'araire ancien. Cette dernière charrue est quelquefois munie d'un mancheron ayant de 3 à 4 mètres de longueur qui permet de la diriger avec une grande facilité[1].

---

1. On fait usage sur plusieurs points du département de la Loire, d'un araire dont les mancherons ont deux mètres environ de longueur.

Les plaines fécondes présentent depuis le printemps jusqu'à la fin de l'été de très-belles cultures de froment, de maïs et de riz. Ces cultures, les couleurs propres du sol et du ciel, les nuances vives du vert, les champs arides colorés en pourpre par le *rumex acetosella*, l'azur des bluets, le rouge du coquelicot, offrent le plus riche paysage qu'il soit donné d'admirer.

Le maïs occupe annuellement une immense surface. On le cultive partout où l'on peut, en lignes espacées les unes des autres de $0^m 80$ soit seul, soit associé au lupin blanc, au pois, au haricot à rame et au sarrasin. On le rencontre jusqu'à 893 et même 1188 mètres d'altitude sur les coteaux exposés au sud dans la haute et froide vallée d'Aoste.

Outre le froment qu'on récolte en juillet et le maïs qu'on arrose toutes les fois que les circonstances le permettent, on cultive le sorgho à panicule, le millet à épi, le pois chiche et le chanvre.

Les rizières occupent chaque année une surface considérable dans le Piémont. On les observe surtout sur les communes de Verceil, San-Germano, Mortara, Novare, Ciglione. Ces cultures sont si nombreuses à Verceil que la campagne ressemble pendant l'été à un vaste marais entretenant dans l'air une humidité abondante et presque continuelle. Tous les fossés qui séparent ces cultures fluviales sont garnis d'arbres ou de haies dans les-

quelles quelquefois la couleur éclatante de la rose
de Provins se mêle aux grappes blanches de l'au-
bépine, contraste frappant qui semble avoir pris
naissance pour égayer les regards des populations qui habitent ces localités aquatiques et un
peu tristes. Comme les tiges du riz, les typha, les
iris de marais, les carex et les joncs, plantes qu'on
y observe quelquefois çà et là dans une forte proportion, y sont pendant l'été le jouet des vents.

Sur divers points de la Lomelline on rachète les
pentes qu'offrent les rizières par des digues plus ou
moins rapprochées les unes des autres et qui sont
toutes de niveau.

La vigne est répandue à Novi, Casal, Asti, Voghera et Alexandrie On la dirige sur les treillages
horizontaux soutenus par des échalas ayant $1^m,50$
à 2 mètres de hauteur. En général, le vin qu'elle
y produit ne se conserve pas longtemps : il est sujet à tourner à l'aigre un an après la fabrication.
On attribue ce défaut aux procédés de fabrication
qui laissent beaucoup à désirer. Toutefois, par exception, on fabrique quelques vins de liqueurs qui
sont assez estimés quand on les consomme peu de
temps après qu'ils ont été mis en bouteilles. Ce
sont les *muscats* de Chambave, le *malvoisie* de
Canelli et le *nebiolo* d'Asti. Ce dernier vin a un
parfum qui rappelle un peu la saveur de la fram-
boise.

Le mûrier est aussi très-commun, parce que la soie est une des principales richesses agricoles du Piémont. On l'observe surtout en lignes régulières à l'intérieur des prairies naturelles, sur les limites des champs ou comme bordure le long des routes. Il est surtout très-répandu à Novi, Conti, Verceil, Novare, Asti, Pignerol et Saluces. Sa taille laisse souvent à désirer.

Voici les quantités des cocons qu'on récolte annuellement dans les cinq circonscriptions où cet arbre est très-répandu :

Circonscription de Turin.	2 000 000	kilogrammes.
— de Coni.	2 000 000	—
— de Novare. . . .	1 000 000	—
— d'Alexandrie	1 000 000	—

Les soies de Turin, Saluces, Pignerol, Lomellina et Novare se distinguent par leur parfaite blancheur.

Le lin est très-cultivé dans les provinces de Novare et de Lomellina et le chanvre dans celles de Turin et Novare.

La gaude est la seule tinctoriale qu'on cultive dans le Piémont.

On compte peu de grands domaines. Les fermes, vu l'extrême division de la propriété, ont une étendue de 16 à 25 hectares. Elles sont exploitées le plus ordinairement par des métayers qui ont peu de capitaux.

L'assolement le plus généralement suivi comprend quatre soles, savoir :

1re année. . . . . Maïs.
2e année. . . . . Froment.
3e année. . . . . Froment.
4e année. . . . . Seigle suivi de trèfle.

Quelquefois, la première sole est occupée par du chanvre et du maïs et souvent on remplace le deuxième froment par un trèfle ; alors cette légumineuse est suivie par un blé ou un seigle. Le trèfle qu'on sème dans la quatrième sole est fauché à la fin de l'été et enterré avant la semaille de maïs. Dans quelques localités on le remplace par une culture de lupin blanc.

Les animaux appartenant à l'espèce bovine sont nombreux dans le Piémont parce que les fourrages y sont très-abondants, surtout dans les parties où il existe des cultures à l'arrosage. Toutefois, les bœufs n'ont rien de remarquable. Il en est de même des vaches qui sont petites et ne donnent pas journellement une grande quantité de lait.

Les bêtes à laine sont aussi très-nombreuses, eu égard aux surfaces qu'on arrose chaque année.

La fumure précède ordinairement le maïs.

Le froment et le seigle sont égrenés sur des aires à l'aide de rouleaux en pierre ; c'est par exception qu'on a remplacé ces cylindres par des machines à battre fixes, mues par l'eau ou mises en mouvement par des chevaux ou des bœufs.

Voici le nombre de têtes qu'on observe dans les diverses circonscriptions :

Turin	114 000 têtes.
Coni	99 000 —
Novare	67 000 —
Alexandrie	45 000 —
Aoste	32 000 —

Ces animaux vivent principalement dans les parties accidentées. En général, presque partout les versants des montagnes inaccessibles à la charrue offrent d'excellents pâturages à moutons.

Ces bêtes ovines appartiennent à deux races distinctes que l'on désigne sous les noms de *nostrale* et *bergamasca ;* la première est forte et très-laitière ; la seconde fournit comme la précédente une laine commune.

La race mérinos est presque inconnue dans le Piémont. C'est en vain que l'illustre Cavour a tenté, il y a trente ans, de la propager dans les localités où les terres sont à la fois saines et de bonne qualité.

Les bœufs de travail sont attelés à l'aide d'un joug de garrot, mais pour que ces animaux tiennent constamment leurs têtes élevées lorsqu'ils traînent une charrette, on fixe à l'extrémité du timon de ce véhicule une pièce courbe qui les domine de

1^m50 environ et au bout de laquelle est attaché un anneau ; c'est à cette pièce en fer qu'on fixe les courroies en cuir qui maintiennent toujours élevées les cornes des bœufs.

Outre le fumier produit par les bêtes à cornes, les chevaux et les bêtes à laine, on emploie, dans la fertilisation des terres, le lupin blanc à l'état vert ou les grains qu'il fournit après les avoir fait tremper dans l'eau bouillante pendant plusieurs heures.

Les volailles sont très-répandues dans les localités où il existe des rizières. On les regarde dans ces contrées comme nécessaires pour détruire une partie des insectes qui y pullulent.

Les forêts sont peu nombreuses et mal aménagées. C'est pourquoi le bois est très-cher dans le Piémont. Toutefois, par exception, les parties basses du mont Rose offrent çà et là de belles forêts dans lesquelles dominent le pin sylvestre, le chêne ou le hêtre ou le châtaignier suivant les altitudes où végètent ces essences.

La vallée d'Aoste produit annuellement beaucoup de fruits de toutes sortes. En général, les noyers sont très-communs dans les vallées alpines.

2° LE DUCHÉ DE GÊNES.

Le duché de Gênes est situé entre le Piémont et la Méditerranée. Il est entièrement occupé par un rameau des montagnes apennines qu'on appelle

Apennin génois. Ces élévations présentent des collines, des vallées, quelques plaines et des sommets abruptes. Elles sont principalement formées de roches stratifiées et sédimentaires.

Cet ancien duché comprend neuf provinces et occupe 658 400 hectares sur lesquels 160 000 seulement sont cultivés. On y compte 635 000 habitants.

Sur un grand nombre de points la bêche remplace la charrue dans la préparation des terres arables.

Ces terres appartiennent à deux zones bien distinctes ; 1° à la *région maritime* qui a 5 à 6 kilomètres de largeur ; 2° à la *région alpestre* qui occupe la partie comprise entre la zone maritime et le sol piémontais.

Le région alpestre comprend trois zones distinctes.

La région maritime qu'on pourrait appeler *zone génoise*, étant abritée des vents du nord a un climat tout à fait sicilien. Le palmier, l'oranger, le citronnier, l'aloès et les myrtes se marient en pleine terre avec la vigne, l'olivier et le mûrier.

L'oranger ne dépasse pas 200 mètres d'altitude. C'est à Savone qu'est situé le centre de la production des oranges.

Le climat du duché de Gênes est d'une extrême douceur ; de plus, l'air qu'on y respire est excellent, grâce à la sérénité du ciel, à la transparence

de l'atmosphère et aux vapeurs salines du golfe.
Les villas qu'on y remarque sont situées au milieu
de sites embaumés par le parfum de la mer et celui
des orangers et des citronniers. Ces habitations,
comme les résidences les plus agrestes, sont soutenues par des terrasses ornées de fleurs et de verdure ; des oliviers allant de collines en collines
les couronnent d'ombrages.

Dans les champs on s'abrite aussi du soleil pendant le milieu du jour sous l'arbre qui donne l'huile.
Dans les jardins, ce sont ordinairement les citronniers qui garantissent les allées de l'éclat du jour.

C'est dans la région maritime qu'on cultive la
tubéreuse, la jonquille, la rose, le jasmin, la cacie,
le géranium, la violette, etc., plantes qui fournissent les fleurs avec lesquelles on fabrique les essences qui servent à parfumer mille produits divers

Les céréales, la vigne, le figuier et aussi l'olivier
occupent plus spécialement la partie supérieure de
la région maritime. Ces végétaux ne dépassent pas
450 mètres environ d'altitude.

L'olivier a une grande importance dans le duché
de Gênes. La valeur brute de l'huile qu'on extrait
annuellement de ses fruits dépasse 16 millions.
Les oliviers de cette partie de l'Italie ont une vigueur remarquable.

Le mûrier occupe les plaines et les collines. Les
soies qu'il permet d'obtenir à Novi sont très-belles.

Au-dessus de la zone de la vigne, qui produit de bons vins ordinaires, mais qui se gardent mal, existe celle du châtaignier. Les fruits de cet arbre sont souvent très-beaux sur les versants septentrionaux; ils jouent un rôle important dans l'alimentation des habitants des campagnes.

C'est dans cette dernière zone qu'on cultive le plus de froment et de maïs et qu'on rencontre les plus grandes surfaces en prairie.

La zone des pâturages commence à 550 mètres au-dessus du niveau de la mer, c'est-à-dire au-dessus des lieux où les cistes épanouissent leurs grandes fleurs carminées. C'est dans cette région que les vaches laitières qui vivent durant l'hiver dans les parties inférieures viennent passer la belle saison.

Les irrigations sont peu importantes dans le duché de Gênes. On les observe principalement à Oneglia, Scrivia, Albenga et Senevalle. On arrose naturellement beaucoup de jardins légumiers à Savona, Chiavari, Spezia et Sarzana.

3° LA LOMBARDIE.

La Lombardie est située entre les Alpes, les Apennins, le Piémont et la Vénétie, c'est-à-dire entre le Pô, le Tessin, l'Adige et la Brenta.

Avant le onzième siècle, époque du réveil des peuples en Italie, du morcellement des grands domaines dans le Milanais, la partie de la Lombardie située entre le Pô et l'Adige, était marécageuse et couverte de bois. De nos jours on la regarde à bon droit comme le pays agricole le plus riche et le plus peuplé de l'Europe.

Le débit des nombreux cours d'eau qui la traversent est en moyenne, selon Lombardini, de 360 mètres cubes par seconde, ou 30 millions d'hectolitres par 24 heures. Cette quantité d'eau permet d'arroser annuellement environ 450 000 hectares sur lesquels on compte plus de 30 000 hectares de marcites ou prairies d'hiver.

La Lombardie comprend les provinces suivantes :

1° Le Milanais ;
2° Le Bergamasque ;
3° Le Crémonais ;
4° Le Brescian ;
5° La Valteline ;
6° Le Pavesan ;
7° Le Lodigian.

Elle renfermait, en 1862 :

Surface imposable. . .	1 680 948 hectares.
— non imposable.	336 651 —
Total.	2 017 599 hectares.
Population.	2 742 370 habitants.

Soit 136 habitants par 100 hectares.

On y compte 437 723 propriétaires, soit 1 propriétaire pour 6,23 habitants.

Cette partie de l'Italie a été divisée en deux parties bien distinctes : 1° la *basse Lombardie* ; 2° la *haute Lombardie*. La première comprend les basses terres ; la deuxième embrasse toutes les parties accidentées qui se rattachent aux montagnes alpines.

A. — *Le Milanais.*

Le Milanais a pour centre la ville de Milan. On le divise en deux zones :

1° Le haut Milanais, qui est compris entre les Alpes tyroliennes et Milan ;

2° Le bas Milanais, qui s'étend depuis Milan jusqu'au Pavesan et qui a pour capitale Pavie ; il occupe la plus large et la plus riche des vallées de l'Europe.

Les terres du *haut Milanais* varient beaucoup dans leur composition et leur fertilité, mais toutes offrent une déclivité prononcée qui va du nord au sud. Ces terres, près des hautes montagnes alpines sur lesquelles il existe encore beaucoup de pâturages communaux, sont souvent caillouteuses ou couvertes de galets que les eaux ont descendus des lieux élevés.

Cette partie de la Lombardie est arrosée seulement par les eaux du ciel, mais elle comprend six lacs dont cinq très-grands et qui sont espacés sur les flancs méridionaux des Alpes rhétiennes.

1° Le *lac Majeur*, l'ancien *Verbanus lacus*, est traversé par le Tessin; il a 20 000 hectares de superficie et son élévation au-dessus du niveau de la mer est de 195 mètres; sa plus grande profondeur est de 800 mètres et sa plus grande largeur de 56 kilomètres.

2° Le *lac de Lugano*, le *Ceresius lacus* des anciens, donne naissance à la Tresa; il est élevé de 272 mètres au-dessus du niveau de la mer et sa superficie est de 4800 hectares; sa profondeur maximum ne dépasse pas 161 mètres.

3° Le *lac de Côme*, l'ancien *Larius lacus* a l'Adda pour émissaire; sa surface est de 14 200 hectares, sa plus grande profondeur de 588 mètres, son élévation au-dessus de la plaine de Milan de 75 mètres et au-dessus du niveau de la mer de 199 mètres.

4° Le *lac d'Iséo* ou *Sabino*, le *Sevinus lacus* des anciens, est traversé par l'Oglio; sa profondeur maximum est de 300 mètres et il est situé à 191 mètres au-dessus du niveau de la mer; sa superficie est de 6000 hectares.

5° Le *lac d'Idro*, que parcoure la Chiese est élevé de 379 mètres au-dessus du niveau de la mer; sa superficie est de 1400 hectares et sa profondeur maxima ne dépasse pas 122 mètres.

6° Le *lac de Garda*, le *Benacus lacus*, que chantèrent Catulle et Virgile, est le plus grand lac de l'Italie ; il alimente le Mincio ; sa hauteur au-dessus de l'Adriatique est de 70 mètres, et sa profondeur maxima de 584 mètres ; il a 30 000 hectares de superficie.

Ce sont les rivières souvent torrentielles, auxquelles ces grands lacs alpestres donnent naissance, qui alimentent les canaux d'arrosage dont est sillonnée la basse Lombardie.

Le climat du haut Milanais est assez rude. Les gelées y sont souvent prolongées et intenses, et les neiges très-abondantes. L'été, on y observe quelquefois de grandes sécheresses.

Les habitations qu'on voit dans ces montagnes sont souvent décorées par des treilles et le plus ordinairement situées au milieu d'arbres fruitiers.

Les terres, sur les pentes rapides, sont protégées contre l'action érosive des eaux provenant des orages, par des murs en pierres sèches disposées en étages ou en gradins.

Cette région est en général peu productive, parce qu'elle est exploitée par des métayers qui ont peu d'argent à leur disposition et qui n'ont pas par conséquent les moyens d'acheter des engrais. Presque partout la culture du froment et les prairies artificielles laissent beaucoup à désirer.

Le maïs se marie souvent au seigle, à l'avoine

d'hiver, au sarrasin, au trèfle rouge, au trèfle incarnat et quelquefois aussi à la luzerne, sur les terrasses établies sur les versants des montagnes.

Les prairies irriguées ne couvrent pas au delà de 2000 hectares. Celles qui ne sont pas arrosées ne reçoivent pas toujours les soins d'entretien qu'elles exigent; on les fauche une seule fois, à la fin de mai ou au commencement de juin. On les fait pâturer au mois d'août ou de septembre par le gros bétail.

On remarque dans cette partie du Milanais sur divers points, un grand nombre de mûriers bien dirigés, des pruniers, des pêchers et des vignes soutenues par des ormes dirigés en têtards.

Les vins les meilleurs proviennent des collines abritées du vent du nord (*Tramonta*); ils sont secs et un peu aigrelets. Le vin appelé *Boletto* est peut-être le seul qui se distingue par son moelleux et sa chaleur. On cite aussi les vins des collines dites *Monte di Brianza*, ils sont peu colorés et assez parfumés.

Les régions supérieures offrent des pâturages qu'on utilise principalement pendant l'été par les bêtes à cornes et à laine. Ces pâturages rappellent par leur teinte la verdure si tendre des prairies des vallées; ils sont décorés par l'azur de la gentiane, la nuance rose des bruyères, la couleur d'or du genêt. Les bêtes à cornes qui y pâturent pendant la belle saison vivent l'hiver dans la plaine.

Quoi qu'il en soit, les vallées agrestes qu'on observe dans le haut Milanais, les chalets qu'on y admire sur la pente des montagnes, l'odeur sauvage qu'y développent les sapins, le son des clochettes qui pendent au cou des vaches qui y passent la belle saison, tout cela donne à cette partie de la Lombardie un cachet qui rappelle les montagnes alpines les plus pittoresques.

La *basse Lombardie* ou pour mieux dire le *bas Milanais* occupe une vaste plaine d'alluvion, presque unie, boisée et très-florissante.

Le sol de cette belle contrée est aussi riche que profond; il est perméable, argilo-siliceux ou sablo-argileux, souvent graveleux et presque toujours meuble, mais il est sujet à se dessécher pendant l'été, si on ne lui fournit pas l'eau nécessaire. En d'autres termes, le sol du bas Milanais est un diluvium puissant, d'une fertilité prodigieuse; c'est pourquoi on le désigne sous le nom de *il fior di terra*. Ce sont les eaux qui descendent des montagnes alpines sur des pentes rapides qui l'ont formé en déposant de nombreux sédiments. Ce sol, dont l'épaisseur est considérable, repose sur des dépôts marneux ou crayeux.

Plus on se rapproche du Pô, plus la terre est fraîche, fertile et noirâtre.

Cette magnifique plaine, qu'on a appelée l'*agro di Milano*, et au milieu de laquelle on voit les Alpes se dessiner sur l'azur du ciel et les monts Apennins que le soleil dore pendant tout le jour, cette terre privilégiée où partout la joie naît au triomphe de l'art, où chaque jour l'homme se montre ingénieux et créateur, offre une disposition hydraulique unique en Europe. Elle est sillonnée en tous sens par d'innombrables canaux ingénieusement tracés. Ces canaux dans lesquels l'eau coule à fleur de terre, ont le Pô comme collateur ; ils sont dérivés du Tessin, de l'Adda, du Serrio et de l'Oglio.

La fonte des neiges qui couvrent les sommets des colosses alpins étant régulière, l'eau qui en résulte alimente les canaux de dérivation d'une manière plus continue et constante que les eaux pluviales.

Le Tessin alimente :

1° Le *Naviglio Grande* ou grand canal du Tessin, créé en 1177. Sa longueur est de 50,000 mètres et sa largeur moyenne de 30 mètres. Il aboutit à Milan après avoir donné naissance à Abbiategrasso au canal appelé *Ticinello*, qui rejoint à Binasco le canal de Pavie.

Ce grand canal traverse les territoires de :

Buffalora,	Gaggiano,
Magenta,	Trezzano,
Robecco,	Corsico,
Castelletto,	San-Cristoforo.

Son débit est de 45 mètres cubes 150 litres, ou 1075 onces milanaises par seconde. Cette quantité d'eau sert à alimenter 120 bouches qui donnent naissance à un pareil nombre de canaux. Elle fournit 114 onces au *canal de Bereguardo* et 142 onces au canal de Pavie. La bouche du Ticinello absorbe 36 onces continues.

Les 820 onces qui restent dans le Naviglio Grande arrosent en été 31 500 hectares de prairies et en hiver 660 hectares de marcites.

2° Le *canal de Bereguardo* a 19 000 mètres de longueur; il arrose la rive gauche du Tessin, c'est-à-dire les territoires de :

Abbiategrasso,	Besate,
Bugo,	Motta,
Caselle,	Visconti,
Morimondo,	Zelada,
Coronate,	Bereguardo.
Basiano,	

Son débit est de 4 mètres cubes 368 litres par seconde; il alimente 18 bouches qui servent en été à l'arrosement de 3900 hectares de prairies, et en hiver de 3900 hectares de marcites.

3° Le *canal de Pavie* a été dérivé en 1819 à Milan du précédent canal; il a 33 300 mètres de longueur.

Son débit est de 5 mètres cubes 964 litres par seconde; il sert en été à l'arrosage de 3600 hectares.

L'Adda alimente :

1° Le *canal de la Murza* qui date du commencement du treizième siècle; il a 38 600 mètres de longueur sur 35 mètres en moyenne de largeur. Il alimente 75 bouches ou canaux secondaires à l'aide desquels on arrose dans les provinces de Milan et de Lodi, 75 000 hectares de prairies en été et 1100 hectares de marcites en hiver.

Son débit est de 1483 onces milanaises ou 62 mètres cubes 286 litres par seconde.

2° Le *canal de la Martesana* se réunit au canal intérieur de Milan (*Naviglio interno*). Il a 45 000 mètres de longueur et traverse les territoires de :

Vaprio,	Colombarolo,
Concessa,	Cernusco,
Fornaci,	Metalino,
Gropollo,	Crescenzago,
Gorgonzola,	Milano.

Il donne naissance à l'intérieur de Milan à la *Vettabia* qui reçoit les égouts de la ville et alimente 85 bouches.

Son débit est de 584 onces ou 24 mètres cubes 528 litres d'eau; il arrose en été 22 000 hectares de prairies et de rizières et en hiver 4600 hectares de marcite.

Toutes ces eaux en descendant vers le Pô conservent dans la plaine leur force active de projection. Elles se distribuent dans des milliers de rigoles pour se répartir ensuite sur les prairies, les terres arables et les rizières. Ces rigoles traversent un grand nombre de propriétés en vertu d'un droit de servitude mentionné dans les anciennes constitutions du Milanais. C'est Charles-Quint, qui rendit cette servitude de passage de l'eau sur le fonds d'autrui obligatoire dans cette province et dans le Novarrais; et c'est le duc de Savoie qui l'établit en 1584 dans le Piémont.

A ces divers canaux, il faut ajouter les *rivières d'Olona*, *du Lambro*, *du Sereso*, etc., dont les eaux servent aussi aux irrigations.

Toutes choses égales d'ailleurs, on évalue la surface arrosable comprise entre le Tessin et l'Adda à 191 000 hectares, savoir :

	Été.	Hiver.
Irrigations à l'aide du Tessin.	45 000 hect.	900 hect.
— — de l'Adda.	96 000 —	1350 —
— — de l'Olona.	8 000 —	150 —
— — des sources	38 500 —	500 —
Totaux.	188 100 hect.	2900 hect.

On compte, en outre, 50 000 hectares de rizières.

En résumé, grâce aux irrigations pratiquées avec ces inépuisables courants d'eau sous un soleil brûlant, le bas Milanais est le pays le plus riche de l'Italie, parce que la nature habilement secondée par l'homme y est sans cesse vivante. Certes, sans les eaux des canaux, qui sont de toutes grandeurs et si-

tués à tous les niveaux, la terre y serait brûlée chaque année pendant les mois de juin, juillet et août.
C'est pourquoi il y a bien peu de fermes qui n'aient
leur écluse (*Chiuse*) ou leur prise d'eau (*Bochilli*)
et leur canal de décharge (*Forratoj*).

Le bas Milanais est remarquable sous tous les
rapports. Si on y compte en moyenne chaque année 18 jours de neige, le nombre de jours pluvieux
ne dépasse pas en moyenne 68. Voici la quantité
d'eau qui tombe mensuellement à Milan :

Janvier	$72^{mm},2$	Juillet	$74^{mm},6$
Février	53 ,8	Août	77 ,9
Mars	57 ,1	Septembre . . .	83 ,1
Avril	78 ,1	Octobre	109 ,9
Mai	94 ,7	Novembre	105 ,0
Juin	80 ,6	Décembre . . .	79 ,5

La température moyenne est de 12° 08. Voici
celle des quatre saisons :

Hiver	2°,1
Printemps	13°,2
Été	22°,7
Automne	13°,0

La température moyenne la plus basse est de —
2° 3 et la plus élevée de + 23° 7.

Les prairies, il faut l'avouer, ajoutent beaucoup
à la beauté du paysage par leur aspect toujours
riant. Non-seulement elles sont sans cesse arrosées, mais l'ombrage des peupliers qui tremblent

aux bords des ruisseaux et des haies qui les séparent les unes des autres y maintient une verdure qui surpasse par sa beauté et sa permanence celle qu'on admire dans les comtés de l'Angleterre les plus favorisés par la nature.

Le centre des irrigations existe entre Milan, Lodi et Pavie. C'est là, en effet, qu'on peut observer cette nature libérale, cette richesse agricole incomparable que Bramante, Raphaël et Léonard de Vinci avaient prédite lorsqu'ils ont prévu les bienfaits des irrigations dans la Lombardie.

Les travaux d'arrosage les plus importants ont été exécutés de nos jours par MM. Borromeo, le duc de Litta, Cattaneo, Belgioso, Visconti et Barinetti.

Les champs ont une étendue de quelques hectares seulement. Une superficie plus grande rendrait les irrigations difficiles.

Les terres labourables comme les prairies sont entourées de fossés. Ces derniers sont bordés d'une ou de deux rangées de saules, de peupliers noirs, d'aulnes, de frênes et d'ormes exploités en têtards. Les feuilles de ces essences forestières sont quelquefois utilisées dans l'alimentation des bêtes à cornes. Le peuplier d'Italie ou peuplier pyramidal est rare dans la Lombardie.

Les propriétés rurales ont une valeur considérable; elles sont divisées en fermes de moyenne gran-

deur. Ces domaines sont loués à des fermiers
généraux ayant de grands capitaux et qui les exploitent quelquefois à l'aide de métayers. Les familles des travailleurs vivent ordinairement sur les
domaines. Elles ont un logement et un jardin et ont
droit à une part dans les produits.

La culture de ces propriétés dont le morcellement est impossible à cause des concessions d'eau
faites à perpétuité, exige de grandes avances parce
que les irrigations ont fait élever la rente des terres
et qu'elles obligent à entretenir un bétail qui engage un capital important.

Cette partie de la Lombardie produit des céréales, du riz, du chanvre, du lin, de la soie et des
fromages. Toutefois, le blé y occupe annuellement
peu d'étendue.

On n'y connaît pas la jachère et la terre y est toujours productive.

Les araires qu'on y emploie sont traînés soit par
des chevaux qu'on importe de la Suisse, soit pa
des bœufs ayant un joug de garrot.

Le bas Milanais ne possède pas de bêtes à laine,
mais il entretient chaque année 80 000 vaches ori-
ginaires des cantons d'Uri, de Schwitz, de Lucerne
et d'Unterwald. Les troupeaux de *vaches Schwitz* à
pelage brun sont très-nombreux et très-remarquables. Ces vaches viennent de la Suisse par le mont
Saint-Gothard. Chaque année on en achète à la

foire de Lugano environ 11 000 ; elles ont alors de 3 à 4 ans. Le lait qu'elles fournissent sert à fabriquer le célèbre fromage de Parmesan.

Les plus belles laiteries du Milanais sont situées dans les environs de Porte tosa, Romana, Ticinese, Vercellina.

Les veaux sont vendus jeunes pour la boucherie.

Le grand triangle compris entre Milan, Lodi et Pavie comprend 146 000 hectares de prairies arrosées et 100 000 bêtes à cornes. Les bœufs qu'on y observe ont un pelage froment clair ; ils viennent de la Valteline. Les vaches suisses qu'on y entretient donnent en moyenne, quand elles sont bien nourries, 2500 litres de lait chaque année. Indépendamment du fromage de Parmesan, on fabrique avec leur lait près de 2 000 000 kilogrammes de beurre par an.

Les bâtiments ruraux, soit les vacheries d'hiver ou d'été, soit les maisons d'habitation ou les fromageries, ont un élégant cachet champêtre. La teinte rougeâtre qui les décore est due à la brique avec laquelle ils ont été édifiés. Leur forme est régulière et les cours qui les séparent sont ordinairement très-vastes.

Les mûriers sous lesquels existent souvent des cultures de légumes à l'arrosage très-bien conduites sont très-nombreux de Codogno à Crémone ; la vigne couvre de grandes étendues à Mozzata et à Magenta. C'est à bon droit qu'on la considère dans ces localités comme une des principales richesses de l'agriculture lombarde.

B. — *Le Pavesan.*

Le Pavesan a Pavi pour centre principal ; il est plus riant que le bas Milanais quoiqu'on y observe très-peu de *marcites*. Ces prairies y sont remplacées par des tréflières très-productives qui durent ordinairement deux années et après lesquelles on demande à la terre une récolte de blé.

Les prairies naturelles couvrent de grandes surfaces. L'herbe qu'elles produisent sous l'action des arrosages est touffue et élevée ; elle est formée de plantes graminées et de plantes légumineuses avec lesquelles la renoncule si remarquable par sa fleur d'un beau jaune brillant, se marie très-agréablement.

Les vacheries y sont nombreuses ; elles renferment souvent de 80 à 100 têtes. Le lait qu'elles fournissent sert aussi à la fabrication du fromage de Parmesan.

L'hiver, les vaches ne mangent que du foin et elles ne sortent que pour s'abreuver. L'été, elles vivent dans les prairies qui forment alors de vastes pâturages depuis 9 heures du matin jusqu'à 3 ou 4 heures de l'après-midi.

On élève peu de bêtes à cornes dans cette partie de la Lombardie.

En général, on estime qu'une vache appartenant à la race Schwitz donne un revenu annuel net qui varie en moyenne pendant six à sept années entre 200 et 300 francs.

Les rizières qu'on observe dans le Pavesan sont ordinairement triennales.

Les mûriers y sont peu nombreux et la vigne y produit des vins de médiocre qualité.

C. — Le Lodesan.

Le Lodesan ou *Lodigian* est sans contredit la contrée la plus remarquable de la Lombardie. Il est formé par une vaste plaine bien cultivée et qui est très-bocagère près des rives du Tessin. Les prairies qu'on y admire doivent leur belle teinte verdoyante et uniforme, leur fraîcheur perpétuelle aux eaux de la *Murza*, que l'on distribue partout au moyen de nombreux petits canaux ayant leurs digues gazonnées.

Les terres y sont noirâtres, un peu légères ou plus siliceuses que dans le Pavesan et très-morcelées ; on les laboure comme dans le Milanais et le Pavesan avec des charrues moyennes traînées par deux chevaux ou deux bœufs. Elles sont exploitées par des métayers ou des propriétaires ayant de grands capitaux. Ces terres sont presque toujours arrosées, elles ont une grande valeur et sont très-productives.

Les étables sont de deux sortes ;

Les *étables d'hiver* (Bergamine) sont basses ; elles ont généralement 3^m50 de hauteur sous plancher. Les vacheries voûtées sont encore rares. Le plus généralement le plancher est un simple clayonnage destiné à porter du foin. Les vaches, y compris la mangeoire, occupent une largeur de 3 mètres. Les ouvertures sont nombreuses ; elles ont la forme de créneaux évasés en dedans.

Lorsque les vacheries comportent deux rangées de vaches, l'espace compris entre ces deux rangs est ordinairement de 3 mètres.

Ces bâtiments sont couverts en tuiles creuses.

Les *vacheries d'été* (Barco) ont l'aspect d'une allée couverte ou d'un hangar fermé ; elles ont seulement des fenêtres à l'exposition nord. Leur toiture est très-avancée sur les murs de face, afin que ceux-ci soient abrités des rayons du soleil.

Comme dans le bas Milanais les vaches vivent dans ces étables en stabulation permanente pendant l'hiver, le printemps et l'été. On les nourrit l'hiver on avec du foin ou avec l'herbe fournie par les prairies marcites ; pendant les deux autres saisons, on les alimente avec la production des prairies naturelles ou des tréflières. Ces diverses cultures fourragères sont arrosées.

Durant l'automne, les vaches pâturent la dernière pousse des prairies.

On compte que pour nourrir 100 vaches Schwitz de taille moyenne il faut avoir 1000 *pertica* ou 65 à 66 hectares, dont 52 hectares en prairies naturelles fumées tous les deux ans.

Le reste est consacré aux prairies artificielles et à la culture des céréales.

Les irrigations hivernales y sont faites sur une grande surface. Ces prairies qui sont aussi vertes pendant les mois de janvier et février que durant l'été, sont quelquefois fauchées jusqu'à 8 fois chaque année.

Le lait sert encore à la fabrication du fromage de Parmesan.

Plusieurs fermes ont des machines à battre à l'aide desquelles on égrène le froment, l'orge et le riz.

Le fumier est ordinairement déposé à sa sortie des étables sous un hangar. Cette manière de l'abriter du soleil et de la pluie est aussi en usage dans le bas Milanais et le Pavesan.

Les fumures vertes dont on fait souvent beaucoup usage sont connues sous le nom de *soverscio*.

On y voit chaque année de belles cultures de lin et des rizières très-bien conduites.

Les vins que produisent les collines situées aux environs de Lodi sont d'assez bonne qualité.

D. — *Le Crémonais.*

Le Crémonais est aussi très-riant, les fermes (*Casine*) y sont encadrées d'une verdure continuelle, d'une magnifique nature.

Son sol de formation détritique et quelquefois un peu ferrugineux est d'une grande fertilité.

Cette plaine et celle du Bergamasque sont arrosées d'une manière aussi ingénieuse que dans le Pavesan et le Lodesan au moyen de

$$
\begin{array}{lll}
5 & \text{dérivations} & \text{de l'Oglio,} \\
3 & — & \text{de l'Adda,} \\
10 & — & \text{du Sério,} \\
6 & — & \text{du Brembo,}
\end{array}
$$

et d'un grand nombre de sources.

Ces divers cours d'eau et les sources fournissent 1880 onces milanaises ou 84^{mc}, 354 litres par seconde et ils arrosent 62 000 hectares.

Les terres labourables sont bien conduites. On y voit de nombreuses tréflières. On crée ces prairies artificielles en répandant la graine de trèfle dans le blé d'automne qu'on sème ordinairement en octobre et qu'on récolte en juin.

Le trèfle qu'on fume en couverture pendant l'hiver est défriché au mois de novembre suivant. On le fait suivre au printemps par un lin de mars que suit une culture de millet.

Le froment est ordinairement précédé par une culture de maïs ; il vient directement après la fumure ou un parcage.

Le lin est toujours très-beau. C'est pourquoi les toiles de Crémone sont aussi renommées que celles de Lodi.

Les mûriers et les noyers sont nombreux dans le Crémonais.

Cette province produit aussi beaucoup de vin de qualité très-ordinaire.

E. — *Le Bergamasque.*

La province de Bergame présente de nombreux enclos et de très belles prairies naturelles. Les prairies non irriguées sont fertilisées avec des cendres et déjections de vers à soie.

La plaine produit du blé, du maïs et du sorgho à balais. Les vacheries qu'on y remarque sont aussi bien disposées que les vacheries de la basse Lombardie.

Les coteaux offrent de belles cultures de maïs, de vigne et de mûriers. La race ovine dite *Bergamasca* y forme de bons troupeaux. Cette race est forte et se distingue par ses oreilles pendantes.

La vigne produit des vins de bonne qualité qui donnent lieu à un commerce important. On la plante en joualles.

F. — *Le Brescian.*

Le Brescian occupe une vaste plaine argileuse entre le lac de Garde et l'Oglio. On y observe beaucoup d'enclos, de nombreuses cultures de blé et surtout de maïs soutenues par l'emploi des déjections humaines, des luzernières, des vignobles et des mûriers.

Les parties qui ne sont pas traversées par des canaux sont quelquefois très-arides ou peu productives, mais les localités où les irrigations sont possibles présentent des prairies verdoyantes : des marcites, des tréflières qu'on fauche trois fois par an : en mai, en août et en septembre et de belles rizières.

Les irrigations s'y font avec soin et à l'aide de :

10 dérivations de l'Oglio,
6 — de la Mella,
3 — de la Chièse,

et des eaux de sources.

Ces cours d'eau ont un débit de 1900 onces milanaises ou 79^{mc} 800 litres par seconde. Ils arrosent 62 800 hectares.

La partie située entre Brescia et Vérone est appelée *la Rivière*. Elle forme deux contrées distinctes : la *Rivière haute* qui est protégée par les montagnes et dans laquelle végète l'olivier ; la

Rivière basse dans laquelle il y a beaucoup de vignes.

Les terres des environs de Brescia sont arrosées. On y remarque de très-belles cultures de lin d'hiver et de lin de printemps.

Les vignes du Brescian produisent des vins rouges. Celles de la *Rivière haute* sont soutenues par les arbres; les vins qu'elles fournissent sont corsés, spiritueux et ils se conservent bien. Les vignes de la *Rivière basse* sont supportées par des échalas qui ont deux mètres de hauteur; elles produisent des vins qui ont une couleur très-foncée et qui sont bien inférieurs aux premiers.

Le *vino santo*, si remarquable par sa couleur d'or et son agréable parfum, se récolte à Castiglione.

G. — *La Valteline*.

La Valteline occupe une surface limitée entre l'Adda et le lac de Côme; elle est très-pittoresque, parce qu'elle est entourée de hautes montagnes appartenant aux Alpes rhétiques. Ses productions rappellent celles de la Toscane.

Les vignes y ont une grande importance; elles fournissent un vin rouge très-foncé d'excellente qualité.

C'est aussi dans la Valteline qu'on récolte le *vin aromatique de Chiavenne*.

Ce vin est blanc; on ne peut pas le garder en
bouteilles parce qu'il se trouble et fermente, dit-
on à l'équinoxe de chaque printemps.

4° La Vénétie.

La Vénétie est séparée de la Lombardie par le
Mincio, et du Ferrarais par le Pô.

Elle comprend :

1° Le Véronais,	5° Le Frioul,
2° Le Mantouan,	6° La Polésine,
3° Le Vicentais,	7° La Vénétie.
4° Le Padouan,	

Suivant Vitruve, ces diverses provinces étaient
autrefois couvertes de forêts et de marécages. Strabon appelle cette partie de l'Italie *le pays sous
l'eau.*

Le sol de la Vénétie est très-variable quant à sa
nature et à sa fertilité. Ici, il est sec et aride; ailleurs, il est compacte et marécageux; plus loin, il
est profond et fertile.

En général, les provinces qui forment la Vénétie
offrent, à côté de contrées incultes et presque désertes, des plaines plantureuses et luxuriantes.
Ainsi, non loin des bords arides de la mer Adriatique, il existe sur la rive gauche du Pô des terres
formées par les dépouilles des Alpes tyroliennes
d'une grande fécondité.

A. — *Le Mantouan.*

Le *Mantouan* ou *Mantovan* offre un sol plus uni que les terres de la basse Lombardie. Sur divers points, les eaux du Mincio y forment des marécages couvrant de grandes surfaces et qui laissent échapper pendant l'été des exhalaisons fiévreuses.

Les rizières qu'on observe dans cette partie de la Vénétie ont été conquises sur ces marais; elles occupent les deux tiers de la surface arrosable. Celles qui sont situées dans la partie basse de la vallée du Pô et non loin de ce fleuve, sont toutes perpétuelles ou permanentes.

La vigne occupe aussi une grande surface, mais les vins qu'elle y produit sont très-communs. Elle est soutenue par des saules, des ormes, etc.

Le mûrier est très-répandu dans les parties où les terres sont labourables.

B. — *Le Véronais.*

Le Véronais est, en général, peu accidenté. Son sol souvent rougeâtre est graveleux ou siliceux et quelquefois de médiocre qualité. La partie mouvementée, par contre, est très-pittoresque.

Les fermes sont exploitées par des métayers. Ces exploitations présentent moins de clôtures que les propriétés rurales du Milanais et du Padouan. On

laboure les terres arables avec des charrues ayant
un avant-train.

On y cultive le blé, le maïs, l'orge et les fèves.
Les prairies formées par la luzerne sont fort belles.
On les plâtre chaque année.

Les rizières sont assez nombreuses. Elles existent surtout sur des terres peu profondes.

Les irrigations qu'on pratique assez en grand
dans le Véronais sont loin d'avoir l'importance
qu'elle ont dans le Milanais. Les eaux avec lesquelles on les exécute sont dérivées du Mincio et de
plusieurs autres rivières. Elles permettent d'arroser 43 000 hectares dont 12 000 en rizières.

Ces cultures aquatiques existent sur les territoires irriguables des communes de :

Castiglione,	Goito,
Medale,	Rodigo,
Guidizzolo,	Cartatone.
Ceresana,	

Les mûriers sont nombreux et bien conduits.
Comme dans le Piémont et le Milanais, leurs feuilles y acquièrent toute leur amplitude.

La vigne est dirigée en hautains dans toute la
partie orientale. Le vin qu'elle fournit est désigné
sous le nom de *vino morto*, parce qu'il est peu al-
coolique.

Par exception, on récolte du *vino santo*, qui est
très-apprécié, sur les collines de Soava.

C. — *Le Padouan*.

Le Padouan est très-riche, son sol est profond, fertile et plus ou moins argilo-siliceux. De plus, il est exposé aux brises de l'Adriatique.

Les monts Euganéens, situés près de Padoue (*Patavium*), et appartenant aux Alpes cadoriques, offrent des mamelons volcaniques peu élevés, boisés et bien cultivés.

Cette province se divise en trois parties :

1° La plaine basse ;
2° La plaine haute ;
3° La montagne.

La *plaine basse* est formée d'alluvions fluviales provenant des débordements de l'Adige, de la Brenta et du Bacchiglione. Les desséchements qu'on y a exécutés ont permis de les cultiver, mais ils n'ont point arrêté l'apparition de la *pellagre*, cette maladie terrible et très-redoutée dans diverses parties de l'Italie septentrionale.

Les terres sont entre les mains de trois classes d'agriculteurs :

1° Les fermiers à prix d'argent ;
2° Les agriculteurs qui doivent fournir des produits désignés en quantité déterminée ;
3° Les métayers.

Les fermiers à prix d'argent sont assez nombreux.

Les marais de l'Adige offrent çà et là des fossés ayant une profondeur extraordinaire. Ces terrains qu'on laboure avec l'araire en petites planches convexes, se couvrent annuellement de belles récoltes, parce qu'ils sont frais, fertiles et bien cultivés.

Cette immense surface est boisée. On y voit beaucoup de peupliers en têtards formant des haies vives.

Le Padouan produit du blé, du maïs, du riz, du vin et de la soie.

Cette province, si renommée autrefois par les bêtes à laine d'une belle finesse qu'on y entretenait, possède peu d'animaux domestiques, quoique la culture du trèfle, de la luzerne y soit en progrès. Il est vrai que les prairies naturelles couvrent de grandes surfaces, mais leur étendue totale égale à peine le huitième de la surface occupée chaque année par les céréales.

La plaine de Trévise est aussi fertile ; souvent on y sème de la navette qu'on fait suivre l'année suivante par du maïs et ensuite par du froment. On y rencontre aussi de beaux noyers et des mûriers très-bien dirigés.

Quant à la vigne, elle pend en feston d'un arbre à l'autre; mais quoique la température du Padouan soit très-tempérée, puisque en hiver le thermomètre marque en moyenne — 4° et en été + 29°, les vins qu'elle produit sont très-colorés et de mauvaise qualité.

D. — *Le Vicentais*.

Le Vicentais est plus riche que le Véronais. Son sol très-peu mouvementé ou presque plat est excellent, fertile, profond et argilo-sableux. Il a été formé par les débordements du Bacchiglione et il est abrité par les Alpes des vents qui soufflent des régions boréales.

Cette belle contrée est boisée et offre du blé qui fleurit en mai et qu'on récolte vers la fin de juin, du maïs, de la luzerne et des prairies naturelles très-unies et bien irriguées. Les bœufs qu'on y rencontre sont gris à longues cornes droites.

Les terres sont exploitées par des fermiers

La vigne monte sur les noyers et les saules, et elle produit encore des vins de qualité très-inférieure.

On y remarque des mûriers d'une beauté exemplaire, presque tous à hautes tiges et taillés en gobelets.

E. — *La Polésine*.

La Polésine a pour chef-lieu Rovigo; elle est située aux bouches du Pô, entre le Padouan et le Ferrarais.

Cette province est cultivée depuis vingt siècles. Elle a été desséchée par les Gaulois cisalpins qui y avaient creusé la *Fossa Claudia*, grand canal qui aboutissait à l'Adige (*Athesis*).

Son sol est une alluvion très-riche sur laquelle on a ouvert de nombreux fossés de desséchement, bordés de peupliers dirigés en émondes, mais qui n'empêchent pas qu'il dégage à la fin de l'été des exhalaisons malsaines.

Les terres de cette partie de la Polésine sont exploitées par des régisseurs ; celles des montagnes sont cultivées par des métayers.

Gallo dit qu'on cultivait le maïs dans la Polésine en 1560.

Au delà des terres labourables qu'on dispose en billons, il existe une grande surface triangulaire sur laquelle on n'observe que des pâturages.

Ces prairies offrent çà et là des étables construites en bois ou en pierres. Ces bâtiments servent à loger les bêtes à cornes et le foin qu'on récolte sur cette sorte de delta.

F. — *Le Frioul.*

Le Frioul a Udine pour centre. Son sol est léger. On y cultive le blé, le maïs et le sarrasin.

Le lupin blanc sert à fertiliser les terres qu'on destine aux céréales d'hiver. On sème cet engrais vert au mois d'août et on l'enfouit octobre ou novembre, lorsque la plupart des fleurs sont épanouies, quelques semaines avant l'époque des semailles

On n'y observe pas de rizières, mais on y remarque des mûriers très-vigoureux.

La vigne, dirigée en hautains, fournit des vins colorés et de bon goût. Les vignes basses sont moins nombreuses, mais elles produisent les vins les plus délicats.

G. — *La Vénétie*.

La Vénétie se distingue des autres provinces par ses lagunes qui forment un contraste frappant avec la fertile plaine de Trévise, dans laquelle on rencontre quelques enclos et des luzernières très-vigoureuses.

La verdure y apparaît ordinairement en février parce que l'hiver n'y dure que deux mois. Les pluies y sont abondantes en automne.

Les *lagunes*, ou bancs de sable noir séparés par des canaux, ou pour mieux dire par de grandes flaques d'eau bleuâtre, sont d'une tristesse navrante. Rien n'est plus sombre, en effet, rien n'est plus lugubre que ces plages arides et sur lesquelles l'œil ne découvre aucune habitation et nulle trace de l'existence de l'homme. Ajoutons à ce tableau qu'elles exercent une maligne influence sur la santé des populations qui vivent près du rivage où elles sont situées.

Le sumac de Venise est à bon droit réputé pour sa qualité.

5° *Le Ferrarais et le Bolonais.*

Le *Ferrarais*, vaste plaine formée par les alluvions du Pô et quelques autres rivières secondaires, est limité par l'Adriatique, la Vénétie, le Bolonais et l'ancien duché de Modène.

Le *Bolonais* a pour limite au nord le Ferrarais, au sud la Toscane et à l'est la mer Adriatique.

Ces deux anciennes légations faisaient partie autrefois de la Gaule cispadane ; mais à cette époque, suivant Sidonius Apollinaris, le Ferrarais n'avait pour habitants que des poissons et des grenouilles. De nos jours comme au temps de Varron et de Columelle, ces contrées sont essentiellement agricoles.

Leur sol, de formation alluvienne, est sans contredit le plus fertile des rives de l'Adriatique. Il est peu accidenté et fort peu élevé au-dessus du niveau de la mer. Il est profond, argilo-siliceux et repose sur une couche de sable et d'argile bleuâtre. En d'autres termes, il est plat et a été formé par les alluvions du Pô et des rivières bien moins importantes qui descendent des Apennins. Sa surface est environ de 90 000 hectares.

Le plus ordinairement les terres labourables du Bolonais sont plus tenaces, plus argileuses que celles du Ferrarais.

Le pays est plus froid que celui de Toscane.

Ainsi, le thermomètre fournit comme moyenne les indications suivantes :

Hiver	3°,5
Printemps	14°,1
Été	24°,6
Automne	14°,9
Moyenne annuelle	14°,3

Ces données expliquent pourquoi l'olivier y est inconnu et pourquoi aussi on ne rencontre de figuiers qu'aux environs de Bologne, dans les lieux abrités.

Les fermes y ont une étendue moyenne de 30 hectares. Ces domaines sont exploités par des fermiers qui les font valoir à l'aide de métayers.

Les terres composant une exploitation sont entourées d'une clôture formée d'une haie vive dans laquelle on observe çà et là des arbres forestiers à haute tige dirigés en têtards. Ces essences se marient le plus ordinairement à la vigne. Les bras de cet arbrisseau pendent en guirlandes ou en festons; ils sont soutenus par les têtards ou par des perches ayant de 2 à 3 mètres de hauteur.

Les terres labourables qui occupent l'intérieur de cette clôture à la fois forestière et fruitière, sont divisées en champs de 4 à 6 hectares. On les fertilise avec les fumiers produits par les animaux du domaine, des déjections humaines appliquées pendant l'été, de la colombine, des débris de corne et le lupin blanc, le colza ou la féverole enfouis en fleur.

Les labours se font avec des araires et le sol est disposé à plat ou en grandes planches. Le pelversage y était autrefois pratiqué avec la bêche à défoncer appelée *vanga da ravaglio*; aujourd'hui la rareté et la cherté de la main-d'œuvre obligent généralement à l'exécuter avec une charrue défonceuse qu'on nomme *aratro ravagliatore*.

Le Ferrarais et le Bolonais sont riches et bien cultivés.

Selon la nature plus ou moins argileuse ou sablonneuse et le degré de richesse des terres arables, on y suit des assolements biennaux ainsi combinés :

$$
\begin{array}{lll}
 & \text{1}^{\text{re}} \text{ année} \dots\dots & \text{Chanvre,} \\
 & \text{2}^{\text{e}} \text{ année} \dots\dots & \text{Blé;}
\end{array}
$$

Ou :
$$
\begin{array}{lll}
\text{1}^{\text{re}} \text{ année} \dots\dots & \text{Fèves,} \\
\text{2}^{\text{e}} \text{ année} \dots\dots & \text{Blé;}
\end{array}
$$

Ou encore : 1re année … Maïs, 2e année … Blé.

Le blé y donne ordinairement de 15 à 20 pour 1.

Ces deux anciennes légations forment le foyer de la culture chanvrière en Italie. C'est là, en effet, que l'on rencontre pratiquée très en grand et avec succès la culture du chanvre (*canapa*). Les tiges de cette plante textile ont une hauteur moyenne de 3 à 4 mètres. On les fait rouir dans des routoirs appelés *marceratori*, qu'on a creusés à l'intérieur de l'enclos qui limite l'étendue de la métairie dans la partie la plus basse, c'est-à-dire sur le point où les eaux pluviales se réunissent.

La préparation des fibres se fait à l'aide de machines spéciales, mises en mouvement par des manèges ou le concours de la vapeur.

On évalue la production annuelle du chanvre, dans ces deux provinces, à 2 000 000 kilog.

On cultive aussi dans le Ferrarais et le Bolonais le pois chiche, l'anis et la coriandre. Ces deux plantes industrielles sont principalement cultivées sur les sols argilo-siliceux de très-mauvaise qualité appartenant aux collines tertiaires; elles sont productives et fournissent des semences de très-belle qualité.

Les prairies naturelles y occupent des étendues importantes. On les irrigue sur divers points avec les eaux du *canal de Cento* et du *canal de Ferrare*.

Le trèfle incarnat et le fenu-grec jouent un rôle important comme plantes fourragères.

Le Ferrarais possède quelques rizières.

Les arbres fruitiers sont nombreux. On y cultive le pommier, le poirier, le noyer et la vigne.

Les vins des plaines sont de médiocre qualité; celui que produisent les collines du Bolonais est égal aux vins qu'on obtient des vignes qui ornent les coteaux de la Toscane. On cite surtout ceux qu'on récolte sur la montagne *della Guardia*. Le vin blanc mousseux d'Imola est très-agréable.

On y voit aussi des mûriers très-développés et bien dirigés. Ces arbres ont pour complément de très-belles magnaneries.

Le bétail n'a rien de remarquable, mais il vit dans des étables bien disposées. Les bêtes bovines ont un pelage gris, une taille élevée et de très-longues cornes.

Quoi qu'il en soit, ces deux anciennes légations et surtout le Ferrarais ne sont pas toujours très-habitables par suite des maladies occasionnées par les parties marécageuses et par les marais de Comachio. Ainsi, pendant les grandes chaleurs on y redoute des fièvres intermittentes occasionnées par les exhalaisons pestilentielles que dégagent les alluvions non encore assainies.

Le Pô dans le Ferrarais est encaissé entre des digues de 5 à 6 mètres de hauteur. Ce fait explique pourquoi son niveau est presque toujours très-élevé au-dessus des vallées qu'il parcourt et féconde.

6° Les Romagnes.

Les *Romagnes* sont situées entre le Bolonais, la Toscane, les Marches et l'Adriatique. Elles ont pour capitale Ravenne la ville principale de la Gaule cispadane.

Elles comprennent :

Surface imposable . . .	965 135	hectares.
— non imposable.	37 686	—
Total.	1 002 821	hectares.
Population.	1 004 410	habitants.

Soit 100 habitants par kilomètre carré.

Le climat de Rimini, qui est situé dans une partie accidentée, est rigoureux ; il y neige l'hiver.

Les Romagnes renferment des terres de bonne qualité. La plaine de Ravenne et celle de Rimini si curieuse par ses belles haies de tamarin, sont très-fertiles ; celle de Faenza fournit aussi de très-belles récoltes de froment et de chanvre. Columelle et Varron ont signalé la campagne de Faenza comme étant d'une grande productivité. Le lin réussit très-bien à Forli.

Les terres du territoire de Cervia sont marécageuses.

Les Romagnes produisent beaucoup de vin blanc. Le vin blanc d'Imola mousse comme le vin de Champagne.

La forêt qui est située entre Ravenne et Rimini et qu'on appelle *Pineta*, est sans contredit la plus remarquable qu'on puisse admirer. Sa superficie est considérable ; elle est composée de pins qui ont de 20 à 30 mètres de hauteur et qui répondent par leur vigueur à la riche végétation qui couvre aunuellement la plupart des terres arables des Romagnes.

7° LE DUCHÉ DE MODÈNE.

Le duché de Modène est voisin du duché de
Parme Son territoire appartient en grande partie
au bassin du Pô, mais il est traversé au sud par
les Apennins. Ces montagnes y sont calcaires et
aréneuses et c'est là qu'elles se divisent en deux rameaux. L'une de ces chaînes secondaires se dirige
vers l'Apulie et l'autre dans la direction de la Basilicate.

La population du duché de Modène est de 643 887
habitants.

On y compte :

Surface imposable. . . .	601 594	hectares.
— non imposable.	55 049	—
Total.	656 643	hectares.

Soit 98 habitants par kilomètre carré.

Les propriétaires y sont au nombre de 64 687.

Son sol est plus argileux, mais moins fertile que
les terres de la Lombardie. Il a le défaut d'être sec
en été et un peu marécageux pendant les époques
très-pluvieuses. Les fossés qui séparent les champs
les uns des autres et qui sont ordinairement dominés par des ormes, des chênes, des érables et des
peupliers, sont presque toujours pleins d'eau pendant l'hiver.

La partie la plus fertile est celle qui est située près du Bolonais. On y remarque des routoirs qui sont aussi garnis de planches.

La plaine de Modène est fraîche et féconde. Elle a de nombreuses sources. On y admire de vastes prairies diaprées et peu ombragées dans lesquelles pâturent de nombreuses bêtes à cornes.

La partie comprise entre Parme et Reggio a l'aspect d'un véritable verger.

Cette fertile plaine comme celle qui s'étend de Modène à Mantoue est arrosée à l'aide des eaux des canaux.

On y voit des peupliers d'Italie.

Les canaux navigables du duché de Modène sont au nombre de trois :

1° Le canal de Reggio.
2°   —   de Carpi.
3°   —   de Modène.

Il faut citer encore la fraîche et fertile vallée de *Fuime-Frigido* non loin de la belle plaine de Massa.

La vigne couvre une surface importante, le vin qu'elle fournit est très-coloré mais il a un goût agréable. On extrait de ses pepins une huile à brûler. Le territoire de Carfagnana est renommé pour ses belles châtaignes.

Le blé y réussit mieux que le maïs; la terre est trop froide généralement pour que cette dernière

graminée alimentaire puisse y végéter luxurieu-
sement.

Toutes choses égales d'ailleurs, le duché de Modène est un pays peu pittoresque. Si l'agriculture y
a fait jusqu'à ce jour de faibles progrès, son aspect
plaît et partout en été on se réjouit en entendant
le chant des cigales répandues dans les guérets, en
contemplant la chaîne bleue des Apennins et se
rappelant que les torrents qui traversent les plaines
ne sont plus alimentés par des eaux mugissantes
et dévastatrices.

L'ancien duché de Massa offre de très-beaux citronniers, de véritables forêts d'orangers, de limons
et d'oliviers. Il est situé à une faible distance de la
Méditerranée. Les Apennins l'abritent des vents
du nord.

8° LE DUCHÉ DE PARME.

Le duché de Parme est séparé de la Lombardie
par le Pô et il est limité au sud par les Apennins.

Il est traversé par sept rivières torrentielles non
navigables : Tidone, Trebbia, Parma, Taro. Larda,
Ongina et Enza. Ces cours d'eau descendent des
Apennins. Le duché de Parme comprend :

Surface imposée . . . . . 525 320 hectares.
   —   non imposée . . 21 651   —

Total . . . . 546 971 hectares.
Population . . . . 469 435 habitants.
Soit 86 habitants par kilomètre carré.

On y compte 80 000 propriétaires.

Il renferme deux parties bien distinctes et parallèles : 1° les plaines ; 2° les montagnes.

Les plaines sont fécondes et bien cultivées, surtout celles qui sont limitées par le Pô.

Ces surfaces unies comme celles du duché de Modène étaient autrefois marécageuses et incultes. On sait avec quelles difficultés elles furent traversées par Annibal. Suivant Strabon, c'est Marcus Emilius Scaurus qui dessécha les terres inondées par le Pô et celles qui étaient situées entre Parme, Plaisance et Ferrare, en creusant des canaux qu'il rendit navigables. Ce desséchement permit d'utiliser avantageusement ces riches terrains. Malheureusement par suite d'une négligence inexplicable, ces terres devinrent de nouveau presque désertes au dixième siècle. Aussi se trouva-t-on dans la nécessité de les dessécher une seconde fois. Aujourd'hui sur divers points elles forment des campagnes peuplées et fertiles. Les terres qui avoisinent le Pô sont sans cesse fraîches, parce que ce fleuve, contenu entre des digues très-élevées, maintient d'une manière permanente une humidité à fleur du sol.

La partie montagneuse présente le tableau qu'offrent les Apennins dans la Toscane. Les parties supérieures ont un aspect triste et sauvage, une atmosphère tantôt brûlante, tantôt glacée, mais les versants des collines sont souvent couverts par des forêts de chênes et de châtaigniers.

Si la culture dans les parties basses, à l'exception du territoire compris entre Parme et Crémone et qui est protégé par les digues du Pô, est moins avancée que l'agriculture lombarde, on y remarque néanmoins de bonnes cultures de céréales, de belles luzernières, des rizières nombreuses et bien entendues et de beaux mûriers.

Le pays situé entre Parme et Reggio est arrosé et renferme de très-belles vacheries. Les irrigations sont faites sur environ 15 000 hectares ; cette surface serait inévitablement plus étendue si la partie des Apennins qui déverse ses eaux vers le Pô contenait quelques lacs.

La vigne sur les coteaux est plantée en rangées entre lesquelles on cultive des céréales ; dans les plaines fraîches, elle est soutenue par des ormes et des peupliers. Elle fournit des vins très-colorés et assez estimés.

Les terres sont divisées comme dans le duché de Modène, en fermes de 10 à 30 hectares. Ces exploitations sont cultivées par des colons partiaires ou des fermiers ayant des baux de 9 ans. On y suit généralement l'assolement triennal ci-après :

1re année . . . . Froment,
2e année . . . . Trèfle,
3e année . . . . Maïs.

La culture de la fève d'hiver y est très-répandue. On la sème après le blé et on la récolte à la fin de juillet.

Dans les terres en plaine d'une bonne fécondité on a adopté la succession suivante :

1re année	Maïs et chanvre fumé,
2e année	Froment,
3e année	Fèves d'hiver,
4e année	Blé fumé,
5e année	Trèfle,
6e année	Blé et fèves d'hiver.

Le trèfle est enterré comme engrais vert après la première coupe.

Les vaches laitières appartiennent à la race Schwitz. Les bœufs des environs de Plaisance sont très-grands et ils ont une robe uniforme couleur café au lait. On les emploie comme animaux de travail. Les chevaux ont des membres fins et des formes élégantes.

Les pâturages des hautes montagnes nourrissent pendant l'été de nombreuses bêtes à laine. La redevance que les propriétaires de troupeaux doivent payer aux propriétaires des pâturages est de 25 centimes par tête. Ces animaux vivent l'hiver dans les maremmes de la Toscane.

CHAPITRE II.

LA RÉGION DE L'OLIVIER.

———

1° LA TOSCANE.

La Toscane ou ancienne *Étrurie* occupe la partie centrale de l'Italie entre le duché de Parme, les États de l'Église et la Méditerranée.

Les rivières principales sont l'Arno et l'Ombrone et son canal le plus important celui de la Chiana.

Elle comprend :

Surface imposable . .	2 073 958 hectares.
— non imposable.	134 318 —
Total	2 208 276 hectares.
Population	1 815 243 habitants.

Soit : 82 habitants par kilomètre carré.

On y compte 173 000 propriétaires.

La Toscane renferme quatre provinces :

1° Le *Florentin*, qui a pour capitale Florence.
2° Le *Pisan*, qui a Pise pour centre.

3° Le *Siennois*, qui a pour capitale Sienne.

4° Le *Lucquois*, qui a Lucques pour centre.

Elle présente des montagnes, des plaines et des vallées qui pour la plupart manquent d'eau pendant l'été. Ces parties peuvent être divisées en trois zones bien distinctes :

1° La région montagneuse ;

2° La région des plaines ;

3° La région maritime.

Les montagnes sont calcaires et schisteuses. Ces élévations au milieu desquelles les torrents ont creusé d'effrayants précipices et sur lesquelles les habitations s'étagent de loin en loin, sont situées principalement entre Florence et Bologne. Dans les parties les plus hautes où fréquemment on n'observe ni sentier, ni culture, où la neige séjourne plusieurs mois chaque hiver, où le roc a été quelquefois mis à nu par des pluies torrentielles, on admire des horizons immenses. Ainsi, on voit au loin les montagnes des Alpes qui semblent toucher aux nues, les riches plaines formées par les alluvions du Pô, les fortes digues qui maintiennent ce grand fleuve dans son lit, la mer Adriatique et les côtes Illyriennes.

Les sommets de ces montagnes offrent des pâturages (*macchie*) composés d'herbes fines et aromatiques qu'on utilise à l'aide de la transhumance.

Les bêtes à laine qui y vivent pendant la belle saison, passent l'hiver dans les *maremmes*. Ainsi, elles y arrivent vers le mois d'avril et y séjournent jusqu'au mois d'octobre, époque à laquelle la neige commence à couvrir les pâturages les plus élevés.

Ces animaux, quoique de petite taille, ont une chair excellente que les Toscans n'apprécient pas à sa juste valeur ; ils n'ont pas de cornes et rappellent les troupeaux qui vivaient autrefois sur les montagnes de l'Apulie. Au quatorzième siècle leur laine alimentait les nombreuses fabriques de lainage qu'on observait alors à Florence. Dans quelques parties, les bêtes à laine sont remplacées en presque totalité par des troupeaux de chèvres.

Au-dessous de ces pâturages d'été qui rappellent par leur nuance le vert-gris des végétaux alpestres et qu'égayent seulement quelques chalets et divers lacs aux eaux limpides, on rencontre des pentes couvertes d'arbres résineux et de hêtres. Ces forêts ombreuses dans lesquelles on ne cesse d'admirer le frémissement plus ou moins agité des pins sont situées à 1800, 2000 et même 2400 mètres au-dessus du niveau de la mer, mais elles ne rappellent plus ces forêts séculaires qui sont tombées il y a un siècle sous la hache et qui ont laissé le sol à nu. A 1600 mètres, où les routes s'escarpent au flanc des montagnes et dominent souvent de profonds ravins au fond desquels les torrents sont souvent altérés pendant l'été, on retrouve encore les végétaux forestiers du nord. Toutefois, ici comme ailleurs, les pentes sont encore trop rapides pour qu'on puisse les cultiver et le climat est trop rude, trop sévère pour que la vigne y donne des produits satisfaisants et que le figuier puisse y mûrir son fruit. Il est vrai qu'on y admire sur un grand nombre de points de belles forêts de châtaigniers, mais ces arbres n'y donnent pas tous les ans des récoltes abondantes. Les fruits de ces essences fournissent la farine avec laquelle les montagnards font la *polenta*.

C'est dans cette zone que le sol est le plus tourmenté par les eaux et que les torrents commencent à gronder dans le fond des gorges et à devenir impétueux pendant les saisons pluvieuses.

Toutes choses étant égales d'ailleurs, à côté de scènes souvent tristes et sauvages, on voit çà et là dans les vallées des pâturages ou des prairies décorés d'habitations (*castelli*) parfois pittoresques et des gorges ornées de hautains qui rappellent les charmants vallons des régions alpines de la haute Provence.

Enfin, plus en contre-bas de cette grande zone d'une grande magnificence à la clarté blafarde de la tempête, au riche coloris de l'aurore et sous l'influence du pourpre du crépuscule, on découvre des habitations tout à fait toscanes au milieu de sites embaumés par les aromates des collines, de champs occupés par des vignes échalassées, des céréales, le sorgho, le trèfle et surtout le sainfoin et non loin de beaux châtaigniers.

Les routes presque toujours très-bien entretenues, sont parcourues par des charrettes agricoles peintes en rouge vermillon et traînées par des bœufs qu'on dirige à l'aide de mouchettes, appareils que les Romains appelaient *postomis* ou *prostomis* et qui sont aujourd'hui bien connus en France et en Angleterre.

Le paysan des montagnes a peu de capitaux, mais il est très-frugal et ne boit souvent que de la piquette (*acquarello*).

Partout, les femmes et les enfants tressent de la paille à chapeaux.

Il faut pénétrer jusque dans la partie sud de la Toscane, pour admirer la végétation qui caractérise la région de l'olivier. C'est là, en effet, qu'on rencontre ces échelles formées par les terrasses, des champs entourés de haies vives formées de grenadiers, de lauriers roses, de myrtes à grande feuille, de lauriers tin, d'épines blanches, de clématites et d'arbousiers. Ces arbrisseaux se marient très-agréablement à l'olivier, au chêne vert, au cyprès, à la vigne, au maïs, à la jacinthe, à la tubéreuse et aux citronniers, et ils rendent plus pittoresques les habitations qui ont leurs façades peintes à fresque et qui sont souvent dominées par les pins pignons avec leurs parasols.

Les vallées forment le plus agréable contraste avec les montagnes. Le *val di Chiana* au-dessous de la vallée de Crotone et le *val de l'Arno* sont riants et riches, et ils révèlent bien cette nature florentine qui a fait appeler Florence *la ville des fleurs* !

Le val di Chiana comprend le lac desséché au dix-septième siècle par Ferdinand de Médicis au moyen de nombreux canaux et du colmatage préconisé par Torricelli. Ce val qu'on peut comparer à un immense jardin, est traversé par d'excellentes routes qui se coupent à angles droits et divisent le terrain desséché en 70 parties formant chacune une métairie. Cet ancien marais qu'on a appelé *grenier de la Toscane* offre la plus belle, la plus intelligente culture qu'on puisse étudier. Ses prairies y sont très-verdoyantes. Il est situé entre Arezzo et Orvieto ; il a 17 kilomètres de longueur et 3 kilomètres de largeur.

Le val de l'Arno est très-pittoresque depuis Cortone jusqu'à Pise. Il présente à droite et à gauche des collines calcaires disposées en gradins décorés par la teinte pâle des oliviers, par des vignes avec leurs guirlandes horizontales ou leurs pampres festonnés chargés de raisins et que rendent plus pittoresques encore leurs teintes ombrée et purpurine, par d'élégantes demeures tapissées de verdure, de roses de Bengale et de jasmins, par de charmantes maisons habitées par des paysannes dont la beauté s'harmonise avec celle des femmes que nous ont révélée les tableaux d'Alfiéri.

Il faut citer aussi les délicieuses vallées de la Serchio, de la Nivéole. Ces vallées dans lesquelles partout la nature végète et s'épanouit, où l'air est encore saturé de parfums, où les corolles des fleurs semblent, chaque matin, contenir des diamants, sont aussi dominées par de charmantes collines sillonnées de terrasses horizontales plus ou moins larges et de sites très-pittoresques.

Ces localités, dans lesquelles la température, en hiver, a la douce chaleur de Sorrente, doivent leur prospérité au duc de Toscane, prince libéral qui a dégagé sans hésitation aucune l'agriculture, l'industrie et le commerce des entraves qui arrêtaient leur essor.

Le sol du val de l'Arno est formé d'une alluvion riche et profonde ; il est très-morcelé et traversé par des milliers de canaux revêtus de murailles destinées à empêcher l'action violente des eaux qui les parcourent. On y cultive très en grand le blé appelé *marzuolo* qui fournit la paille à chapeaux. Cette belle vallée, cette riche culture s'étend après Pise ; elle a alors pour limite une plaine plus fertile encore et très-heureusement décorée par Lucques, ville réellement située au milieu d'une perpétuelle oasis de verdure qui a pris naissance sous l'influence des irrigations qu'on opère à l'aide d'une dérivation du *Serchio*. Cette contrée comme la plaine d'Empoli, qu'on a toujours regardée comme le véritable grenier de la Toscane et la fertile plaine de Pescia, offrent une culture très-perfectionnée établie sur une alluvion profonde (*terra grassa*).

Le Lucquois est plus pittoresque peut-être que le val de l'Arno. Les coteaux pierreux offrent de très-beaux oliviers ; les montagnes présentent sur les pentes des châtaigniers très-développés et sur les hauteurs de véritables tapis d'émeraudes, et la plaine est ornée de lignes de mûriers ayant une végétation vigoureuse.

Les plaines pisanes toujours lumineuses d'azur présentent chaque année de riches cultures de navets et de maïs cinquantino soumises à l'arrosage et fertilisées avec des déjections humaines (*Pozzonero*), de verdoyantes prairies naturelles, de vigoureuses luzernières et de charmants jardins. Celle de Pistoïa offre aussi de belles cultures établies sur une alluvion riche et profonde, de délicieux jardins et des champs entourés d'arbres soutenant des hautains et souvent traversés par des lignes de mûriers !

En général, dans ces belles plaines on ne néglige ni une parcelle d'engrais, ni un filet d'eau, ni un rayon de soleil !

La rive gauche de l'Arno, sans être moins pittoresque, est moins agricole. Ce n'est plus, en effet, ce paysage qui séduit par ses amphithéâtres d'oliviers, de pampres qui pendent en festons d'arbre en arbre et qui sont si pittoresques sous l'influence des rayons pourprés du soleil couchant. Les vallons sont souvent minés par les eaux, le sol est peu fertile, inégal et tourmenté, les plateaux sont sauvages et la population pauvre. Quant aux élévations elles rappellent les coteaux trop escarpés de Pise, les montagnes un peu nues de Prato et celles souvent froides de Pistoia. Cette aridité se prolonge jusque sur les montagnes de Sienne, si connues par leur aspect grisâtre et monotone, et la beauté des femmes qu'on y rencontre.

Les collines argileuses de couleur bleuâtre (*mattaione*) des environs de Sienne fournissent, il est vrai, des récoltes de céréales passables, mais elles ont l'inconvénient de se crevasser sous l'action du soleil pendant les mois de juillet et d'août et d'être facilement ravinées par les pluies pendant l'automne et l'hiver. Ce sont les débris de ces *montagnes bleues* au milieu desquelles on admire de très-belles forêts qui servent à faire les colmatages qu'on exécute dans les vallées de l'Arno, de la Nivéole et du Serchio. La plaine d'Arbia est la plus productive du Siennois.

Le climat de la Toscane est doux et régulier surtout dans les vallées. Les chaleurs estivales y sont fortes, mais dans la partie ouest, elles y sont très-modérées à cause de la proximité de la mer. De plus, les froids sont presque nuls dans les vallons abrités du nord; c'est pourquoi on y cultive en pleine terre l'orange amère. Le citronnier comme l'oranger de Portugal n'existent que dans des jardins murés et exposés au midi.

Le val de Nivéole, le plus beau de tous les vallons, offre l'hiver un gazon toujours vert et sans cesse émaillé de fleurs et chaque soir, en été, les ruisseaux qui le fécondent paraissent fatigués du bruit de leur murmure.

Le climat de Pise est très-doux mais il est peut-être le plus humide.

Voici les températures moyennes qu'on a observées :

	Hiver.	Printemps.	Été.	Automne.	Moyenne de l'année
Florence . . .	6°,8	14°,7	24°,0	15°,7	15°,0
Pise.	7°,9	13°,9	24°,1	17°,0	15°,7
Sienne . . .	5°,2	12°,4	21°,7	14°,0	13°,4

On compte en moyenne en Toscane 114 jours pluvieux.

Les brouillards, en général, y sont plus nombreux que dans toutes les autres parties de l'Italie et la température par suite du rayonnement des montagnes s'abaisse peu pendant la nuit dans les vallées.

Dans les montagnes à 1300 mètres d'élévation

au-dessus du niveau de la mer, la température varie de — 7° à + 33°.

Les fermes (*poderi*) sont peu étendues et presque toutes sont exploitées à moitié fruit par des métayers (*mezzaiuoli*) qui ont peu de capitaux. Cependant on distingue aussi les livellaires (*livellarii*) qui deviennent propriétaires du sol qu'ils exploitent à l'aide d'un bail ayant une durée indéterminée, en payant une rente fixe en argent ou en denrées pendant quatre générations.

Le métayer donne au propriétaire du fonds, comme en France, des faisances ou redevances : œufs, volailles, etc., et il exécute diverses corvées : des transports, le blanchissage du linge, etc.

Les métayers n'ont pas de baux écrits.

Lorsque le propriétaire (*padrone*) ne peut suivre ou diriger les travaux de ses métayers, il se fait remplacer par un homme d'affaires (*fattore.*)

On trouve aussi en Toscane des fermiers généraux (*affituario*) qui font exploiter les domaines qu'ils ont affermés à l'aide de métayers.

Le blé se sème en octobre et novembre ; on le récolte en juin. Les moissons dans les vallées sont faites par des ouvriers qui descendent des montagnes. Dans la plaine de Pise, on ne coupe pour ainsi dire que les épis. Les pailles sont récoltées plus tard et hachées avant d'être données au bétail. Ailleurs, on coupe les céréales rez-terre.

Les assolements suivis dans la Toscane sont peu variés. On adopte généralement l'assolement triennal ci-après :

$$
\begin{aligned}
&1^{re}\ année\ \ldots\ldots\ldots\ Maïs,\\
&2^e\ année.\ \ldots\ldots\ldots\ Blé,\\
&3^e\ année.\ \ldots\ldots\ldots\ Blé.
\end{aligned}
$$

Ou l'assolement quadriennal suivant :

$$
\begin{aligned}
&1^{re}\ année\ \ldots\ldots\ldots\ Maïs,\\
&2^e\ année\ \ldots\ldots\ldots\ Blé,\\
&3^e\ année\ \ldots\ldots\ldots\ Blé,\\
&4^e\ année\ \ldots\ldots\ldots\ Blé.
\end{aligned}
$$

Les charrues perfectionnées par M. Lambruschini et M. le marquis de Ridolfi sont très-répandues. Le sol des plaines est labouré en planches bombées.

On sème le lupin blanc en août pour l'enfouir avant les semailles d'automne.

C'est aux environs de Pise qu'est située la ferme des Médicis appelée *Casina*. Cette grande et belle exploitation occupe une ancienne plage abandonnée depuis longtemps par la Méditerranée. On y entretient un grand nombre de vaches et de chameaux. Ces derniers animaux sont employés comme animaux de travail. Quant aux vaches, elles paissent en liberté dans des prairies verdoyantes et encadrées de beaux arbres.

Au delà de cette belle ferme, on voit des forêts de chênes-liéges, de chênes verts et de grands myrtes, des plaines argilo-sablonneuses traversées par un grand nombre de fossés.

Non loin des fertiles alluvions de l'Arno et entre ce fleuve et le Tibre existent les *Maremmes*, vaste pays plat sillonné par de grandes ondulations où la *malaria* exerce chaque année de cruels ravages parmi les populations qui habitent ce véritable désert insalubre auquel on a donné le nom de pays du mauvais air !

Ces marais si tristes par la nudité de leur argile, où l'on frissonne souvent au milieu des brumes qu'ils produisent, ont une étendue de 30 000 hectares ; ils sont séparés de la mer par des collines de terre d'alluvion formées par le flux et le reflux. Pendant l'été le vent du sud (*mezzogiorno*) y est très-accablant. Sous son action, les feuilles des plantes se crispent et la lueur du jour perd de son intensité.

La vigne occupe les vallées et les coteaux. Elle fournit d'abondants produits sur les collines de Pietro-Santino et dans le val di Serchio ; mais ici comme dans les autres parties de l'Italie, on ignore généralement les principes qui doivent guider le vigneron dans la fabrication et la fermentation.

Les vignes sont dirigées en treilles ou en berceaux (*pergoli*) sous lesquels on se garantit de l'ardeur du soleil ou elles sont soutenues par des tiges *d'arundo donax*. Les vins qu'elles produisent sont très-colorés et de qualité très-ordinaire. On les conserve dans des petits barils ou dans des bouteilles blanches revêtues d'osier ou de paille. Ces bouteilles restent debout parce qu'on ne les bouche pas avec du liége. On garantit le vin de l'action de l'air en y versant de l'huile d'olives.

Par exception, on récolte de très-bons vins à Carmignano, Arteminio, Tizzana et Montale. D'un autre côté, on cite avec raison les vins de liqueurs qu'on obtient à Chianti près de Sienne et l'*aleatico* ou muscat rouge qu'on récolte à Monte-Pulcino et à Monte-Catini dans le val de Nivéole.

C'est pendant le mois de novembre qu'on procède dans les montagnes, à la récolte des châtaignes. Les localités qui fournissent les marrons les plus estimés sont : Mugello, Casentin, Pistóia, Pietro-Santino, Lunigiano et Sienne.

Les citronniers, cultivés dans le val de l'Arno dans des vases et des caisses, embaument l'air par le parfum de leurs fleurs. Ils fournissent des fruits nombreux et très-beaux.

Enfin, on extrait de la sandaraque du genévrier commun qui est très-répandu en Toscane, on récolte dans les Maremmes de belles racines de garance et de bon safran et dans plusieurs vallées des racines de l'iris de Florence.

Je citerai pour terminer cet aperçu rapide des richesses agricoles de la Toscane, les fromages de

brebis qu'on fabrique pendant l'hiver dans la vallée d'Elsa et le *cacio di creta* qu'on obtient pendant la même saison sur les collines argileuses un
peu désertes, mais couvertes de plantes aromatiques des environs de Sienne.

2° LES MARCHES.

Les Marches d'Ancône, l'ancien *Picenum*, sont
bornées par les États Romains, les États de Naples,
la mer Adriatique et les Romagnes.

Elles comprennent :

Surface imposable . . .	924 475	hectares.
— non imposable .	26 455	—
Total	950 930	hectares.
Population	902 079	habitants.

Soit 95 habitants par kilomètre carré.

Le territoire des Marches est très-divisé; c'est
pourquoi les fermes y sont généralement petites.

On y observe des plaines et des montagnes.

Les campagnes de Recanati, de Macerata, de To-
lentino et d'Ancône sont riches et bien cultivées.

L'ancien duché d'Urbin qui est compris dans les
Marches offre quelques vallons verdoyants mais la
plupart de ses collines sont nues et arides.

Le territoire de Pesaro produit des olives et des
figues.

La chaîne des Apennins qui traverse les Marches

pour se diriger dans la Pouille disparaît souvent sous des chênes ayant une végétation vigoureuse.

3° L'Ombrie.

L'Ombrie a pour limites les montagnes de la Sabine, les Marches et la Toscane ; elle comprend l'ancien duché de Spoleto.

Elle contient :

Surface imposable . . .	945 070	hectares.
— non imposable .	30 069	—
Total.	975 139	hectares.
Population	491 745	habitants.

Soit 50 habitants par kilomètre carré.

Le Tibre traverse l'Ombrie ; il sépare l'ancienne Étrurie du Latium.

Cette partie de l'Italie renferme des montagnes qu'on ne cesse d'admirer, surtout au moment où le soleil décline et abandonne au crépuscule le soin de colorer la terre et le ciel, des vallées et des plaines d'une étendue limitée.

Le territoire de Pérouse est fertile ; les vallées de Foligno et de Velino sont délicieuses et toujours vertes. Celle de Terni, dans laquelle Pline a vu faucher les prairies quatre fois par an, est arrosée avec de l'eau fournie par un ancien aqueduc. On y voit des orangers en pleine terre très-beaux, des caroubes et de magnifiques lauriers tin.

Les collines qui dominent le lac azuré de Trasimène sont comme les autres coteaux, couvertes d'oliviers et de vignes. Ces arbres fruitiers y sont dominés par des chênes et des pins.

On observe près de Spoleto une forêt de chênes verts très-remarquables.

Les vins qu'on récolte à Spoleto et à Terni sont de bonne qualité. C'est dans ces contrées et à Orvieto qu'on récolte le plus de raisins secs.

4° LES ÉTATS ROMAINS.

Les États Romains sont situés entre l'Étrurie et les États Napolitains, entre la Méditerranée et les Marches d'Ancône.

Leur sol est très-accidenté; il est tantôt calcaire, tantôt volcanique. Les montagnes y occupent les deux tiers de son étendue.

Ils comprennent aujourd'hui :

Superficie.	1 220 000 hectares.
Population	900 000 habitants.

La campagne de Rome (*campagna di Roma*) est l'*ager romanus* des anciens. Elle a l'aspect d'une immense plaine ondulée ou traversée par de petites collines; elle est limitée au loin par des montagnes boisées ou offrant l'image d'une nature sauvage.

Cette immense surface presque plane comprend

205 000 hectares, dont 30 000 en prairies ou en pâturages. Elle s'étend des montagnes de l'est à la mer et de Ronciglione à Terracine. Elle appartient à 177 propriétaires seulement et renferme :

1° L'Ager.
2° Le Latium.
3° La Sabine ou l'ancien pays des Sabins ;
4° La Maremma ou la partie maritime.

Lorsqu'on parcourt les environs de la ville éternelle, on aperçoit au nord-est le mont Soracte qui se dessine sur l'azur du ciel et à l'est, mais plus à l'horizon les montagnes de la Sabine sur le sommet desquelles la neige persiste ordinairement pendant deux mois chaque hiver. Ces dernières élévations sont calcaires, nues, décharnées et hérissées de rochers. C'est à leur base que sont situées les verdoyantes et pittoresques collines de Tivoli. Vers le sud on distingue le mont Albano qui offre des forêts et des plateaux. C'est sur cette montagne que son situés Frascati et Albano.

La plaine qui enveloppe Rome et dans laquelle à peine 20 000 hectares sont cultivés chaque année, est une véritable solitude. Sauf quelques rares massifs de pins et de cyprès, on n'y observe ni arbres, ni buissons. Son sol est de couleur rousse, brun jaunâtre ou brûlé ; il représente bien par sa texture et sa nuance cette poussière noire et ferrugineuse vomie par les anciens volcans et que décore le bleu des capitules du *jasione perennis*.

Cette campagne offre çà et là quelques fermes (*casoli*), mais excepté à l'époque des semailles et de la moisson, on n'y voit aucune tête humaine et on n'y entend aucun bruit, si ce n'est le mugissement que font entendre au loin les troupes de bœufs qui vivent dans les pâturages ou les quelques prairies naturelles qu'on observe dans le fond des ondulations.

La campagne de Rome n'a pas toujours été aussi sombre, aussi déserte. Au temps de Pline, il y existait 52 villes et on y admirait des cultures aussi verdoyantes et productives que celles qui décorent les environs de Ponte-Lucano non loin de Tivoli et le riant paysage qui orne le frais vallon du mont Lucretele où était située la villa d'Horace.

D'une part la rareté de la population dans cette immense plaine tient aux émanations morbides qu'on y respire depuis la fin de juillet jusqu'à la fin de septembre, c'est-à-dire jusqu'au moment où la température atmosphérique commence à s'abaisser. Ce mauvais air, cette atmosphère mortelle, ce mal mystérieux appelé *aria cattiva* paralyse l'intelligence de l'homme et lui enlève une partie de ses forces. On sait que la légion de Jules César qui campait aux portes de Rome fut décimée par ce mauvais air.

D'un autre côté, la décadence de l'empire romain fut aussi celle de l'agriculture de cette partie de l'Italie.

Aux premiers temps de Rome jusqu'au sixième siècle on sut allier à l'esprit guerrier l'activité et le travail ; alors les propriétés avaient peu d'étendue et l'agriculture était honorée comme elle méritait de l'être par Numa Pompilius. Mais pendant les siècles suivants, on oublia les champs et le bétail pour la beauté des villas, les jeux des cirques, les jardins somptueux, les conquêtes et les prodigalités des Césars. C'est aussi à cette époque qu'on enleva à l'agriculture les bras dont elle avait besoin et qu'on partagea les terres labourables entre les soldats victorieux. Ces derniers ayant abandonné la vie rurale pour retourner dans les camps, la terre diminua de fécondité et ses productions ne suffirent plus aux besoins de la population. Aussi selon Tacite Rome eut-elle alors besoin pour assouvir la faim de son peuple, des moissons de l'Egypte et de l'Afrique.

Cette décadence de l'agriculture romaine eut pour conséquence un autre résultat non moins fâcheux. Les principales familles prirent possession du sol et formèrent ces vastes domaines territoriaux qui ont persisté jusqu'à nos jours. Ces propriétés étaient si considérables qu'un homme à cheval, au dire de Columelle, ne pouvait les visiter en un seul jour.

Au temps de Cicéron les propriétés de la campagne de Rome étaient bien moins étendues puisqu'on en comptait plus de 2000.

C'est ce désir non justifié de la noblesse romaine, ce sont ces réunions de plusieurs grands domaines en un seul qui furent la cause que *l'agro romano*, cet immense bassin circulaire, est resté presque improductif et s'est transformé en un véritable désert.

Au onzième siècle où, selon saint Damien, la campagne de Rome abondait en fruits de mort, on reconnut qu'il était utile de la rendre à la culture, mais on ne donna pas suite à cette idée. Sixte IV au quinzième siècle permit bien à tout venant d'ensemencer le tiers de toute terre inculte, mais cette louable décision échoua complétement contre la résistance de la noblesse.

Cette immense plaine peut-elle offrir de nouveau ces lauriers, ces myrtes séculaires dont parle Théophraste et qui par leur hauteur pouvaient servir au bordage et au carénage des vaisseaux ? Les arides pâturages qui y ont pris naissance peuvent-ils être transformés en terres labourables fécondes comme ils l'ont été par Séranius et Cincinnatus ?

Les faits, l'expérience permettent de dire que de grands progrès sont à réaliser sur cette vaste solitude qui frappe les regards de tous par sa majestueuse austérité. La seule voie à suivre pour obliger les terres volcaniques qui en forment la base à se couvrir de fructueuses récoltes, consiste à morceler les immenses domaines qu'on y observe et à rétablir les grands aqueducs qui la traversent, afin de pouvoir l'arroser. C'est en irriguant la vallée de Rieti qu'on est parvenu à quadrupler la valeur de son sol et qu'on a pu lui demander des productions à l'infini.

Les dix aqueducs qui aboutissaient autrefois à Rome avaient un débit continu de 1 300 000 mètres cubes par vingt-quatre heures. Les trois qui servent encore aujourd'hui : 1° *l'Aqua Felice*, 2° *l'Aqua Paola*, 3° *l'Aqua Virgine*, fournissent pendant le même temps 180 000 mètres cubes. Si par des travaux particuliers, on parvenait à doubler le débit de ces trois aqueducs, l'agriculture de la campagne de Rome pourrait être dotée, pendant les six mois qui forment la saison d'arrosage, de 23 400 000 mètres cubes d'eau. Ce volume permettrait d'arroser plus de 3000 hectares de prairies naturelles ou artificielles. Si les anciens aqueducs romains n'avaient pas été détruits, leur débit suffirait à l'arrosage de plus de 20 000 hectares pendant six mois.

Les instruments aratoires ont subi bien peu de changements. Ils rappellent ceux que les agriculteurs employaient au temps de Varron et de Palladius.

La température de la campagne de Rome est

moins élevée pendant l'été et un peu plus douce pendant l'hiver que la température de Florence. Voici les observations qu'on a faites à Rome :

Hiver.	Printemps.	Été.	Automne.	Moyenne de l'année.
8°,1	14°,1	22°,9	16°,5	15°,4

Le nombre de jours pluvieux varie comme il suit :

Hiver.	Printemps.	Été.	Automne.
34,2	31,8	15,4	32,6

Ces données climatologiques expliquent pourquoi le jujubier, le grenadier, le laurier rose, l'agave d'Amérique, l'oranger, etc., croissent en pleine terre dans les vallées, à la base des coteaux bien exposés et dans les jardins.

Toutes les parties des États Romains ne sont pas aussi arides que la campagne de Rome. Les pentes volcaniques sont garnies d'oliviers ayant souvent une végétation vigoureuse et sous lesquels fleurit le cyclamen d'Europe. Il faut se rapprocher de Viterbe ou parcourir les parties très-mouvementées pour rencontrer des sommets sans arbres, des cônes de scorie rouge entièrement dénudés, des débris basaltiques sur lesquels on ne distingue pour ainsi dire que les fleurs dorées du *genista pilosa*, des coteaux privés de vignes et d'oliviers, des vallons sans eau vive.

La petite culture est celle que l'on a adoptée de

préférence dans les endroits salubres et surtout dans les vallées de Sacco, de Subiaco, de Rieti et de Nera.

Cette culture, grâce aux irrigations qu'on y pratique avec intelligence, fournit des productions abondantes et variées. Elle a pénétré jusque dans les marais Pontins et elle est suivie à la base des monts Lepine et à l'extrémité septentrionale de l'*agro romano* près le mont Virginien ; on l'observe aussi près du lac de Castigliane, non loin des collines d'Albano.

Ailleurs, c'est la grande culture qui a permis d'utiliser le sol malgré la rareté de la population.

Si les terres sont généralement peu fertiles parce qu'elles ne sont presque jamais fumées, si elles ne rapportent que 6 à 8 pour 1, le blé qu'on récolte est de bonne qualité, ainsi que le prouve le pain qu'on mange à Rome.

Le maïs joue un rôle important dans plusieurs localités.

La succession de culture la plus suivie comprend cinq années, savoir :

1re année	Jachère,
2e année	Froment,
3e année	Pâturage,
4e année	Pâturage,
5e année	Pâturage.

Les travaux de la moisson sont faits par des ouvriers qui descendent des montagnes de la Sabine et des autres collines.

La ferme ou *casale* de Torre-Nova caractérise bien pour son étendue, ces immenses domaines qui ont pris naissance avec la chute de l'empire romain ; elle a 2300 hectares et est louée 103 500 francs à un fermier général. Le propriétaire du fonds a eu sur cette terre, pendant longtemps, un cheptel ayant une valeur de 150 000 francs. Le fermier lui payait les intérêts de cette somme à raison de 5 pour 100. Aujourd'hui, le cheptel est la propriété de l'exploitant.

Le domaine de Campo-Morto près Albano appartient au chapitre de Saint-Pierre ; il a 8000 hectares de superficie et comprend deux fermes.

Les fermiers généraux (*mercanti di campagna*) sont très-riches : on en cite qui ont de 600 000 à 800 000 francs de fermage à payer annuellement.

Le blé est ordinairement précédé par quatre labours. On le sème sous raies et sous billons. Avant sa germination, on fait émotter le terrain ensemencé par un grand nombre d'ouvriers appelés *ribattitori*. Au printemps, on le bine avec un instrument qu'on nomme *mondarella*.

La moisson se fait à la fin de juin ; on la bat en plein air à l'aide du dépiquage.

Quant au bétail, il vit l'hiver dans les plaines ou dans les vallées ; l'été, il erre dans les pâturages sur la Terre de Labour et dans les montagnes de la Sabine.

On compte dans les États Romains plus de 60 000 bêtes à cornes, 2 500 000 bêtes à laine et plus de 3 000 000 de chèvres. Les bœufs ont une robe grise avec de longues cornes effilées. Les bêtes à laine ont des toisons blanches ou noires ; le lait fourni par les brebis sert à fabriquer du fromage. Le fromage de brebis de Viterbe et de Rome est renommé. On le désigne sous le nom de *cacio di Roma*. Les laines mérinos les plus fines proviennent de Corneto et de Montalto.

Les arbres fruitiers végètent partout avec vigueur. Aussi est-ce avec raison qu'on a souvent répété que l'Italie centrale et l'Italie méridionale étaient réellement fertiles pour la vigne et l'olivier. Les figues y sont délicieuses.

La vigne a ses festons attachés aux ormeaux et aux peupliers ; elle produit de très-beaux raisins, mais le vin commun qu'on en extrait est de médiocre qualité parce qu'on le fabrique mal. Les vins réputés pour leurs qualités sont ceux qu'on récolte à Albano et à Gensano. Les muscats de Farnese sont très-estimés.

L'olivier est aussi commun et s'élève jusqu'à 600 mètres sur les collines, mais on ne sait pas en tirer parti. On peut signaler comme étant très-remarquables les oliviers des montagnes du Tusculum.

On en voit aussi de très-beaux à Frascati sur les gradins établis sur l'ancienne ferme d'Horace.

Le mûrier qui y végète avec vigueur a permis d'obtenir sur divers points de très-belles soies.

Les forêts sont nombreuses. Le chêne, le châtaignier, le chêne vert, le chêne-liége, le frêne et l'érable abondent dans les forêts de Nettuno, d'Ostie, d'Ardée, d'Anzio, de Fabriano. On doit signaler aussi la magnifique forêt de châtaigniers de Rocca, la forêt de pins de Castel-Fusano, la forêt de chênes de Cisterno et la forêt de Viterbe et ses mélancoliques ombrages. Les châtaigniers sont rares aux environs de Rome.

L'étendue forestière sur laquelle paissent les troupeaux pendant l'été est considérable.

Les *marais Pontins* sont situés entre Torre de Treponti et Terracine. Leur superficie est de 18846 hectares.

Ces marais étaient autrefois très-fertiles et les Lacédémoniens les ont longtemps cultivés. Tite-Live dit qu'ils étaient alors remplis de villes et d'habitants. Ils sont séparés de la mer par une ligne de dunes boisées qui forment un obstacle à l'écoulement libre des eaux qui y arrivent pendant l'hiver des collines environnantes.

Ces terrains, les plus tristes qu'on puisse voir pendant l'été, sont aujourd'hui peu cultivés, très-peu peuplés et n'offrent souvent que de chétives prairies (*prati magri*). C'est qu'ils exhalent pendant l'été des effluves morbides très-pernicieuses, exhalaisons qui arrivent à Rome pendant la belle saison et qui produisent ces fièvres qui par l'empire qu'elles exercent sur l'homme ont contribué à la dépopulation des environs de la capitale du monde catholique.

DEUXIÈME PARTIE

CHAPITRE I.

EXPLOITATION DU VERCELLAIS SOUMISE A L'ARROSAGE.

Le Vercellais a pour capitale Verceil ou Vercelli, ville fondée par Bellovèse 603 ans avant l'ère vulgaire et près de laquelle Marius défit les Cimbres l'an 652 de Rome. Il est situé sur les limites du Piémont et de la Lombardie. Verceil est une petite ville très-riante ; ses habitants sont très-hospitaliers. Elle est le siége de la société d'irrigation, si bien dirigée par M. François Dumasi (voir chapitre III).

Le sol de cette province était avant la fin du seizième siècle couvert d'oliviers, d'amandiers, de figuiers et de vignes, ainsi que le constate un arrêté rendu en 1562, par le comte Pierre-Antoine Lauro, sénateur et préfet de Verceil. Aujourd'hui par suite des nombreuses rizières qu'on y a créées, on n'y observe généralement que des peupliers, des aulnes et des saules.

Cette contrée est presque unie et peu bocagère. Elle est sillonnée par des routes en bon état et de nombreux canaux dérivés de la Doire Baltée. Les rizières qu'alimentent ces cours d'eau qui se dirigent dans des directions diverses, sont situées sur des terres qu'on irrigue à volonté. Celles qui ne sont pas bien entretenues sont envahies par l'iris des marais, des scirpes, des laiches ou carex et des typha, plantes qui forment un contraste frappant avec le phytolaca ou raisin d'Amérique qui abonde le long des routes.

Les terres labourables sont argilo-siliceuses ou silico-argileuses et de moyenne fertilité.

On y possède peu d'animaux domestiques parce qu'on a remplacé beaucoup de prairies naturelles par des rizières. Les prairies qui existent servent à l'entretien des vaches qui fournissent le lait avec lequel on fabrique le fromage appelé *piacentino* et qui rappelle un peu le fromage de Sassenage. On vend ce produit en gros pains.

Les populations de l'ancienne seigneurie de Verceil ont le teint un peu basané, mais elles sont laborieuses, douces et honnêtes.

On a souvent répété que les rizières transformaient le Vercellais depuis le mois d'avril jusqu'au mois de septembre, en un vaste marais qui entretenait dans l'air une humidité insalubre et qu'elles occasionnaient de nombreuses mortalités qui empêchaient la population de s'accroître. Il est vrai que certains hommes de San-Germano, Carezana, Strop-

piana ont les yeux un peu tristes et qu'on rencontre quelquefois des femmes qui ont un regard, un
ensemble qui se gravent dans l'esprit d'une manière ineffaçable. Quand je suis arrivé à San-Germano la chaleur était accablante et l'odeur des rizières très-prononcée. J'y vis quelques femmes qui
avaient les yeux caves et presque hagards, plusieurs
jeunes filles ayant un teint mat et presque plombé,
un aspect triste et silencieux qui m'impressionnè-
rent douloureusement ; mais si mes souvenirs gardent encore l'aspect qu'avait cette vieillesse préma-
turée, ces cadavres vivants, si je me rappelle ces
jeunes filles sur les lèvres desquelles on ne pouvait
plus voir de sourires, je n'oublie pas que les autres
habitants de ces communes étaient gais, riants et
avaient des visages indiquant que les émanations
des rizières exerçaient une bien faible influence sur
leurs qualités morales et physiques.

La statistique du Vercellais justifie complétement
les remarques que j'ai faites lorsqu'elle constate
que la population de cette province a toujours été
en augmentant depuis 1819. Ainsi,

On y comptait en 1819 . . . .   90 138 habitants.
    —   en 1824 . . . . 100 000   —
    —   en 1830 . . . . 122 000   —
    —   en 1858 . . . . 127 000   —

Soit un accroissement, en 38 ans, de 41 pour 100.
Le Vercellais est très-peuplé. On y compte quatre-

vingt-dix habitants par kilomètre carré. La moyenne de tout le Piémont est de quatre-vingts habitants seulement. Le Novarais où il existe aussi un grand nombre de rizières compte autant d'habitants par kilomètre carré que la province de Verceil. Enfin, il n'est pas inutile de constater qu'il est entré à l'hôpital de Verceil, de 1812 à 1859, 223 342 malades sur lesquels 17 356 seulement ont succombé.

La culture du riz est très-ancienne dans cette partie du Piémont. Elle y était suivie en 1556, ainsi que le constate une permission de culture accordée à Cumino Leone, agriculteur à Broglio, car à cette époque comme au commencement du dix-septième siècle, il fallait, pour pouvoir établir une rizière, avoir obtenu un permis de culture et posséder des terres impropres à la culture des céréales, des arbres fruitiers et aux prairies naturelles. En 1560, le comte de Vagnoni, gouverneur de Verceil, constata que Jérôme Ugazio avait construit sur le territoire de Pezzana un canal destiné à alimenter plusieurs rizières.

La récolte du riz est faite par les populations locales et par les habitants des collines de Montferra, Biella, Astigiane, Tenaro, etc.

La planche ci-jointe représente le plan d'une exploitation du Vercellais sur laquelle toutes les cultures sont arrosées.

Le sol de ce domaine est argilo-siliceux ou de

UNE PER
UNE PER
L. Guiguet sc.

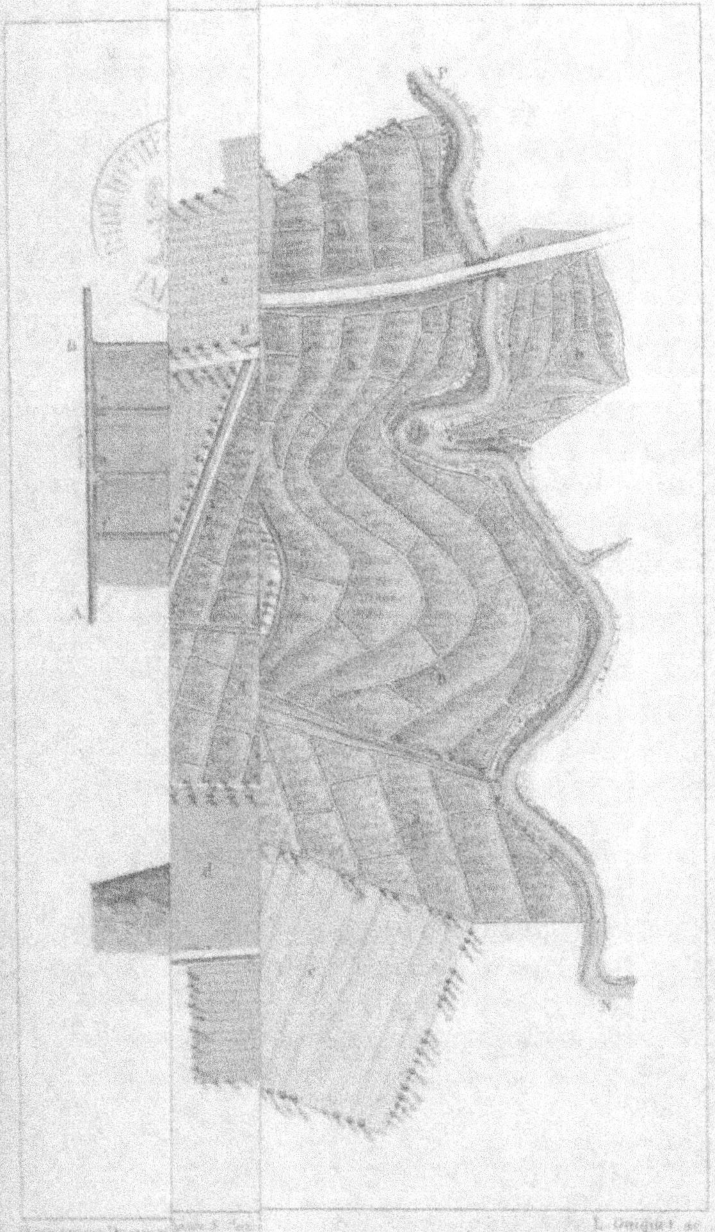

consistance moyenne et de fertilité très-ordinaire.

Sa superficie est de 100 hectares qui se divisent
comme il suit :

> Terres labourables. . .   40 hectares.
> Prairies naturelles . . .   20   —
> Rizières.   40   —
>
> Total. . . . . 100 hectares.

L'assolement adopté est ainsi disposé :

> 1re année. . . . .   Riz,
> 2e année. . . . .   Riz,
> 3e année. . . . .   Froment et trèfle,
> 4e année. . . . .   Maïs.

L'assolement en usage autrefois dans le Vercellais était de six ans, savoir : 1° jachère ; 2° froment ;
3° froment ; 4° riz ; 5° riz ; 6° riz.

Le cours d'eau qui sert à l'arrosement de cette
exploitation a un débit de deux modules et demi
par seconde, mais comme chaque *module* fournit
pendant le même temps 58 litres, il en résulte
qu'on dispose par seconde de 116 litres, par heure
de 41 760 litres et par vingt-quatre heures de
1002 mètres cubes d'eau.

Les rizières exigent par hectare un jet continu d'eau de 2lit,400
Les prairies demandent pour être arrosées
tous les quinze jours un débit continu de. . .   2lit,400

Les terres labourables ne sont arrosées qu'une ou deux fois par an; elles exigent un jet continu de . . . . 0^{lit},330

Les rizières existant sur le domaine donnent, par hectare, en moyenne. . . . . $18^{hect.}$ de riz blanchi.

Le froment 16

Le maïs 34

Les prairies fournissent en trois coupes. . $4000^{kilog.}$ de foin.

Voici la légende du plan représentant la surface du domaine :

ABCD   Canal qui longe la propriété.

E   Prise d'eau fournissant par seconde 2 modules 50 ou 145 litres.

FGHIL   Canal principal de la propriété. L'eau qui le parcourt sert aussi à mettre en mouvement les pilons et la machine à battre.

NMOP   Colateur naturel ou canal d'écoulement.

aa   Rizières à digues droites et établies sur un terrain uni et régulier.

bb   Rizières à digues de niveau et créées sur un terrain incliné et irrégulier.

cc   Champs cultivés.

dd   Prairies naturelles.

e   Marcite (*marcita*) ou pré d'hiver.

f   Grange et aire sur laquelle on fait sécher le riz après qu'il a été égrené.

g   Maison d'habitation, basse-cour, jardin potager.

Le plan de la rizière indique au moyen de flèches comment l'eau circule dans le compartiment (*cal-*

dana) A où elle s'échauffe avant d'arriver dans les
carrés (*piane*) B, B, B, où végète le riz.

La marcite est alimentée par le petit canal alimentaire AB et par le canal secondaire BC. L'eau
est distribuée sur le gazon par les rigoles d'arrosages a b, a′ b′; celle qui a irrigué la partie supé
rieure ABMN arrive dans les rigoles d'écoulement
c d. Ces rigoles déversent cette eau déjà froide
dans le petit canal MN qui est alimenté par la dérivation ABC dans laquelle circule de l'eau ayant
une température plus élevée que celle de l'air. Ces
eaux après s'être mélangées arrosent la partie inférieure de la marcite qu'on appele quelquefois *prati
grassi.*

Je dois ce plan à la bienveillance d'un habile ingénieur du Vercellais, M. Dominique Dumasi.

Les terres arrosables des environs de Verceil sont
de bonne qualité. Leur valeur locative varie entre
40 et 60 francs la *pertica* (38 ares) ou 105 fr. à
158 fr. l'hectare.

Dans quelques localités les terres fertiles et profondes sont louées jusqu'à 80 fr. la *pertica* ou
205 fr. l'hectare.

La propriété que je viens de mentionner représente par son étendue les principaux domaines agricoles de l'ancienne seigneurie du Vercellais. Autrefois, les terres de cette province étaient moins
morcelées qu'elles ne le sont de nos jours. Ainsi,

les terres de l'abbaye de Lucedio avaient 7000 journaux de 38 ares 90 ou 2723 hectares qui se divisaient de la manière suivante :

Rizières, 1750 hectares ;
Prairies, 467 hectares ;
Terres labourables, 506 hectares.

Ce vaste domaine était affermé en 1808, 180 000 francs ou en moyenne 66 fr. 50 l'hectare.

CHAPITRE II.

Les irrigations, dans l'Italie septentrionale, forment deux centres principaux peu éloignés l'un de l'autre.

Le premier est situé entre le Pô, l'Orco et le Ticino, c'est-à-dire sur les communes de Turin, Ivrea, Vercelli, Novara, Mortara et Vigevano. Le second occupe les territoires de Milan, Pavie, Brescia, Bergame et Mantoue.

Les prairies et les irrigations du Milanais sont celles qui sont les plus anciennes ; leur origine remonte à l'époque à laquelle vivait Diodore de Sicile. Ainsi, ce célèbre historien fait remarquer que la vallée du Pô doit sa grande productivité à l'art de régler ou de distribuer les eaux courantes. Plus tard, Virgile, le chantre de Mantoue, a constaté que l'eau distribuée à l'aide de nombreux canaux rendait verdoyante l'herbe que le soleil avait desséchée.

Ce n'est pas sans difficultés que les irrigations ont pris naissance dans l'Italie septentrionale. Au cinquième siècle sous les empereurs romains Arcadius et Honorius, on confisqua les terres des Milanais qui détournaient les eaux des aqueducs pour les utiliser au profit des domaines qu'ils cultivaient. D'un autre côté, les irrigations ont fait naître dans le Milanais des guerres sanglantes. Ainsi , peu de temps après l'affranchissement des communes qui donna lieu au treizième siècle à *la ligue Lombarde*, les Lodisans disputèrent aux Milanais le droit d'utiliser l'eau du canal de la Murza dans l'arrosage de leurs prairies naturelles.

Les prairies irriguées étaient désignées dans le Milanais au onzième siècle sous le nom de *prato roco*. Le père Frisi dit que l'art des irrigations était arrivé en 1220 dans la Lombardie au dernier point de la perfection.

C'est aux treizième et quinzième siècles qu'on exécuta les premières dérivations destinées aux irrigations dans le Novarais et la Lumelline.

1° DIVISION DES PRAIRIES.

On observe dans le Piémont et aussi dans la Lombardie deux sortes de prairies naturelles :

- · 1° Les prairies temporaires ;
- · 2° Les prairies permanentes :

A. — Les *prairies temporaires* dites *prairies à rotation* sont appelées : *prati a vicenda*. Ces prairies naturelles ont une durée limitée ; elles font partie des successions de culture. Ainsi, on suit souvent dans les parties accidentées et irriguables du Piémont, l'assolement ci après :

1re année	Blé ou froment,
2e année	Prairie irriguée et fumée,
3e année	— — —
4e année	— — —
5e année	Maïs ou lin suivi par du millet,
6e année	Maïs.

Ces prairies temporaires sont fauchées trois fois par an.

Elles occasionnent dans la Lumelline les dépenses et les recettes suivantes :

Engrais	175 francs
Valeur locative de l'eau	37 »
Frais de récolte	60 »
Total des dépenses. . . .	272 fr. par hect.

Elles fournissent les produits ci-après :

9000 kilog. de foin évalués. . .	525 francs
Pâturage estimé	25 »
Total des recettes. . . .	550 fr.

Il reste donc par hectare comme bénéfice net 278 francs.

Les prairies non irriguées ne donnent pas dans les

mêmes circonstances au delà de 4000 kilog. de foin avec la même quantité de fumier. La valeur de ce produit et celle du pâturage restent dans les limites de 220 à 250 francs par hectare.

Ces faits et la valeur fertilisante du gazon qu'on enfouit dans le sol quand on défriche la prairie temporaire justifient bien les avantages que présentent les irrigations bien entendues. C'est en renouvelant les prairies temporaires toutes les trois années qu'on est parvenu dans le Novarais, la Lomelline et les environs de Mortara à produire chaque année sur des terres un peu légères et de moyenne fécondité et à l'aide des irrigations, une très-grande quantité de foin et à assurer la réussite ou du lin ou du maïs.

Dans le Lodesan, on suit sur plusieurs points l'assolement suivant :

1ʳᵉ année.	Froment.
2ᵉ année.	Prairie naturelle.
3ᵉ année.	— —
4ᵉ année.	— —
5ᵉ année.	— —
6ᵉ année.	Lin, suivi de millet.
7ᵉ année.	Maïs.

Les prairies sont irriguées pendant les quatre années qui limitent leur durée d'existence.

B. — Les *prairies permanentes* se divisent en deux classes :

1° Les prairies naturelles d'été;

2° Les prairies naturelles d'hiver.

Les premières sont connues sous le nom de *prati irrigatori simplice*;

On désigne les secondes sous le nom de *prati a marcita* ou simplement *marcita*.

Les prairies d'été exigent aussi de l'eau et des engrais, mais leur valeur c'est-à-dire leur production est moins grande que celle des marcites. Les prairies qu'on arrose temporairement ou accidentellement sont appelées *prati adacquatori*.

Les prairies marcites sont aussi désignées sous le nom de *prairies d'hiver* ou *prati iemali* ou *prati marcitorii* parce qu'on les arrose toujours depuis le mois de décembre jusqu'en mars.

L'existence de ces prairies particulières remonte au quinzième et au seizième siècles, c'est-à-dire à l'époque où Louis XII guerroya dans la Lombardie. En 1726 la commune de Milan en possédait 349 hectares et celle de Carpino 18 hectares.

Les marcites fournissent pendant l'hiver, sous l'influence de la température de l'eau avec laquelle on les arrose, une herbe verte, savoureuse et abondante. Cette végétation artificielle se continue même lorsque la glace et la neige couvrent les terres labourables et les autres prairies naturelles.

Les marcites existent principalement sur les territoires de Milan, Lodi, Pavie et Marignan. On en rencontre aussi dans le Vercellais, le Novarais et le Brescian.

2° DES EAUX.

L'eau qu'on emploie dans l'arrosage des prairies naturelles, provient :

1° Des canaux d'irrigation ;
2° Des petits cours d'eau ;
3° Des sources ;
4° Du drainage et des colateurs.

Les *eaux d'hiver* sont appelées *aqua iemali* ; les *eaux d'été* sont désignées sous le nom suivant: *aqua estiva*.

A. — Les eaux qui servent dans le Piémont à l'arrosage des prairies et des terres labourables sont souvent un peu chargées de parties limoneuses ; en outre, elles ont généralement l'inconvénient d'être peu aérées et froides. Nonobstant, on est heureux, malgré leurs défauts, de pouvoir les utiliser, car partout elles rendent les prairies naturelles plus verdoyantes et le maïs plus productif.

Les eaux du *Naviglio Grande* qui arrosent la plaine de Milan depuis 1177, déposent aussi du gravier, du limon. C'est pourquoi on se trouve dans la nécessité de curer ce grand canal deux fois par an : au printemps et en hiver.

Le canal de Treviglio est alimenté par les eaux
de la rivière du Bembro. Ces eaux sont limpides
et froides quand elles coulent sur un lit de gravier
et elles ont le défaut d'appauvrir et de refroidir les
prairies qu'elles arrosent. Lorsqu'elles circulent sur
un fond argileux, elles sont moins claires et moins
froides ; alors on les regarde comme très-utiles à
la végétation des plantes avec lesquelles elles sont
en contact.

Le canal de la Vecchiabbia reçoit comme je l'ai
dit précédemment les eaux qui ruissellent dans les
rues de Milan. Ces eaux sont vivifiantes pour divers motifs. D'abord, elles ont une température
toujours plus élevée que la température de l'air et
des eaux des autres canaux parce qu'elles circulent
dans un canal souterrain ; en second lieu, elles tiennent en dissolution des parties alcalines et en suspension une grande quantité de matières organiques. Cette proportion de parties utiles à la vie des
plantes des prairies est telle, que ces substances
en s'accumulant sur les prairies, élèvent le niveau
de celles-ci en quelques années. C'est pourquoi on
est forcé dans les environs de Milan d'écroûter de
temps à autre ou tous les quatre à cinq ans les prairies qu'elles arrosent afin de maintenir leur surface à une hauteur déterminée. Sans cette opération
depuis longtemps on aurait été forcé de renoncer à
arroser ces prairies avec les eaux de la Vecchiabbia.

Le limon et le gazon qu'on enlève sur ces prairies dans le but d'abaisser leur niveau de plusieurs centimètres, forment un mélange qu'on vend aux maraîchers au même prix que le fumier. Cette sorte d'écobuage permet de réaliser de 500 à 800 francs par hectare, selon les circonstances.

Les eaux du *canal d'Ivrée* charrient du sable et du limon. Elles servent du 19 octobre au 15 mars à l'arrosement des prairies d'hiver et du 10 avril au 15 septembre à l'irrigation des prairies d'été. On cure le canal qu'elles parcourent du 15 mars au 10 avril et du 15 septembre au 10 octobre.

Les eaux du *canal de Pavie* sont bonnes et elles font naître beaucoup d'herbe parce qu'elles ont été échauffées par le soleil et qu'elles sont aérées. Toutefois, le gravier et la vase qu'elles charrient obligent à curer le canal du 3 mars au 1er avril et du 17 au 24 septembre.

Les eaux des autres canaux ont la même température que l'air, mais elles sont trop froides pour servir à l'arrosage des marcites. C'est pourquoi le foin dont elles augmentent la quantité est toujours de moins bonne qualité.

En général, les canaux (*navigli*) sont bordés de peupliers ou de saules qui affermissent les terres qui limitent leur largeur et qui rendent leur aspect plus riant. Dans la Lombardie ils coupent les routes, se croisent sur des aqueducs et s'enfoncent sous les chaussées à l'aide de siphons (*fistulus*).

Ces canaux, à cause des dispositions qu'on a prises et qu'on observe à leur point de jonction avec les fleuves et les rivières, ne subissent pas l'influence qu'exercent toujours, dans un grand nombre de dérivations, les crues subites, ni les décroissements périodiques des cours d'eau qui les alimentent. Les eaux qui y circulent ont toujours un niveau constant et elles arrivent sans cesse en ondes paisibles et fertilisantes sur les prairies qu'elles doivent arroser. Quand ces mêmes eaux sont troubles, limoneuses, on suspend les irrigations pendant un temps plus ou moins long selon les circonstances, afin de ne pas faire naître un dépôt limoneux sur l'herbe des prairies. On s'accorde pour dire dans tout le Milanais que les plantes vertes qui ont été ensablées font avorter les vaches.

Les canaux et les ruisseaux sont réparés et nettoyés tous les ans. Les canaux qui alimentent diverses propriétés sont entretenus à frais communs; les canaux particuliers le sont par les fermiers suivant une clause insérée dans les baux. Le *faucardement* ou fauchage des herbes des canaux a lieu au moins deux fois chaque année.

B. — Les *eaux des rivières*, celles que fournissent l'Olona, le Lombro, etc., sont les plus man-

vaises parce qu'elles sont froides et toujours limoneuses.

La fraîcheur des eaux limpides des rivières est
favorable à la végétation des prairies et des plantes
cultivées depuis le printemps jusqu'à la fin de l'été.

C. — Les eaux de sources ou *fontanilli* sont plus
tièdes, plus chaudes en hiver que les eaux qui sont
exposées pendant cette saison aux influences de
l'atmosphère. C'est pour ce fait qu'elles sont re-
cherchées partout. Ces sources non intermittentes
émanent très-certainement des lacs alpestres ou
des rivières ; elles sont alimentées par la nappe
d'eau qui coule sur un lit d'argile à deux ou cinq
mètres au-dessous de la couche arable.

Les eaux qui fournissent ces nappes souterraines
sont fraîches l'été parce que leur température est
moins élevée que la température de l'air.

On compte un grand nombre de *fontanilli* dans
les provinces de Milan, de Novare, de Mortara et
de Verceil, c'est-à-dire dans la partie comprise entre la Sésia et l'Oglio. Le district de Melzo qui est
situé dans le Milanais renferme vingt-sept communes sur lesquelles on a découvert cent quatre-vingt-
seize sources intarissables.

Généralement on recueille les *fontanilli* avec soin,
parce que partout elles font naître une richesse
végétative hivernale bien précieuse.

La température des eaux de sources a plus d'importance que les matières organiques que charrient les eaux de la Vecchiabbia. C'est elle, alors surtout qu'elle s'élève à 10 ou 12 degrés centigrades, qui s'oppose à ce que la terre gèle pendant l'hiver et qui permet aux plantes de végéter durant cette saison.

L'herbe que les *fontanilli* font naître pendant l'hiver est plus fine, plus abondante et plus sapide près des endroits où elles sourdent du sol qu'à cent ou deux cents mètres de distance.

La différence qu'on remarque entre l'herbe qui est voisine d'une source et celle qui croît beaucoup plus loin est due uniquement à la température de l'eau. Ainsi à mesure qu'une eau s'éloigne de sa source, elle se refroidit par suite de la température ambiante qui, pendant l'hiver, est toujours plus basse que son propre degré de chaleur.

De là, il résulte qu'il est utile, je dirai même nécessaire, de faire servir les eaux des *fontanilli* à l'arrosement des prairies d'hiver ou marcites avant qu'elles aient perdu notablement de leur température.

Suivant les Milanais, on reconnaît aisément qu'une nappe souterraine existe sous la couche arable, à la vapeur aqueuse qui s'élève pendant toutes les saisons au-dessus du sol depuis le coucher du soleil jusqu'au matin. Alors, si après avoir constaté ce brouillard, on fouille jusqu'à la couche imperméable, on voit un jet d'eau s'élever et former une source variable de forme et de volume.

Les divers filets d'eau qu'on trouve en exécutant de tels travaux sont réunis dans un canal étroit plus ou moins long qu'on appelle tête de source ou *asta di fontana*. Les têtes des sources sont presque toujours protégées par des arbres de l'action de l'air et du soleil.

Les *fontanilli* augmentent de beaucoup la valeur vénale des propriétés où elles sont situées. Une source qui débite constamment trente-quatre litres par seconde vaut de 7000 à 8000 francs. Les prairies sur lesquelles l'eau d'une *fontana* agit pendant l'hiver ou au commencement du printemps ont une verdure très-foncée et sont très-productives, ainsi qu'on l'observe chaque année aux environs de Milan et près du canal de la Martesana.

Suivant la législation qui régit les irrigations dans la Lombardie, il faut pour qu'on puisse revendiquer la propriété d'une nouvelle source qu'elle soit située à trois cents brasses (178^m,20) de celles qui appartiennent à d'autres propriétaires.

D. — Les *eaux de drainage* sont favorables à la végétation des prairies pendant l'hiver parce que leur température est toujours plus élevée que la température des eaux qui circulent dans les canaux.

3° Unité de débit.

L'unité qui sert à mesurer les eaux qu'on utilise en Italie dans les irrigations varie suivant les
localités.

L'*Once milanaise*. . . . . . . débite	44^{lit}00	par seconde.
L'*Once de la Lomelline*. . . . —	33 50	—
L'*Once de Novare* . . . . . . —	36 11	—
L'*Once de Caluzo*. . . . . . . —	24 05	—
Le *Module du code piémontais*. —	57 93	—
Le *Module ordinaire*. . . . . —	52 00	—
Le *Module Vercellais*. . . . . —	58 00	—
L'*Once du Lodigian*. . . . . . —	22 57	—
L'*Once du Crémonais* . . . . —	21 03	—
La *Quadretta du Véronais*. . —	149 24	—
La *Quadretta du Mantouan* . —	322 65	—

L'unité légale appelée dans la Lombardie *module
magistral*, est l'once milanaise. Elle est représentée par une bouche garnie de dalles de marbre ou
de granit ayant les dimensions constantes ci-après :

Hauteur.	0^{m},20
Largeur.	0 ,15

La nappe d'eau qui exerce une pression sur le
bord supérieur de l'orifice ne doit pas avoir plus
de 0^{m},10 *d'épaisseur*.

Le module d'eau du code sarde est un orifice réglé (*bocca tassada*) de forme quadrilatère rectangu-
laire. Les deux côtés verticaux et les côtés horizon-

taux ont donc intérieurement les mêmes dimensions. Ainsi, la bouche a

Hauteur.	$0^m,20$
Largeur.	$0^m,20$

L'eau qu'on maintient sans variation au-dessus du bord supérieur de l'orifice par où l'eau s'échappe, doit avoir deux décimètres d'épaisseur.

L'une ou l'autre de ces bouches donne un volume d'eau toujours égal.

4° Valeur de l'eau.

La valeur de l'eau est plus ou moins élevée selon qu'elle a servi ou non à l'arrosement des prairies ou des terres labourables et suivant aussi ses propriétés fertilisantes, sa limpidité et sa température.

L'eau du canal d'Ivrée est livrée au prix de.	550^f	l'once milanaise.
Celle du canal de la Martesana au prix de.	500^f	—
Celle du canal de Cigliano au prix moyen de.	550^f	—
A Milan l'eau est payée de. . .	600 à 800^f	—
A Verceil on paye le module d'eau	900^f	

Donc, en moyenne, l'eau est vendue à l'agriculture de 10 à 15 francs le litre.

L'eau qui sert à l'arrosage est quelquefois payée par hectare. Ainsi, celle que fournit le *canal Carlo Alberto* revient à 26 francs environ par hectare; à

Verceil, on paye 21 francs par chaque hectare de prairie naturelle et 7 francs par chaque hectare de trèfle. L'administration du *Naviglio Grande* demande 14 fr. 50 pour la même superficie en prairie naturelle et celle du *canal de la Martesana* 12 fr. 50.

La rente annuelle qu'on exige pour les eaux qu'on utilise seulement pendant l'hiver sur les marcites est beaucoup moins élevée. On ne paye à Milan le débit d'une once milanaise que 65 à 70 francs et l'administration du canal de Cigliano n'exige qu'une redevance de 67 francs pour le même débit.

En général, les locataires à rente annuelle comme ceux à rente perpétuelle sont tenus d'entretenir l'orifice de la prise d'eau.

Le payement des fermages a ordinairement lieu d'avance en une seule fois à la fin de chaque année. A défaut de payement, l'administration fait fermer la prise d'eau et elle remet le rôle qui indique la somme qui lui est due à *l'essatore* ou percepteur pour qu'il poursuive le débiteur.

5° QUANTITÉ D'EAU NÉCESSAIRE PAR HECTARE.

Le nombre d'hectares ou la surface qu'on peut arroser à l'aide d'un volume ou d'un débit constant d'eau, varie selon que le terrain à irriguer est plus ou moins mouvementé, que les eaux sont plus ou moins bien distribuées et selon aussi la durée de la période de rotation.

Lorsque les eaux sont bien aménagées on arrose avec un débit constant de quarante-quatre litres par seconde les étendues suivantes en *prairie d'été*.

Dans le Piémont..	35 hectares.
Dans le Milanais.	40 —
Dans le Vercellais.	40 —
Dans le Véronais.	35 —
Moyenne.	37 hectares 50 ares.

Soit en moyenne quatre-vingt-cinq ares pour un débit d'un litre.

Par exception l'eau délivrée par le canal de Pavie n'arrose que vingt-un hectares par once milanaise (44 litres).

Un module d'eau de cinquante-deux litres par seconde permet d'irriguer quarante-quatre hectares, soit en moyenne quatre-vingt-cinq ares pour un débit continu d'un litre.

Les *marcites* exigent une grande quantité d'eau.

Diverses sources réunies et ayant un débit de trois cent quarante litres par seconde ne permettent pas d'arroser plus de douze hectares, soit vingt-huit litres par hectare ou 3 ares 50 centiares pour un débit continu d'un litre.

On compte ordinairement qu'il faut disposer d'un débit constant de vingt-cinq à trente litres par seconde pour arroser une marcite ayant une superficie d'un hectare et pouvoir lui demander les produits qu'elle fournit pendant la saison hivernale.

Par exception sur quelques points de la Lombardie, une once milanaise ne permet pas d'arroser plus d'un hectare de marcite.

Toutes choses égales d'ailleurs, on compte dans l'Italie septentrionale d'une manière générale qu'il faut être possesseur d'un débit d'un litre par seconde pour arroser un hectare en prairie naturelle. Ce débit donne

$$
\begin{array}{ll}
\text{Par jour.} & 86^{mc},400 \\
\text{Par mois} & 2592 \\
\text{Par saison d'arrosage} & 12962
\end{array}
$$

Ainsi, avec un *débit de trente-quatre litres par seconde* ou à l'aide *d'une once de la Lomelline*, on peut arroser trente-six hectares de prairies d'été en exécutant trois irrigations par mois et quinze à dix-huit arrosements pendant la saison d'arrosage, selon que celle-ci dure cinq ou six mois.

Le même débit ne permettrait pas d'arroser plus d'un hectare vingt-cinq ares en prairie d'hiver. Celle-ci recevrait alors trente arrosements par mois et cent cinquante pendant la saison d'arrosage dont la durée est ordinairement de cinq mois.

Dans le Piémont comme dans la Lombardie les arrosements sont plus nombreux sur les prairies d'été situées sur des sols perméables ou sablonneux ou argilo-sablonneux à sous-sol de même nature, que sur les prairies estivales existant sur

des terrains argileux ou argilo-sablonneux à sous-
sol imperméable.

6° QUANTITÉ D'EAU ABSORBÉE PAR LE SOL.

Toute la quantité d'eau qui arrive sur une prairie pendant les arrosages, n'est pas retenue par le
gazon ou par la couche arable.

Sur cent litres d'eau

> Les colateurs reçoivent environ . . . 75^{lit}
> Le sol absorbe en moyenne 25

En général, les terres de consistance moyenne et
le gazon retiennent le quart ou au plus le tiers de
la quantité déversée sur la prairie. C'est par exception que la quantité absorbée égale la moitié du volume d'eau utilisée.

J'ajouterai qu'on a constaté que la perte de l'eau
dans les canaux varie entre deux et deux et demi
pour cent par kilomètre.

7° PÉRIODE DE ROTATION.

La période de rotation appelée *ruota acqua* est le
temps qui s'écoule entre deux arrosages, c'est-à-
dire entre deux distributions d'eau.

Ce temps varie suivant les circonstances de sept,
huit, dix à quatorze jours. Aussi dit-on ordinairement : *cette prairie reçoit l'eau à rotation de sept
ou dix jours.*

Le traité qui eut lieu en 1764 entre les Vénitiens et les Autrichiens porte que *la période de rotation sera en moyenne de sept jours.*

Supposons qu'un bail passé entre plusieurs propriétaires renferme la clause suivante : *les contractants auront droit à une jouissance d'heures variables d'un volume d'eau de dix onces milanaises à rotation de huit jours.* Voici comment les irrigations pourront avoir lieu :

Propriétaires.	Nombre d'heures d'arrosage.	date du mois.	Distribution de l'eau.	
			commencement.	fin.
MM. Tiargoni.	14	1ᵉʳ avril.	4ʰ du m.	6ʰ du s.
Pratto.	16	1 —	6 du s.	10 du m.
Miliani.	24	2 —	10 du m.	10 —
Guidi.	18	3 —	10 —	4 —
Spano.	2	4 —	4 —	6 —
Libra.	25	4 —	6 —	7 —
Cesari.	30	5 —	7 —	1 ap.-m.
Farina.	23	6 —	1 ap.-m.	midi.
Guida.	19	7 —	midi.	7 du m
Martelli.	21	8 —	7 du m.	4 du m.
192 heures.				

Ainsi, d'après le tableau qui précède les irrigations auraient lieu tous les huit jours sur chaque propriété.

Le traité précité porte qu'on peut avec un débit de trente-quatre litres par seconde, arroser un hectare vingt ares en vingt-quatre heures et neuf hectares pendant une période de rotation de sept jours.

Si la période de rotation était de quatorze jours,

le débit de trente-quatre litres suffirait pour l'arrosage de dix-neuf hectares.

En général, on considère douze périodes de douze jours chacune, comme constituant la saison d'irrigation d'été.

Suivant l'article 645 du code civil sarde, le droit à une prise continuelle d'eau subsiste, quant aux eaux dont la distribution est réglée par heures, par jours, par semaines, par mois ou de tout autre manière, pour le temps convenu ou indiqué par la possession.

Les distributions d'eau qui se font par jours ou par nuits s'entendent du jour et de la nuit naturelle.

L'usage des eaux, dans les jours de fête, est réglé par les fêtes qui étaient de précepte au temps de la concession, ou au temps où l'on a commencé à posséder.

Enfin, d'après l'article 646, dans les distributions où chaque usager vient à son tour, le temps que l'eau met à parvenir jusqu'à l'ouverture de la dérivation de l'usager qui a le droit de la prendre, court pour son compte, et la *queue de l'eau* appartient à l'usager dont le tour cesse.

8° Préparation et disposition du sol.

Les prairies ordinaires ou d'été et les prairies hivernales ou marcites, sont très-bien établies dans le Piémont et la Lombardie.

Avant de les créer, on prépare le sol aussi parfaitement que possible afin qu'il soit bien divisé, exempt de plantes à racines vivaces et traçantes, et que sa surface soit légèrement et régulièrement inclinée.

D'abord on extirpe avec soin toutes les plantes indigènes bisannuelles ou vivaces à racines traçantes, puis on exécute un ou plusieurs labours et hersages. Quand la couche arable a été ainsi préparée, on la fertilise en y appliquant du fumier et on la laboure de nouveau au mois d'avril. Le même mois ou au commencement de mai on l'ensemence en maïs, plante qu'on regarde à bon droit comme nettoyante, puisqu'elle exige divers binages pendant sa végétation.

En octobre, après avoir récolté le maïs, on laboure et on herse de nouveau; en janvier, on répète ces deux opérations, afin que la couche arable soit bien divisée, bien ameublie. Lorsque ces travaux ont été exécutés, on procède au nivellement du sol. Ce régalement de la couche arable est fait à bras et avec le plus grand soin.

Lorsque le sol doit être disposé en planches bombées ou quand celles-ci doivent présenter un exhaussement à leur partie médiane, on exécute un troisième labour à la fin de février ou au commencement de mars, en opérant en adossant et par un beau temps. Ce dernier labour permet de relever la couche arable, de commencer la formation des versants des compartiments. Cette dernière façon rend plus facile et surtout plus expéditif le travail des ouvriers.

Quand la terre, au mois de mars, est encore humide, on exécute le dernier labour pendant le mois de mai. Cette opération est alors désignée sous le nom de *coltura maggenga*.

Le *comparo* ou irrigateur se guide par les yeux et à l'aide de quelques piquets de différentes longueurs et un cordeau. C'est lui qui indique la direction et la largeur du canal de dérivation que l'on nomme *roggia adaquatica* ou *adaquatica maestra* et qui doit être creusé en talus ou avec des bords inclinés, afin que ceux-ci résistent à l'action ou au courant de l'eau.

Quand la direction de ce canal a été tracée, le *comparo* divise le champ en une série de compartiments nommés *ale* ou *piale*. C'est entre ces ailes et aux sommets des ados qui sont toujours horizontaux qu'il trace les *rogetti*, b,b (fig. 1) ou canaux servant à la distribution de l'eau. Ces rigoles ont ordinairement $0^m,30$ de largeur sur $0^m,25$ de profondeur.

La nécessité de faire passer l'eau rapidement pendant l'hiver sur le gazon, oblige à donner une inclinaison prononcée aux versants des planches des marcites.

La largeur des ailes varie beaucoup. Dans le Milanais, elle est en général de 8 à 10 mètres lorsque le sol est peu perméable, et de 5 à 6 mètres ou 8 à 10 brasses milanaises de $0^m,594$ chacune quand la couche arable est perméable. C'est très-exceptionnellement qu'on voit des ailes n'ayant que 2^m50 à 3 mètres de largeur.

Lorsqu'on ne veut pas créer des marcites et aussi lorsque la couche arable est imperméable, on élève peu la partie médiane des planches et la largeur des ailes atteint 40 à 50 mètres et par exception jusqu'à 80 mètres.

La longueur des planches est aussi très-variable. Elle a de 60 à 80 mètres suivant la nature du sol.

C'est par exception encore qu'elle atteint 120 et 150 mètres.

La pente des ailes est ordinairement de $0^m,015$ à 0^m02 par mètre. Cette inclinaison est suffisante pour que l'eau ruisselle aisément sur le gazon, stimule constamment la végétation des plantes et ne gèle pas. Quand la pente est trop forte l'eau ravine la couche arable pendant les arrosements.

Ordinairement les planches ont de $0^m,15$ à $0^m,20$ de hauteur à leur partie médiane.

Quoi qu'il en soit, il n'y a pas de règles fixes. Ce qu'on cherche partout, c'est à donner au sol une pente régulière et suffisante, afin de perdre le moins possible d'eau.

Le *comparo* indique aussi la direction des *scolatori* ou *fossi colatori* c,c,c (fig. 1), ou colatures. On donne à ces rigoles de 0^m,20 à 0^m,25 de largeur sur 0^m,16 à 0^m,20 de profondeur. Elle sont situées entre deux planches ou compartiments dans la partie la plus basse ou le plus en contre-bas de la *rogetta*.

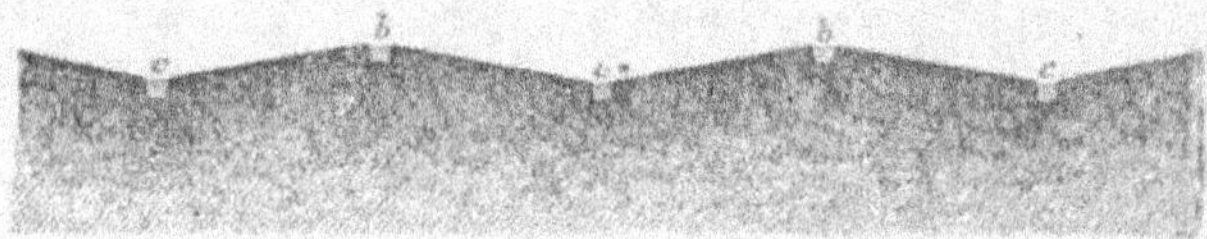

Fig. 1. — Coupe d'une marcite.

Les eaux ne doivent pas y séjourner. C'est pourquoi elles présentent une pente de 3 à 5 pour 100. Les eaux qui y restent stagnantes y font naître des joncs et des carex, ou autres plantes des terrains humides.

Lorsqu'on a peu d'eau, ou qu'on veut l'économiser, on agit de manière que ces colatures se déchargent dans une rigole qui leur est perpendiculaire et qu'on appelle *scolatore mastre* ou *colatero maestro*. Ce colateur devient toujours quand la prairie a une grande longueur, une *roggia adaquatica*, pour les planches situées inférieurement. Dans les circonstances ordinaires, c'est-à-dire lorsqu'on a suffisamment d'eau, on la laisse écouler directement dans un fossé de décharge.

La fig. 2 représente une prairie à deux étages.
La partie supérieure est arrosée par les *rogetti*,
g, g, g, g, g, g, qui sont alimentés par la *roggia
adaquatica l, n, f, o*. Cette rigole alimentaire aboutit au canal *d*. L'eau, après avoir parcouru les ailes
des planches, arrive dans les *scolatori h, h, h, h*,

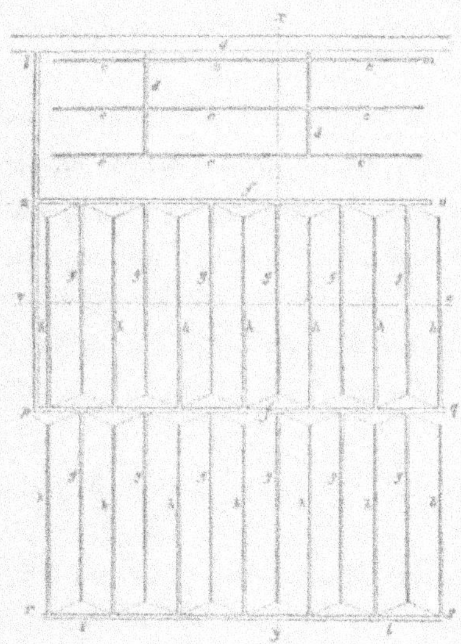

Fig. 2. — Plan d'une marcite.

h, h, h, qui la conduisent dans le *colatore maestro p, f, q*, qui devient alors une *roggia adaquatica*.
Alors elle arrose la partie inférieure à l'aide des
rogetti g, g, g, g, g, g. La partie qui n'est pas ab
sorbée par le sol est reçue par les *scolatori h, h,
h, h, h, h, h*, qui aboutissent dans un second *colatore maestro r, i, t, s*.

On peut, au besoin, faire arriver de l'eau dans la deuxième *roggia adaquatica* au moyen de la rigole *n*, *p*.

La terre qui provient du creusement des *rogetti* et des *scolatori* est rejetée sur les ailes.

Le plus ordinairement les rigoles d'écoulement ou *scolatori* ne sont ouvertes que quand le sol est engazonné.

Lorsque la couche arable présente diverses pentes, on établit des écluses (*chiusi*) sur le canal de dérivation (*roggia adaquatica*) à la distance de 20 à 25 mètres. Puis on ménage sur un des bords de la prairie un chemin ayant 2^{m}30 à 3 mètres de largeur et destiné aux voitures qui servent à transporter l'herbe ou le foin, ou à apporter les engrais.

Souvent sur les prairies où les planches ont une grande longueur, quand le tracé est terminé et qu'on a introduit l'eau pour vérifier la pente des rigoles, on laboure de nouveau le sol en adossant une seconde ou une troisième fois, et on herse encore.

Ces derniers travaux sont souvent exécutés par des ouvriers munis de bêches et de rateaux.

9° Semis.

Les graines qu'on sème dans la Lombardie et le Piémont proviennent des prairies sur lesquelles

on a laissé mûrir l'herbe plus que cela est nécessaire pour avoir du foin de bonne qualité.

Les plantes qu'on rencontre ordinairement dans
les prairies de la Lombardie sont très-nombreuses.
Voici celles qu'on observe le plus abondamment :

Poa commun.	*Poa trivialis.*
Ray-grass vivace.	*Lolium perenne.*
Crételle des prés. . . .	*Cynosurus cristatus.*
Vulpin des champs. . . .	*Alopecurus arvensis.*
Phalaris roseau	*Phalaris arundinacea.*
Brize moyenne.	*Briza media.*
Dactyle pelotonné	*Dactylis glomerata.*
Fléole des près	*Phleum pratense.*
Flouve odorante	*Anthoxanthum odoratum.*
Trèfle blanc.	*Trifolium repens.*
— rouge.	— *pratense.*
Luzerne faucille	*Medicago falcata.*
Lupuline	— *lupulina.*
Lotier corniculé.	*Lotus corniculatus.*
Plantain lancéolé.	*Plantago lanceolata.*
Chicorée sauvage	*Cichorium intybus.*

En général, l'avoine élevée (*Avena elatior*), le
ray-grass (*Lolium perenne*), les trèfles, le poa commun (*Poa trivialis*), le plantain lancéolé, la chicorée sauvage et les renoncules abondent dans les
prairies irriguées. Les marcites offrent peu de
chicorée sauvage.

On remarque aussi en abondance à la troisième
coupe, c'est-à-dire pendant l'été le *pabi* (*Panicum
viride*). Presque partout, on le récolte dans les

champs où il est commun pour le semer dans les prairies qu'on veut créer.

En général, à la première coupe, on constate la présence de beaucoup d'agrostis et à la deuxième une très-forte proportion de trèfle rouge, de trèfle blanc, de plantain lancéolé et centaurée ou jacée des prés.

Je ne mentionne pas les laîches ou carex, les oseilles, etc., plantes indigènes, qui se marient dans une proportion plus ou moins grande avec la carotte, la millefeuille, la véronique, etc., et les plantes utiles.

A défaut de graines de prairies, on sème par chaque hectare qu'on veut gazonner 25 kilog. de graines d'avoine élevée ou fromental, 5 kilog. de *logetto* ou ray-grass d'Italie et 12 kilog. de trèfle rouge.

Quand le semis a été exécuté, on aplanit le sol avec le rouleau (*borlone*) en ayant soin d'opérer par un temps sec, afin que les pieds des ouvriers et des animaux ne laissent pas de fortes empreintes dans la couche arable et pour que les graines ne s'attachent pas au rouleau.

C'est pendant les mois de juin, juillet et août qu'on irrigue les prairies nouvelles. Ces arrosements ont pour but de faciliter l'engazonnement du sol. On a soin, toutefois, pendant les arrosages de ne pas sillonner les ailes par des courants rapides. Ordinairement on exécute ces arrosements après le coucher du soleil.

Quand le premier arrosement a été exécuté, on note les irrégularités que présente le sol, et on répare aussitôt ces inégalités soit en apportant de la terre, soit en abaissant les parties qui sont trop élevées. Dans ce dernier cas, on sème immédiatement des graines sur les endroits qu'on a dégazonnés.

Dans quelques localités, avant de répandre les graines des plantes qui doivent gazonner le sol, on sème de la semence d'avoine qu'on coupe en vert comme plante fourragère, lorsque la panicule commence à se développer. Cette céréale pousse rapidement et elle abrite les jeunes plantes des rayons brûlants du soleil.

10° Pratique des arrosages.

La saison des irrigations commence dans la Lombardie sur *les prairies ordinaires* (*prati irrigatori*), à l'Annonciation (25 mars), quand l'eau est un peu chaude, et se continue jusqu'à la Nativité (8 septembre). Dans le Piémont, elle a lieu du 25 mars au 25 septembre.

Au début, on arrose modérément. On cesse les arrosements quand le temps est beau pour irriguer de nouveau plus tard et plus copieusement.

L'eau doit être sans cesse ruisselante, son mouvement continu empêche sa congélation.

Il est très-utile d'éviter que la prairie soit à sec lorsque la température descend subitement au-dessous de zéro. Les gelées intenses détruisent l'herbe sur les prairies qu'on a cessé d'arroser, et par là elles font perdre une coupe. Une couche d'eau sans cesse ruisselante protége l'herbe et contre les gelées tardives et contre les hâles de mars et d'avril.

Le vent du sud (*mezzogiorno*) est favorable aux irrigations; celui du nord (*tramonta*) leur est contraire.

Quoi qu'il en soit, il est essentiel que l'eau ne séjourne nulle part; elle doit courir sans arrêter en nappe uniforme, étendue et mince.

On suspend les arrosements huit jours au moins avant de faucher.

Après la récolte du foin, on arrose de nouveau peu et souvent, et surtout le soir ou la nuit, pour éviter de paralyser l'action du soleil.

Pendant l'été, on conduit l'eau modérément, car l'expérience a cent fois permis de constater qu'un excès d'humidité est nuisible aux plantes des prairies lorsque la chaleur est très-forte. D'un autre côté, une trop grande quantité d'eau *dégraisse* le terrain et oblige à fumer plus fréquemment le gazon.

En général les plantes très-développées demandent plus d'eau que les végétaux qui commencent à végéter.

C'est par exception qu'on continue sur les prairies ordinaires les irrigations pendant l'hiver.

L'*arrosage des marcites* est des plus simples, attendu qu'il s'agit d'y exécuter des *irrigations continues* et non des *arrosements intermittents*, afin de maintenir pendant l'hiver une température convenable à l'intérieur du sol, et faucher l'herbe quand le besoin l'exige.

Dans toute la Lombardie les *compari* commencent les arrosements avant les froids et la pousse de l'herbe.

L'eau qui est toujours ruisselante à la surface du gazon, abrite la prairie du froid et elle permet aux plantes de végéter tout l'hiver. C'est pourquoi l'herbe des marcites s'épaissit, et devient abondante malgré le froid.

En février, époque où le soleil réchauffe l'atmosphère pendant les belles journées, on retire l'eau à neuf heures du matin, pour la rendre à la prairie vers trois heures du soir, quand l'air devient froid. En agissant ainsi, on empêche le rayonnement pendant la nuit, et par suite le refroidissement du sol.

Si ces arrosements continus favorisent la végétation, ils ont le grave inconvénient de nuire aux plantes qui appartiennent à la famille des légumineuses. C'est pourquoi les marcites contiennent une si grande quantité de plantes graminées.

On cesse d'arroser en mars.

11° Soins d'entretien.

Les prairies ordinaires exigent comme les marcites des soins d'entretien. A la fin de l'été ou en septembre, on y conduit du fumier. Il est très-important que cet engrais soit appliqué de bonne heure, si on veut en espérer des résultats immédiats. Ce fumier est ordinairement bien décomposé, parce qu'il a été préparé à l'avance dans un coin de la marcite ou de la prairie, avec la terre provenant du curage des fossés. Une marcite qu'on négligerait de fumer tous les deux ans, diminuerait de production. L'expérience a mille fois démontré que l'eau seule, même lorsqu'elle est très-fertilisante et chaude, ne permet pas à la marcite de conserver son degré de productivité.

On conduit le fumier à l'aide de traîneaux. On renonce généralement aux voitures, parce qu'elles laissent dans le gazon de profondes ornières. Le compost est appliqué à la dose de 30 000 kilog. environ par hectare.

On remplace le fumier quand il fait défaut, par du tourteau en poudre auquel on ajoute de la chaux. Ce mélange est préparé dix jours environ avant son emploi. On l'applique à la dose de 1500 à 2000 kilog. par hectare. Avant de le répandre, on arrose la prairie afin qu'il se dissolve plus promptement et qu'il pénètre mieux dans la couche arable.

Quand le fumier a été appliqué ou épandu, on coupe les saules et les osiers qui bordent les fossés. Le curage des rigoles a lieu ordinairement pendant l'été. La terre qui provient de cette dernière opération est très-chargée de parties organiques, et par suite très-féconde. On a soin de ne pas augmenter et la largeur et la profondeur de ces canaux secondaires.

Enfin, avant de reprendre les arrosements, des ouvriers munis d'épaisses chaussures foulent les taupinières, pour empêcher l'eau de se perdre dans les galeries. Quelquefois aussi, avant d'arroser, on herse les marcites *à la fourche*, ou à l'aide d'une herse un peu pesante, composée de branches de chêne ou d'orme. Cette herse (*strusa*) divise le fumier et râtèle la superficie de la prairie.

On termine les soins d'entretien en chargeant le *camparo* (gardien de l'eau) d'enlever les feuilles, les plantes, etc., près des écluses.

Le sol des prairies qu'on arrose avec des eaux chargées de matières organiques ou qu'on irrigue avec les eaux du canal de Milan, s'exhausse successivement, ce qui oblige à un moment donné de les défricher.

Quand on doit abaisser le niveau d'une semblable prairie, on la fait pâturer pendant l'automne, puis on la dégazonne le plus souvent au moye de la pelle à cheval (*roggia*). Alors on ensemence la couche arable en maïs et plus tard en froment, et on la rétablit ensuite en prairie.

12° FAUCHAISON.

Dans les circonstances ordinaires on fauche les prairies d'été trois fois par an, savoir :

1° En mai ;
2° En juillet ;
3° En août.

La première coupe est appelée *maggengo*,
La deuxième   —   —   *agostano*,
La troisième   —   —   *terzuolo*,
Après ces trois coupes, on récolte l'herbe qu'on appelle *quatirola* et qui est donnée aux bêtes à cornes pendant l'hiver.

Les prairies qui donnent quatre récoltes ne sont pas très-nombreuses. Dans cette circonstance, la première coupe qui a lieu au commencement du printemps est appelée *maggengo* ; la seconde qu'on exécute à la fin de mai est désignée sous le nom de *magghengino*.

Les bonnes prairies c'est-à-dire celles qui sont irriguées et fumées donnent en moyenne 12 000 kilog. de foin par hectare et par an.

Les *marcites* donnent ordinairement cinq coupes par an, savoir :

La première fin *décembre*,
La deuxième en *janvier*,
La troisième en *février*,
La quatrième en *mars*,
La cinquième en *avril*.

Quand l'herbe est fauchée pour être donnée en vert à l'étable et que les marcites existent sur des fonds riches, on obtient les coupes suivantes : .

La première en *novembre*,
La deuxième en *janvier*,
La troisième en *mars*,
La quatrième en *avril*.

Les coupes qu'on fait ensuite en *juin* ou *juillet* et *août*, sont converties en foin.

La pousse de *septembre* est consommée sur place par le bétail.

L'herbe que fournissent les prairies pendant les mois de février, mars et septembre est plus aqueuse que l'herbe qu'on récolte à la fin du printemps et pendant l'été.

Quelquefois ces diverses coupes sont faites aux époques ci-après :

La première en *février*,
La deuxième de *mars à avril*,

La troisième d'*avril à mai*,

La quatrième de *juin à juillet*,

La cinquième d'*août à septembre*

C'est par exception qu'on fauche les *marcites* jusqu'à six fois par an.

Ces coupes donnent en moyenne par hectare :

1re coupe	10 000 kilog. d'herbe verte.		
2e —	15 000	—	—
3e —	17 000	—	—
4e —	10 000	—	—
5e —	8 000	—	—
Total. . .	60 000 kilog. d'herbe verte.		

Cette production verte représente environ 15 000 kilog. de foin.

Le produit le plus élevé qu'on ait constaté a atteint près de 100 000 kilog. d'herbe par hectare.

Les marcites nouvellement créées dans des conditions favorables sont fauchées deux fois la première année : 1° en août ; 2° en septembre.

13° Résultats économiques.

Une bonne prairie ordinaire (*prati irrigatori*) donne en trois coupes de 6000 à 8000 kilog. de foin. La valeur brute de ces trois coupes et du pâturage d'automne varie, selon les localités, entre 500 et 560 francs.

On évalue en moyenne, la valeur du regain (*quartirola*), à 25 francs par hectare.

L'herbe fraîche qu'on livre aux vacheries depuis le mois de décembre jusqu'en mars, permet de réaliser un produit brut de 225 à 250 francs par hectare.

On estime, dans la Lombardie, qu'on peut obtenir avec les marcites un produit net annuel de 375 à 400 francs par hectare. Ce revenu comprend la valeur du bois provenant de l'émondage des haies qui s'élève en moyenne à 80 francs par hectare.

Les prairies sont louées à un prix très-élevé. Celles qu'on peut arroser à volonté ont une valeur locative qui varie de 200 à 600 francs par hectare selon leur productivité et la qualité de l'herbe qu'elle fournit.

La valeur vénale de ces prairies atteint quelquefois jusqu'à 15 000 francs l'hectare.

La création des prairies continuellement arrosables engage par hectare un capital qui varie entre 150 à 300 francs, selon la nature du sol et la disposition qu'il faut lui donner. La moyenne est de 200 francs.

Les frais de création des prairies nouvelles sont soldés par le propriétaire du fonds; le fermier a à sa charge les frais d'entretien.

On compte qu'il faut disposer au minimum de 500 francs par hectare pour pouvoir exploiter une ferme à l'arrosage dans le Milanais, le Lodesan et le Vercellais.

Une vacherie de 50 têtes exige 8 à 9 hectares de marcites pendant 7 mois de l'année et 7 à 10 hectares de prairies ordinaires arrosables pour avoir le foin que ces animaux exigent pendant l'hiver, soit en totalité 15 à 19 hectares en prairies naturelles

En général, il faut 25 hectares de prairies ordinaires arrosables pour nourrir une vacherie de 50 têtes.

Les vaches pâturent pendant les mois de septembre et octobre.

CHAPITRE III.

LES SOCIÉTÉS D'IRRIGATIONS.

Les canaux appartenant à l'État sont gérés par
la direction des finances. Les agents que cette administration a sous ses ordres, règlent tout ce qui
concerne l'assiette et la perception des redevances
dues à l'État et ils répriment les contraventions aux
dispositions des règlements concernant les cours
d'eau.

Les canaux particuliers sont aussi placés sous
la surveillance d'agents spéciaux. C'est l'ingénieur
directeur ou le propriétaire qui préside à la distribution des eaux entre les usagers. Il a sous ses ordres des conducteurs, des irrigateurs (*compari*) et
des gardes.

Il existe sur divers points du Piémont et de la
Lombardie, depuis le seizième siècle, des associations de propriétaires ayant pour but de régler l'emploi des eaux dans l'intérêt général des territoires
arrosés.

Aux termes de l'article 35 de la loi du 20 avril 1804 qui est encore en vigueur dans la Lombardie, les associations territoriales de propriétaires, constituées pour concourir en commun aux dépenses des travaux concernant les eaux, sont placées sous le contrôle de l'administration. Conformément au décret du 20 mai 1806, chaque société est représentée par des délégués qui se réunissent en assemblée à des époques déterminées pour statuer sur la surveillance et l'entretien des canaux, les dépenses et les recettes.

L'État loue pour neuf années quelques canaux à des locataires qui sous-louent les eaux à des propriétaires riverains. Ainsi, après avoir acheté les principaux canaux dérivés de la Doire Baltée, le canal d'Ivrée, le canal de Cigliano et le canal del Rotto, il les a affermés de 1824 à 1837 pour une rente annuelle de 197191 francs 67 et de 1837 à 1854 moyennant une rente annuelle de 343200 fr.

Ces trois canaux ont ensemble une longueur de 115 800 mètres. Leur débit total par seconde est de 45^{m},263, ou 144 roues du Piémont ou 759 modules vercellais. L'embouchure du canal d'Ivrée a été disposée pour une portée de 60 roues, c'est-à-dire pour 40 roues en sus de son débit ordinaire.

Ces trois canaux principaux ont été affermés à une compagnie habilement dirigée par M. Dumasi moyennant une rente annuelle qui s'élève quelquefois à plus de 500 000 francs. Cette société a le titre suivant : *Association générale pour l'arrosage du territoire situé à l'ouest de la Sésia*. La loi qui l'a autorisée a été promulguée par Victor Emmanuel II, le 3 juillet 1853, et enregistrée au contrôle général le 7 du même mois sous le numéro 307.

Cette loi contient deux articles. Le premier approuve la formation de la société conformément aux statuts provisoires rédigés par l'illustre Cavour. Le second autorise le ministre des finances à concéder à cette compagnie les eaux dérivées de la Dora Baltea et mentionnées dans le règlement précité, pour 30 années, à partir du 1er janvier 1854 jusqu'au 31 décembre 1883.

L'acte de la concession faite provisoirement à la société de Verceil, avait été approuvé par le ministre des finances le 14 février 1853. L'extrait que je crois utile de publier précède un résumé des statuts de cette société. Ces statuts portent aussi la signature de Cavour.

De plus, j'ai jugé nécessaire de faire suivre ces résumés d'un extrait sommaire du règlement concernant la nomination des députés qui forment l'assemblée élective de la société.

Enfin, pour qu'on puisse avoir un aperçu aussi exact que possible des avantages que les propriétaires ayant des cultures à l'arrosage, trouvent dans l'existence de la société générale d'irrigation de

Verceil, j'ai résumé le règlement qui détermine l'organisation et la juridiction du conseil des arbitres qu'on pourrait appeler : *tribunal des irrigations* ou *tribunal des eaux*.

Ce tribunal, dont la juridiction ne s'étend qu'aux associés et à toutes les questions relatives aux impositions et à la police des eaux, n'a pas son analogue en France, mais il existe en Espagne dans la plaine d'Alicante, où sa création est justifiée par la nature spéciale des intérêts qu'il régit.

Les décisions du conseil des arbitres ont force de loi, à moins qu'elles ne soient sujettes à appel devant les tribunaux civils.

1

ACTE DE CONCESSION.

La distribution des eaux sera faite au moyen de
trois canaux principaux :

1° Le canal d'Ivrea ;
2° Le canal de Cigliano[1] ;
3° Le canal del Rotto.

La quantité d'eau à livrer au printemps et en
automne sera basée sur la demande que la société
adressera au ministre des finances avant le 31 janvier de chaque année.

Cette quantité ne pourra pas dépasser le débit
maximum des canaux qui a été réglé comme suit :

Canal d'Ivrée.	300	modules.
Canal de Cigliano . .	300	—
Canal del Rotto . . .	270	—
Total.	870	modules.

La quantité d'eau à laquelle ont droit pendant

1. Le canal de Cigliano a été terminé en 1859 ; il a aujour-
d'hui 165 kilomètres de longueur.

l'été les concessionnaires perpétuels est de 387 modules.

La société devra fournir gratuitement la quantité d'eau concédée au marquis del Borgo, ancien propriétaire de Veneria Vercellese, à la commune de Tricerro, etc., etc., etc.

Le ministre des finances cède à l'association l'établissement de Salasco avec toutes ses dépendances[1].

Il se réserve le droit de statuer sur les demandes qui lui seront faites par la société au sujet de l'introduction de nouveaux appareils concernant le blanchiment (*confezionamento*) du riz.

Les demandes de la société devront être accompagnées de tous les plans nécessaires et d'un mémoire rédigé par un ingénieur mécanicien et indiquant les avantages que présentent ces nouvelles machines sur les anciennes.

Le ministre des finances se réserve aussi le droit de faire étudier ces appareils et de statuer en prenant en considération l'intérêt public.

Si l'administration fait droit à la demande de la société, les travaux seront exécutés conformément aux plans approuvés et les dépenses qu'ils occasionneront seront payées par l'État.

---

1. La commune de Salasco est située à une faible distance de San-Germano, sur la gauche de la route qui conduit de Verceil à Santhia. Elle est traversée par le *Naviletto del Salasco* qui est alimenté par le canal d'Ivrée.

Les frais d'entretien et de réparations des nouvelles machines seront à la charge de la compagnie. Celle-ci, en outre, devra les rendre à la fin de son bail en parfait état.

De plus, la société devra payer le prix des anciens appareils ou foulons à riz suivant la valeur qu'on leur donnera lorsque la société les prendra en charge.

La société utilisera les nouvelles machines moyennant un loyer dont la valeur égalera l'intérêt à 5 pour 100 du capital qu'elles auront engagé.

Ce loyer sera payé en même temps que la valeur locative des eaux concédées, c'est-à-dire avant le 31 décembre de chaque année.

La puissance dynamique des eaux de l'État dont la société ne disposerait pas pour mettre en mouvement des machines à battre ou des moulins sur le domaine de Salasco ou sur les propriétés appartenant aux sociétaires, appartiendra à l'État.

Le ministre des finances payera la moitié des frais qu'occasionneront les concessions d'eau nécessaires au service des bâtiments industriels que la société ou ses sociétaires construiront, si ces bâtiments sont alimentés par des eaux autres que celles que fournissent les canaux d'Ivrée, de Cigliano et de Rotto.

Les redevances en numéraire payées par les concessionnaires d'eau appartiennent à l'État.

Les autres revenus des eaux de l'État appartiendront à la société, à l'exception, toutefois, des revenus dont il est question dans la loi du 10 septembre 1836 concernant les canaux d'irrigation appartenant au domaine public et des recettes que les eaux non utilisées comme puissance motrice sur le domaine de Salasco permettront de réaliser.

Le débit des trois canaux sera réglé par les ingénieurs du gouvernement à l'aide de l'hydrométrie. Le canal d'Ivrea sera muni d'un hydromètre à la décharge de la Maddalena ; l'hydromètre du canal de Cigliano sera situé en face de la décharge (*scaricatore*) de Castello ; enfin, le canal del Rotto aura un hydromètre à la décharge de Casotto.

La consommation annuelle de l'eau concédée à la société se divise en

1° Consommation estivale ;
2° Consommation hivernale.

La saison estivale commence au printemps et se termine en automne.

La saison hivernale commence avec l'équinoxe d'automne et finit au commencement du printemps [1].

Excepté pendant les réparations ordinaires et dans le cas où la Dora Baltea manquerait d'eau, le dé-

---

1. L'article 645 du code civil sarde règle de la même manière les eaux d'été et les eaux d'hiver.

bit de l'eau dans les trois canaux fournira pendant l'été le nombre de modules dont il a été question précédemment, indépendamment des 387 modules qui ont été concédés à perpétuité.

Pendant l'hiver on laissera passer dans le canal d'Ivrea $1^m,40$ de hauteur d'eau, dans le canal de Cigliano $1^m,35$ et dans celui del Rotto 0^m80. Ces volumes d'eau comprennent les concessions hivernales faites à perpétuité par l'État.

Les réparations ordinaires qui obligent toujours à mettre les canaux à sec, ainsi que les réparations extraordinaires devront être terminées avant la fin de mars à moins de cas de force majeure, afin que les eaux puissent être livrées aux concessionnaires par la société le 1er avril.

Le débit des eaux dans les trois canaux sera réglé par les agents de l'État; la société ne pourra jamais prendre part à ce travail.

Si, dans le courant de l'année, le gouvernement se trouvait dans la nécessité de réparer les canaux et les vannes placés dans la Dora Baltea, la société n'aura droit à aucune indemnité, même dans le cas où elle serait entièrement privée d'eau.

Si, par suite de froids intenses et tardifs, la Dora Baltea ne pouvait alimenter comme de coutume les trois canaux principaux le débit de chaque canal diminuerait au prorata de leur dotation estivale.

On prendra comme unité de mesure, le module

d'eau établi par le code civil, article 643, et qui correspond à un débit de 58 litres par seconde.

La roue d'eau ancienne du Piémont (*ruota d'acqua antica*) en usage dans les concessions perpétuelles, correspond à 2 pieds 6 onces et 3 points cubes par seconde ou 5 modules 896 (341 lit. 968).

L'once de Caluso dite centini correspond à 2 onces 1 point et 3 atomes de pied cube par seconde, soit 414 millièmes de module (24 litres). L'once de Caluso sert aussi à régler les concessions perpétuelles.

La société ne pourra changer la forme et les dimensions des ouvertures (*bocchetti*) existantes et servant aux concessionnaires perpétuels, sous peine de dommages et intérêts.

Le ministère des finances autorise l'association à demander la constatation régulière des débits d'eau qu'elle est tenue de fournir au nom de l'État, à régler en son nom les concessions d'eau faites aux comtes Buronzo di Asigliano, Gattinara di Zubiena, à solliciter de la ville de Crescentino la création d'un canal d'asséchement, etc.

La société supportera toutes les dépenses qu'occasionneront ces divers arrangements, mais elle profitera de l'économie d'eau qui en résultera et des indemnités qui pourront-être accordées par les concessionnaires [1].

1. Selon l'article 642 du code civil sarde, lorsque, dans les

Le ministre des finances aura la faculté d'entreprendre ce travail, dans le cas où la société n'ac-
tiverait pas la régularisation des concessions. Alors,
si le débit d'eau mis à la disposition de la société
venait à s'accroître, celle-ci serait obligée de payer
au gouvernement 500 litres (430 francs) par chaque module d'eau dont elle profiterait.

Les contributions et les prestations établies sur
le domaine concédé à la société, restent à la charge
du ministre des finances.

Les frais d'entretien et de surveillance des trois
canaux et l'entretien des bâtiments et de leurs dépendances, sont aussi à la charge de l'État.

La surveillance, les dépenses ordinaires et les
constructions nouvelles exigées par les canaux secondaires, seront faites par le ministre des finances
aux frais de l'association.

Le ministre des finances ne s'oblige vis-à-vis de
la société qu'à faire les travaux d'entretien nécessaires à la conservation des canaux de l'État ; il
laisse à la charge de la société toutes les autres dépenses.

concessions d'eau pour un usage déterminé, l'on n'a pas exprimé
la quantité concédée, on est censé avoir accordé celle qui est
nécessaire pour l'usage formant l'objet de la concession. Il est
toujours permis aux intéressés de fixer la forme de la dérivation, et d'y faire placer les limites au moyen desquelles le con-
cessionnaire puisse jouir de l'eau qui lui est nécessaire, sans
excéder son droit d'usage.

Les réparations locatives du domaine de Salasco seront supportées par la société en vertu de l'article 1761 du code civil sarde.

La société est responsable des dommages qu'un incendie pourrait causer à l'établissement de Salasco.

La compagnie payera au ministère des finances la valeur locative de l'eau qu'elle aura demandée avant le 31 janvier de chaque année, au prix de 800 litres (688 francs) le module d'eau, soit 11 fr. 80 c. par litre.

Le payement de la location sera fait par la société à la Trésorerie provinciale de Verceil, avant le 31 décembre de chaque année, en monnaie légale.

Le ministre des finances ne pourra faire aucune concession d'eau provenant de la Dora Baltea ou du Pô, si cette eau doit servir à des irrigations dans les provinces de Vercelli, de Biella et de Casale.

Toutefois, il se réserve le droit de se servir des trois canaux principaux et même du canal secondaire pour fournir de l'eau à d'autres provinces que celles précitées et aussi de recueillir les eaux vives excédant les besoins de la société pour les livrer à l'agriculture de la Lomelline.

Il est entendu que cette réserve ne pourra nuire en rien aux intérêts de la société.

L'association pourra exceptionnellement livrer de l'eau aux propriétaires qui ne sont pas sociétaires et qui n'ont besoin d'eau qu'accidentellement.

La location est faite aux risques et périls de la
société, sauf le cas où l'eau louée ne pourrait être
utilisée parce qu'elle ne serait pas en assez grande
quantité, où la peste et la guerre ne permettraient
pas de continuer les arrosements. Dans cette occur-
rence, on se conformera aux clauses de l'article
1730 du code civil sarde.

La société ne pourra demander aucune indemnité, ni diminution de loyer, ni suspendre ses payements pour quelque cause que ce soit, même en
cas de rupture de vannes, de digues, etc.

Au commencement du bail, un état des canaux,
des bâtiments, sera dressé par des agents désignés
par le ministre des finances et des mandataires de
la compagnie. Cet état de lieux sera rédigé en tri-
ple expédition. La première copie sera remise à
la société ; les deux autres appartiendront au ministre des finances.

Les machines servant à la décortication du riz
et existant à Salasco seront estimées dans les huit
premiers jours de septembre 1854 par des experts
désignés par le ministre des finances et par la société.

La société sera responsable de ces appareils ; elle
s'oblige à les rendre à la fin de son bail dans les
conditions où elle les aura reçus.

Les dépenses occasionnées par les états de lieux
seront à la charge de la société jusqu'à concur-
rence de 10 000 lires (8600 francs).

Le gouvernement publiera à ses frais une carte hydrographique de la partie qui s'étend à l'ouest de la Sésia et qui est arrosée par les canaux d'Ivrea, de Cigliano et del Rotto. Les deux tiers des dépenses seront à la charge du ministère des finances ; l'autre tiers sera payé par la province de Verceil.

Dans le cas où de nouveaux canaux (*cavi*) seraient utiles aux irrigations, le ministre des finances les fera construire et en donnera la jouissance à la société.

Le ministre des finances se réserve la faculté de statuer sur les demandes que la société pourra lui adresser à cet égard.

Ces demandes devront être accompagnées de divers profils et d'un mémoire rédigé par un ingénieur hydraulique. Le mémoire fera connaître les dépenses que ces nouveaux fossés occasionneront et les avantages qu'on en pourra tirer.

Dans le cas où le ministre des finances ferait exécuter ces nouveaux canaux suivant les indications et les dessins fournis par des ingénieurs qu'il aurait délégués, la société fera vérifier les travaux après leur exécution par des experts qu'elle désignera.

Toutes les dépenses seront à la charge de l'État.

Les frais de curage, les ponts provisoires seront soldés par la société. A la fin du bail le ministre des finances lui remboursera après estimation la valeur des ponts en bois.

La société jouira de tous les travaux nouvellement exécutés à condition qu'elle payera l'intérêt du capital qu'ils auront absorbé à raison de 5 pour 100.

Si le ministre des finances ouvrait quelques canaux de dérivation du Pô dans l'intérêt de l'agriculture de la partie située à gauche de ce fleuve, les eaux provenant de ces dérivations serviraient à irriguer les terres qu'on observe à l'ouest de la Sésia. Alors une quantité d'eau de la Dora Baltea égale en volume à la quantité fournie par le Pô resterait à la disposition du ministère des finances et la société serait forcée d'accepter les eaux provenant des nouvelles dérivations et de les payer à l'État à raison de 1000 lires (860 francs) par module au lieu de 800 lires[1].

Un commissaire royal représente le ministre des finances près la société et contrôle les actes de cette compagnie.

Il ne peut s'immiscer dans les affaires de la société sauf celles qui intéressent le ministère des finances. Il a voix délibérative à l'assemblée élec-

---

1. On a fait depuis la rédaction de cette concession, une dérivation du Pô à Chivosso. Cette prise d'eau fournit 120 mètres cubes par seconde et arrose les territoires de Verceil, Novare et la Lomelline.

tive et lorsqu'il assiste aux séances de l'administration de la société.

La compagnie est tenue de constituer avant le 1er janvier 1854 un capital de 300 000 lires (258 000 francs) qui, mis en réserve pendant la durée du bail, constituera un fonds de garantie pour l'État.

La société pourra disposer de ce capital pendant la durée de son bail, à condition qu'elle le complètera ou le remplacera dans le délai que le ministre des finances lui aura fixé.

La présente concession prendra fin au 31 décembre 1883, à moins que la société ne soit autorisée à cette époque par le gouvernement à la renouveler.

La présente concession n'aura d'effet qu'autant qu'elle aura été approuvée par la Chambre des députés.

Les concessions anciennes perpétuelles ou temporaires que la société doit respecter varient comme il suit :

Canal d'Ivrea	88
Canal de Cigliano	25
Canal del Rotto	15
Total	128

Ces concessions fournissent au ministère des finances un revenu annuel important.

II

STATUTS DE L'ASSOCIATION.

1° Dispositions générales.

Il est formé une association entre les propriétaires de biens ruraux situés à l'ouest de la Sésia qui n'ont pas d'eau pour arroser leurs domaines.

Cette société a pour but de louer et employer en commun, suivant le mode plus économique, les eaux provenant de la concession faite par le ministre des finances en vertu de la loi dont il vient d'être question.

La durée de la société est de 30 années.

Cette association est représentée et administrée par un conseil composé de membres associés élus par les assemblées communales.

Elle comprend, en outre, un comité de surveillance et un conseil d'arbitres.

Il n'y a pas de solidarité entre les associés, mais chacun des actionnaires est imposé en raison de l'importance des irrigations faites sur son domaine.

Les irrigations sont réglées et exécutées par des employés spéciaux placés sous la surveillance de la direction générale.

Chaque membre est responsable vis-à-vis de la société de la mauvaise distribution des eaux sur sa propriété.

Les impositions sont payées en numéraire suivant une base arrêtée pour chaque hectare arrosé.

Les contributions relatives aux rizières sont payées en nature à raison d'un 6ᵉ de la récolte et de 80 litres de riz brut par chaque hectare irrigué.

Les associés ont le droit de payer en argent la redevance qu'ils doivent à la société par chaque hectare occupé par le riz.

Les denrées représentant les impositions sont déposées dans les greniers que la société possède à Salasco.

La somme à payer par chaque associé est basée sur la quantité d'eau utilisée sur les terrains arrosés. On a admis que

Les rizières exigeaient un débit de 1ᵐ60 par minute.
Les prairies naturelles   —   0 60   —
Les prairies artificielles   —   0 23   —

En vertu de ces données, chaque membre de l'association doit faire connaître à la direction générale les terrains qu'il veut arroser, les surfaces de ses champs et les cultures qu'il se propose d'y établir.

En cas de vente d'une ou de plusieurs actions, les nouveaux associés doivent faire leur déclaration à la direction générale dans le mois où a lieu la cession, sous peine de payer une amende égale à la moitié de la valeur de chaque action.

La société est responsable vis-à-vis du ministre des finances et de ses créditeurs. Ainsi, si les recettes ne permettaient pas de solder toutes les dépenses, elle couvrirait le reliquat de ses dettes à l'aide d'une contribution supplémentaire votée par l'assemblée élective.

Les contestations sur l'exécution des statuts de l'association sont jugées par les arbitres.

Tout propriétaire d'un débit d'eau qui désire faire partie de la société doit réunir son courant aux eaux dont dispose l'association. L'indemnité à laquelle il a droit lui est allouée par des experts désignés par lui et la société.

L'année financière de la société commence le 25 de mars.

Les propriétés rurales des associés sont divisées en circonscriptions agricoles.

2° Assemblée représentant la société.

Les actionnaires sont représentés par une assemblée composée de députés.

Chaque circonscription agricole nomme un député.

Toutefois, quand une circonscription utilise annuellement plus de 30 modules d'eau, elle a le droit d'élire deux mandataires.

Le nombre des circonscriptions électorales égale le nombre des circonscriptions agricoles.

Les députés sont nommés par tous les associés.

Pour être éligible, il faut-être membre de l'association, avoir 25 ans, être instruit en agriculture et jouir de ses droits civils et politiques.

Tout employé rétribué par la société peut-être nommé député.

Les fonctions de député sont gratuites.

Les députés sont les mandataires des circonscriptions agricoles près l'administration de la société. Ils se renouvellent chaque année par tiers.

Un député ne peut représenter qu'une seule circonscription. S'il est nommé par plusieurs, il doit opter pour l'une d'elles dans les cinq jours qui suivent sa nomination.

Le député qui perd ses droits à représenter la circonscription qui l'a nommé par suite d'infraction aux statuts de la société, ne peut-être réélu qu'au bout de six ans.

En cas de vacance dans une circonscription, les électeurs sont appelés à élire un nouveau député dans le mois qui suit le jour où la vacance a été déclarée.

Les députés se réunissent régulièrement deux

fois par an : le 15 de mars et le 15 de novembre ;
mais ils peuvent être convoqués extraordinairement
par le conseil de surveillance, le directeur général
et sur la demande du tiers des membres composant
l'assemblée représentative.

Lorsque les députés ayant répondu à une convo-
cation ne représentent pas la majorité des membres élus par les circonscriptions agricoles, on convoque de nouveau l'assemblée élective huit jours
après la première réunion. Alors l'assemblée est
légalement constituée quel que soit le nombre des
députés présents.

Les réunions des députés sont publiques, à moins
que l'assemblée n'ait décidé sur la proposition de
son président qu'elle se réunira en comité secret.

L'assemblée est assistée de deux conseillers : d'un
législateur et d'un ingénieur hydraulique.

1° Elle désigne les membres qui doivent com-
poser le conseil de surveillance ;

2° Elle nomme et révoque le conseil des arbitres,
le directeur général et, sur la proposition de ce dernier, le caissier et les employés attachés à la direction ;

3° Elle établit le bilan annuel des dépenses ;

4° Elle discute et approuve les comptes du caissier et les comptes généraux de la société ;

5° Elle modifie, s'il y a lieu, les impositions ordinaires et extraordinaires ;

6° Elle statue sur toutes les propositions qui lui sont faites ;

7° Elle fixe la valeur des jetons de présence auxquels ont droit les membres du conseil de surveillance ;

8° Elle délibère sur tout ce qui peut intéresser les membres de l'association.

3° COMITÉ DE SURVEILLANCE.

Le comité de surveillance est chargé de contrôler tous les actes de l'administration.

Il se compose de trois membres titulaires et de deux membres suppléants.

Les fonctions de membre du comité de surveillance durent trois ans.

Les membres de ce conseil sont rééligibles.

Le comité de surveillance se réunit le samedi de chaque semaine à la direction générale.

Le directeur général assiste de droit à ses réunions ; il y a voix consultative.

La présidence appartient au membre le plus âgé.

4° CIRCONSCRIPTIONS AGRICOLES.

Chaque circonscription agricole comprend tous les propriétaires associés appartenant à la même commune.

Le siége de chaque circonscription est établi au chef-lieu communal.

5° Direction générale.

La direction générale administre la société ; elle est le pouvoir exécutif de l'assemblée élective.

Elle comprend :

1° Un directeur général ;

2° Trois administrateurs ;

3° Un secrétaire ;

4° Un vice-secrétaire archiviste.

Ces divers fonctionnaires sont rétribués par la société et nommés et révoqués sur la proposition du directeur par l'assemblée des députés.

Voici quels sont les droits et les pouvoirs du directeur général :

1° Il a le droit de suspendre ces agents en cas d'infraction graves, mais il est obligé d'en instruire les députés aussitôt qu'ils sont réunis ;

2° Il nomme et révoque les irrigateurs et les employés attachés au grenier de la société ;

3° Chaque année au 15 novembre, il présente à l'assemblée élective, la situation de la société appuyée par un inventaire, et il soumet à son examen et à son approbation le budget de l'année qui va suivre ;

4° A la session de mars, il lui présente, afin qu'elle l'examine, le compte rendu de l'exercice de l'année précédente ;

5° Il surveille et vérifie la gestion et la comptabilité du caissier ;

6° Il propose à l'assemblée des députés l'emploi des fonds disponibles ;

7° Il stipule les clauses des contrats d'achat, de vente, de locations et de concessions ;

8° Il veille avec le concours des agents qui sont sous ses ordres, à la distribution des eaux, au recouvrement des loyers et à la gestion du grenier situé à Salasco ;

9° Il est conservateur du grand-livre sur lequel sont inscrits les titres des actionnaires ;

10° Il correspond avec le gouvernement et le ministre des finances pour tout ce qui concerne les concessions d'eau ;

11° Il agit au nom de la société et la représente en justice comme dans toute autre circonstance en qualité de mandataire général ;

12° Il assiste avec voix consultative aux réunions des députés, du conseil de surveillance et du conseil des arbitres.

Le directeur général est remplacé en cas d'absences forcées par un sous-directeur nommé par l'assemblée élective, sous la responsabilité du directeur.

Le sous-directeur est à la charge du directeur.

Les frais de logement de la direction générale,

les salles de réunion de l'assemblée élective et du conseil des arbitres, les frais de bureau, les salaires des garçons sont à la charge du directeur général, celui-ci recevant de l'assemblée élective une somme destinée à satisfaire ces dépenses.

Le directeur général ne peut-être révoqué ni suspendu de ses fonctions par l'assemblée élective que lorsque celle-ci a prononcé au scrutin secret à la majorité des trois quarts de ses membres, mais il peut être provisoirement suspendu par une délibération de l'assemblée si celle-ci est composée de plus de la moitié des députés élus.

Pendant cette suspension, l'assemblée désigne une personne pour remplir les fonctions de directeur.

La suspension terminée, le président de l'assemblée élective convoque les députés pour qu'ils décident si le directeur peut reprendre ses fonctions ou s'ils doivent prononcer son renvoi définitif.

Le siège de la direction générale est à Verceil.

6° Conseil d'arbitrage.

Le conseil formé par les arbitres a pour mission :

1° De résoudre toutes les questions relatives à la société et aux actionnaires ;

2° De prononcer sur les contraventions aux règlements ;

3° De donner son avis lorsqu'il en est requis par le directeur général ;

4° De régler les indemnités et de prononcer sur les contestations qui peuvent exister entre les associés.

Le conseil des arbitres se compose de trois membres appartenant à l'assemblée élective et résidant à Verceil. Il s'adjoint, quand il le juge utile ou à propos, un législateur et un ingénieur hydraulique.

Les deux membres adjoints sont pris aussi parmi les députés.

Le conseil des arbitres choisit son président parmi ses membres.

Le directeur général a le droit de convoquer le conseil des arbitres et d'y assister avec voix consultative.

Le vice-secrétaire de la direction générale remplit les fonctions de secrétaire du conseil des arbitres.

Les fonctions de membres de ce conseil sont gratuites, mais chaque arbitre reçoit des jetons de présence dont la valeur a été fixée par l'assemblée élective.

Tous les arbitres ont droit au remboursement de leurs dépenses chaque fois qu'ils se rendent sur les domaines qui ont donné lieu à des constatations.

Les délibérations du conseil des arbitres doivent être prises à la majorité absolue. Elle sont immédiatement exécutoires, à moins d'appel dans les 15 jours devant les tribunaux ordinaires.

Les frais de procédure, les honoraires des experts sont à la charge de la partie qui succombe.

7° Comptabilité.

Un caissier est attaché à la direction générale ; il est nommé par l'assemblée élective sur la proposition du directeur.

Ce fonctionnaire fournit un cautionnement de 20 000 lires ou 17 200 francs en propriété foncière ou en valeur sur l'État ou sur la société.

Les fonds de réserve sont placés dans une caisse fermée avec une serrure ayant trois clefs. C'est dans ce coffre qu'on dépose l'excédant de 20 000 lires que la caisse principale doit toujours posséder.

Une des clefs est confiée au caissier ; l'autre est placée entre les mains du député qui possède le plus d'actions et réside à Verceil ; la troisième appartient au directeur général.

Les quittances constatant les payements faits à la société sont détachées d'un livre à souche.

Le caissier ne paye que sur mandats émanant du directeur général ou du directeur adjoint.

Les livres sont tenus en partie double.

Le journal et le grand-livre sont vérifiés par le directeur général à la fin de chaque mois.

Le caissier tient, en outre, un registre résumant

par mois les opérations de la comptabilité. Un extrait de ce registre est remis dans les cinq premiers jours de chaque mois à la direction générale.

Le compte courant des circonscriptions territoriales et le compte des territoires isolés sont aussi tenus par le caissier.

A la fin de chaque exercice financier, le caissier remet la balance de ce même exercice au directeur général, lequel, après vérification, le soumet à l'approbation de l'assemblée élective dans sa session de mars.

Le caissier est placé sous la surveillance immédiate du directeur et du comité de surveillance.

Le directeur général assisté du député qui possède une des trois clefs de la caisse de dépôt, vérifie cette caisse à la fin de chaque mois. Un procès-verbal signé par le directeur, le député et le caissier, mentionne les recettes et les dépenses du mois, constate ce qui reste en caisse et désigne le numéraire qui compose cette valeur.

Le caissier peut avoir un gérant approuvé par le directeur; cet agent est à sa charge.

8° DÉLÉGUÉS DES DISTRICTS ET IRRIGATEURS.

Le service agricole de la société est divisé en districts.

Un district comprend plusieurs territoires; le

nombre de ces territoires varie selon les besoins du service.

Dans chaque district, il y a un délégué représentant la direction générale et des irrigateurs en plus ou moins grand nombre selon les surfaces à irriguer et les travaux concernant les concessions d'eau.

Les délégués et les irrigateurs sont nommés par le directeur général et ils sont sous ses ordres.

Les délégués sont chargés du service général des districts.

Les irrigateurs exécutent tous les travaux concernant la distribution des eaux ; ils sont placés sous la direction du délégué du district auquel ils sont attachés.

Les districts sont au nombre de quatre : Livorno, Salasco, Triceno et Azigliano.

9° Grenier de Salasco.

Le grenier que la société possède à Salasco, est destiné à recevoir les contributions en nature.

La société a aussi à Salasco des aires pour faire sécher le riz brut que les contribuables doivent à la société aussitôt que le battage a été exécuté.

La direction générale administre le grenier de Salasco avec le concours d'un contrôleur, d'un magasinier, d'un agent chargé de surveiller le blanchiment du riz et d'un mesureur.

La comptabilité est tenue par le contrôleur.

Le magasinier rédige le journal sur lequel sont inscrites les opérations relatives à la préparation du riz.

Les portes et les fenêtres sont fermées avec des serrures ayant deux clefs. L'une est confiée au contrôleur ; l'autre est remise au magasinier.

La vente des produits provenant des contributions en nature ne peut être faite par les agents de Salasco que lorsque ces derniers y ont été autorisés par le directeur général.

Le vendeur doit adresser au caissier un bulletin portant :

1° La quantité vendue ;
2° Les noms et prénoms de l'acheteur ;
3° Le prix de vente et la monnaie convenue ;
4° L'époque du payement.

Le caissier, après avoir enregistré la vente, paraphe le bulletin et le remet à l'acheteur pour qu'il le présente au magasinier le jour où il prendra livraison de la quantité qu'il a achetée.

10° IRRIGATIONS.

Les irrigations sont réglées par les délégués et les irrigateurs sous la surveillance de la direction.

Elles sont faites suivant les méthodes les plus économiques.

L'irrigation des rizières est continue, sauf le cas de force majeure.

Elle est interrompue dans les autres cultures.

Les irrigations continues sont réglées par les districts.

Les irrigations intermittentes sont à rotation de 15 jours.

Les rotations commencent le premier avril.

En cas de pénurie d'eau, la direction générale peut établir pour les rizières une rotation provisoire.

11° Culture du riz.

La culture du riz, dans chaque territoire, doit être dirigée selon les meilleurs principes agricoles.

A cet effet, chaque circonscription ou propriété isolée doit fournir à son délégué vers le 15 février une note contenant la désignation et la superficie des terrains qui doivent être convertis en rizières.

La direction générale est autorisée à faire d'office cette désignation quand la clause précédente n'a pas été exécutée en temps voulu.

12° Irrigation éventuelle.

La direction générale doit, si on le lui demande, pourvoir d'eau les terrains appartenant à des propriétaires qui ne peuvent faire partie de la société parce qu'ils n'ont besoin d'eau qu'accidentellement.

Le tarif à appliquer dans cette circonstance est le même que le tarif relatif aux irrigations intermittentes.

Les frais sont, comme pour les autres irrigations, à la charge des propriétaires.

13° Puissance dynamique de l'eau.

La puissance dynamique de l'eau que les associés veulent utiliser pour mettre en mouvement des machines, est fixée par le directeur.

Toutes les eaux appartenant à la société peuvent être employées comme moteur.

Le pouvoir dynamique de l'eau doit être en rapport avec le nombre de machines à faire mouvoir et la force motrice qu'elles exigent.

14° Eaux hivernales.

La compagnie loue aux associés l'usage des eaux provenant des sources qu'elle possède et celles des sources appartenant aux sociétaires, quand ces eaux sont propres à l'arrosage des marcites et lorsqu'elles ne sont pas utilisées par leurs propriétaires.

Les clauses concernant ces locations doivent être publiées 20 jours avant l'adjudication dans les circonscriptions où il existe des sources à utiliser.

C'est à la direction générale et le jour d'un marché qu'a lieu l'ouverture des offres qui doivent être faites par soumissions cachetées.

La durée des baux ne peut excéder 9 ans.

15° Contributions concernant les irrigations.

Les délégués des districts dressent annuellement d'après un modèle spécial, l'état des irrigations exécutées dans chaque circonscription. Cet état doit parvenir à la direction aussitôt après la récolte du riz.

Le directeur charge les irrigateurs de recevoir les *contributions en nature*, mais c'est lui qui les fait transporter des aires aux magasins établis à Salasco. Chaque envoi doit être accompagné d'un bulletin détaché d'un registre à souche.

Le contribuable en nature ne peut procéder à la récolte du riz qu'il a cultivé sans y avoir été autorisé par le délégué du district.

C'est le délégué de la circonscription qui est chargé de prévenir les irrigateurs collectionneurs, afin qu'ils assistent au battage et au nettoiement du riz.

Les transports du riz au magasin de la société sont à la charge des contribuables.

Dans chaque circonscription on a établi aux frais de la compagnie, des aires sur lesquels a lieu le battage de la récolte de tous les associés et le partage des produits. Ces opérations se font sous la surveillance des irrigateurs de la société.

Les *contributions en numéraire* doivent être versées au mois de septembre au plus tard entre les mains du caissier.

16° Dispositions disciplinaires.

Tout sociétaire qui ne fournit pas à la direction générale les renseignements relatifs au mode de culture qu'il a adopté et qui doit servir de base aux irrigations à établir, peut être condamné à payer une amende de 10 à 20 lires (8 fr. 60 à 17 fr. 20) par chaque hectare.

Il est expressément défendu de changer les dispositions prises par la direction générale concernant la conduite et la distribution des eaux sous peine d'une amende de 20 à 60 lires (17 fr. 20 à 51 fr. 60).

Aucun associé n'a le droit de changer, modifier, etc., les canaux, embouchures et les travaux concernant les irrigations sous peine d'une amende de 30 à 90 lires (25 fr. 80 à 77 fr. 40).

Quiconque fait naître une perte d'eau au détriment de la société, est puni d'une amende de 100 à 300 lires (86 fr. à 258 fr.).

Le sociétaire qui vend l'eau qui lui a été concédée paye une amende qui est double de l'indemnité à laquelle les experts l'ont condamné.

Quiconque récolte mal le riz qu'il a cultivé ou commet une fraude en acquittant ses contributions en nature est puni d'une amende qui égale le double de la valeur du riz pour laquelle il a été condamné.

Tout sociétaire qui fait une fausse déclaration concernant la surface qu'il arrose paye une amende de 50 lires (43 fr.) par chaque hectare non déclaré.

L'associé qui étant forcé de faire battre son riz sur les aires appartenant à la société, évite de le faire, est puni d'une amende de 5 lires (4 fr. 30) par chaque hectolitre de riz qu'il a récolté.

Tout contrevenant aux statuts de la société est passible d'une amende indépendamment des frais de procédure.

La moitié des amendes appartient de droit à la société ; l'autre moitié est réservée pour les irrigateurs qui sont hors de service par suite de maladie ou de vieillesse.

Une caisse de secours est établie à cet effet en faveur des irrigateurs invalides.

17° Travaux d'irrigation.

Tous les travaux concernant les irrigations : conduite, distribution et emploi des eaux, sont exécutés par la direction au frais de la société et des circonscriptions.

Ces divers travaux forment deux catégories spéciales : la première comprend les travaux généraux ; la seconde embrasse les travaux spéciaux.

Les *travaux généraux* sont ceux qui intéressent tous les associés. Ils sont exécutés aux frais de la société.

Les *travaux spéciaux* concernent principalement les circonscriptions. Ils sont soldés par elles.

La répartition des dépenses est faite annuellement entre tous les sociétaires en raison de la quantité d'eau mise à leur disposition.

Un rôle de répartition est envoyé à chaque associé ; il est accompagné d'un avis de payement.

Toutes les contestations relatives à la répartition des dépenses entre les sociétaires sont jugées par le conseil des arbitres.

18° Bénéfices et réserve.

La moitié des bénéfices réalisés annuellement sera employée pour solder les dettes de la société ; l'autre moitié sera mise en réserve pour faire face aux dépenses extraordinaires.

Lorsque la compagnie n'aura plus de dettes et que le fond de réserve s'élèvera à 500 000 lires (430 000 fr.), la moitié de cette somme sera répartie entre les sociétaires proportionnellement au nombre de leurs actions.

19° Commissaire royal.

Un commissaire royal représente le gouvernement auprès de la société.

Il surveille l'exécution de l'acte de concession des eaux et des statuts et défend les intérêts de l'État.

20° Dispositions générales.

Dans le but de moins grever les associés dans la formation du fond de garantie, l'assemblée élective est autorisée à faire un emprunt de 300 000 lires (258 000 fr.) qui sera remboursé en quatre payements à l'aide d'une quote-part des contributions versées par les sociétaires spéciaux et privilégiés.

La chambre des députés est aussi autorisée à faire un emprunt si, dans le cas de perte importante, la société se trouvait dans l'impossibilité de payer le loyer des eaux que le gouvernement lui a concédées.

Si dans une élection, plusieurs candidats obtiennent le même nombre de suffrages, l'élection est acquise au plus fort actionnaire.

Lorsque deux candidats possédant le même nombre d'actions, obtiennent le même nombre de voix, l'élection est acquise au plus âgé.

Les indemnités sont réglées par deux experts : l'un est nommé par le directeur, l'autre est délégué par le sociétaire. En cas de partage, les deux experts en désignent un troisième.

La société a le droit d'établir des constructions servant aux irrigations à travers les aqueducs, les bâtiments des propriétaires associés sans payer aucune indemnité [1].

Les servitudes établies sur les propriétés des associés cessent à l'expiration de la société.

La compagnie peut aussi établir des aqueducs et autres travaux nécessaires aux irrigations sur les propriétés n'appartenant pas à des sociétaires, après avoir payé préalablement une indemnité.

Le siége et le domicile de la société est à Verceil.

L'assemblée élective a le droit de modifier les statuts de la compagnie, après avoir pris l'avis des associés.

Les modifications que pourront subir les statuts n'auront leur effet qu'après avoir été approuvées par le gouvernement.

Avant l'expiration du bail, la chambre élective examinera les comptes présentés par le directeur et après délibération elle décidera si le directeur doit demander à l'État le renouvellement du bail.

Si le bail venait à être résilié, la chambre procé-

1. Suivant l'article 622 du Code civil sarde, tous particuliers sont tenus de donner passage sur leurs fonds aux eaux que veulent conduire ceux qui ont le droit de les dériver des fleuves et des rivières pour l'irrigation des terres ou pour l'usage des usines, mais ils ne peuvent traverser les habitations, les cours, les aires et les jardins.

L'article 624 autorise de traverser les canaux et les aqueducs à la condition que leurs eaux ne soient ni gênées, ni retardées, ni accélérées et qu'il n'en résulte aucun changement dans le volume de ces mêmes eaux.

derait à la liquidation de la société et les fonds seraient répartis proportionnellement entre tous les
associés.

21° Dispositions transitoires.

La présente association commencera ses opérations le premier janvier 1854.

Le gouvernement se réserve le droit de donner
avant cette époque, l'autorisation nécessaire pour
l'organiser provisoirement et appeler les électeurs à
nommer l'assemblée élective.

III

RÈGLEMENT CONCERNANT LES OPÉRATIONS ÉLECTORALES.

Chaque syndic doit prendre connaissance de la liste des propriétaires associés appartenant à sa commune.

Le dimanche qui précède la réunion électorale, le syndic annonce par voie de publication que la liste des électeurs a été déposée à la maison communale, afin que chaque sociétaire puisse en prendre connaissance et faire au syndic toutes les observations qu'il juge utiles.

Le droit électoral est personnel ; aucun associé ne peut se faire représenter ni envoyer son vote par écrit.

Par exception pourront se faire représenter :

1° Les corps moraux, par un délégué spécial ;

2° Le mineur, par son tuteur ;

3° Le fils, par son père ;

4° La femme, par son mari ;

5° La veuve, par un mandataire spécial.

Les communes ayant moins de 200 électeurs n'auront qu'une seule réunion ; les syndics pourront diviser en plusieurs sections les communes qui auront plus de 200 associés.

La liste des électeurs et un exemplaire du présent règlement seront affichés dans les salles où les associés se réuniront pendant toute la durée des opérations électorales.

Les réunions électorales sont présidées par le syndic ou le vice-syndic.

Le président de chaque réunion désigne comme scrutateurs les deux plus jeunes électeurs et les deux plus âgés.

Le secrétaire est nommé par le directeur ; il n'a que voix consultative.

Personne ne peut faire partie de la réunion s'il n'est muni d'une carte constatant son inscription comme associé.

Lorsque le bureau est composé, on procède à l'appel nominal des électeurs.

Chaque électeur répond à l'appel de son nom et remet au président sa carte d'inscription. En échange, ce dernier lui donne un bulletin sur lequel il écrit ou fait écrire le nom de son candidat. L'électeur remet son bulletin plié au président qui doit le déposer immédiatement dans l'urne.

Lorsqu'un électeur n'est pas le titulaire de la carte qu'il présente au président avant de voter, il doit justifier de sa qualité de mandataire par une simple lettre légalisée par le syndic du domicile de l'associé qui l'a délégué.

La table sur laquelle les électeurs écrivent leurs bulletins, doit être séparée du bureau.

Une heure après le premier appel, on en fait un deuxième en faveur des électeurs qui n'ont pas répondu au premier.

Après cette opération, le président prononce la clôture du scrutin et procède au dépouillement des votes.

Quand on a constaté le nombre des bulletins, un des scrutateurs prend successivement chaque bulletin, le déploie et le remet au président qui nomme à haute voix le nom qui y est inscrit et il le donne à un autre scrutateur.

Lorsque le dépouillement est terminé, le président en proclame le résultat.

Nul n'est élu au premier tour de scrutin s'il n'a réuni la majorité absolue des suffrages exprimés par la moitié au moins des électeurs inscrits.

Si aucun électeur n'est élu, le président fait connaître les deux candidats qui ont obtenu le plus de voix et on procède immédiatement à un deuxième tour de scrutin. Les suffrages des électeurs ne peuvent porter que sur les deux candidats précités. Celui qui a obtenu le plus grand nombre de suffrages est proclamé député.

En cas d'égalité de voix, l'élection est acquise au plus âgé.

Le procès-verbal des opérations est dressé par le secrétaire et envoyé à l'intendant général (le préfet). Une copie est déposée dans les archives de la commune.

Les opérations électorales sont vérifiées par la chambre élective.

L'assemblée se réunit dans une des salles du palais civil de Verceil, sous la présidence du syndic de la ville.

Les quatre plus jeunes députés remplissent les fonctions de secrétaires et de scrutateurs.

Les élections reconnues régulières et n'ayant donné lieu à aucune réclamation sont approuvées. Celles pour lesquelles il a été adressé des observations sont soumises à l'examen de l'assemblée.

Lorsque les opérations électorales ont été vérifiées l'assemblée se constitue et nomme immédiatement son bureau définitif.

IV

RÈGLEMENT CONCERNANT LES COMITÉS AGRICOLES.

Il y a dans chaque circonscription , un *comité* composé de six membres élus et présidé par le député.

Le nombre des membres est de douze lorsque la circonscription comprend plus de 200 associés.

Lorsque les associés d'une circonscription ne dépasse pas dix , le comité est composé de tous les sociétaires.

Lorsqu'il y a deux députés dans une circonscription, la présidence du comité appartient au plus âgé.

Les membres des comités sont nommés pour trois ans. Ils sont renouvelés par tiers chaque année.

Chaque comité a un secrétaire qu'il prend parmi ses membres ou qu'il choisit parmi les personnes étrangères à la société. Cette fonction, dans le premier cas, est gratuite ; dans le second, elle peut-être rétribuée.

Les délibérations des comités ne sont valables que lorsque la moitié au moins des membres sont présents. En cas de partage, le président a voix prépondérante.

Les procès verbaux des séances sont signés par tous les membres présents et déposés dans les archives du comité.

Chaque comité a pour mission de déterminer chaque année les réparations et les travaux à faire et de rechercher les moyens économiques de les exécuter.

Au mois d'août, il désigne les parties de la circonscription qui peuvent être converties en rizières, après avoir consulté le directeur général.

Le président de chaque comité invite dans le mois d'août les sociétaires à fournir une déclaration ayant pour but de faire connaître la superficie des terrains qu'ils désirent transformer en rizières ainsi que les surfaces des champs sur lesquels ils se proposent d'établir des prairies naturelles ou artificielles. Ces déclarations sont nécessaires pour que le comité puisse demander au directeur la quantité d'eau exigée par ces diverses cultures.

Le comité doit adresser l'état des déclarations à la direction générale avant le mois de décembre.

C'est aux comités qu'appartient la mission de surveiller la bonne répartition des eaux.

Tous les ans à la fin de la saison d'arrosage les

comités rédigent le compte de chaque associé. Ce compte comprend les droits, les frais d'administration, le salaire des irrigateurs, etc. Il doit-être publié pendant huit jours. Au bout de ce temps, si aucune observation n'a eu lieu, le comité ordonne la répartition des dépenses proportionnellement à la quantité d'eau consommée. Cette répartition, qui doit être faite avant le 31 octobre, est ensuite portée à la connaissance des intéressés. Huit jours après, elle est remise au caissier qui est chargé d'en opérer l'encaissement.

Tout associé qui se croit lésé dans ses intérêts doit s'adresser au conseil des arbitres. Toutefois, ses réclamations ne suspendent pas l'effet de la répartition.

Chaque comité doit rendre compte de sa gestion annuelle.

Les payements sont faits sur mandats au nom du président du comité, signés par ce dernier et le secrétaire.

Le comité renvoie devant le tribunal des arbitres les questions qui intéressent à la fois plusieurs circonscriptions ou divers associés.

V

PROCÉDURE DU CONSEIL DES ARBITRES.

1° LES CITATIONS.

Les citations à comparaître devant le conseil des arbitres, se font par un huissier. Elles doivent contenir :

1° Un énoncé sommaire de l'objet de la demande et les titres sur lesquels elle est basée ;

2° La notification de la demande avec citation au délinquant.

L'huissier doit y inscrire :

1° La date du jour où elle est rédigée ;

2° Les nom, prénoms, profession et domicile de la personne qui assigne ou demandeur ;

3° Les nom, prénoms, et désignation du mandemant de l'huissier ;

4° Les nom, prénoms et domicile de l'assigné ou défendeur ;

5° La résidence du conseil des arbitres devant lequel l'huissier a cité à comparaître.

La société est assignée en la personne de son directeur général.

Quand la partie citée demeure dans la circonscription où siége le conseil des arbitres, la citation somme le défendeur de comparaître à la prochaine audience, qui ne peut avoir lieu que deux jours après qu'elle lui a été notifiée à son domicile.

Lorsque le défendeur a son domicile dans une autre circonscription, il ne peut être cité à comparaître devant le conseil qu'après un intervalle de cinq jours.

Dans les cas urgents, le président peut abréger les délais précités et même autoriser l'huissier à citer pour une audience extraordinaire.

Les parties qui sont en contestation peuvent se présenter volontairement devant le conseil et lui demander de prononcer sur leur différend.

2° DES AUDIENCES.

Le conseil des arbitres tient ses audiences ordinaires le lundi à 9 heures à Verceil, dans une des salles de la direction générale.

Lorsque le lundi est un jour férié, l'audience est remise au lendemain.

Les parties peuvent être représentées par un fondé

de pouvoir ; dans ce cas, le mandataire doit remettre à l'audience la citation faite au défendeur.

Si le conseil renvoyait la suite de l'affaire à une autre audience, le mandataire est obligé de comparaître de nouveau, à moins qu'il soit remplacé par une personne munie d'une délégation spéciale.

Le directeur général peut se faire représenter par le sous-directeur on par un des administrateurs de la société, sans être obligé de délivrer un mandat spécial.

Les causes ne sont appelées qu'après avoir été inscrites sur le rôle de l'audience au moins deux heures avant l'ouverture. A cet effet, le demandant est tenu de présenter au secrétaire la cédule relatant la cause.

Les mandataires sont tenus de remettre avant l'audience entre les main du secrétaire, les pouvoirs qui leur ont été donnés.

Le conseil appelle d'abord les parties en conciliation. Si les parties ont pu s'accorder on dresse un procès-verbal relatant les conditions de l'arrangement. Ce procès-verbal est signé par le demandeur et le défendeur, le président et le secrétaire.

Dans le cas de non-conciliation, la cause est jugée immédiatement par le conseil.

Lorsque les parties sont représentées par des mandataires, le conseil peut néanmoins les faire citer à comparaître personnellement. En cas d'absence de l'une d'elles, le jugement est prononcé par défaut, à moins que le défaillant prouve l'impossibilité où il s'est trouvé de comparaître.

3° DES SENTENCES.

Les jugements rendus par le conseil des arbitres, sont prononcés à l'audience où la cause a été entendue ou au plus tard dans la quinzaine qui la suit.

La sentence doit contenir :

1° Les noms, prénoms et domiciles des parties ;
2° Les faits de la cause ;
3° Les motifs qui ont déterminé la décision ;
4° Le dispositif du jugement ;
5° La date et les signatures des juges.

Lorsque l'examen de la cause doit être continué, le procès-verbal fait mention de la prochaine audience dans laquelle le jugement sera prononcé.

Les sentences sont publiées à l'audience par le président du conseil.

Cette publication tient lieu de notification, sauf le cas où la cause a été jugée par défaut.

4° DE LA VISITE DES LIÉUX.

La constatation des lieux est confiée à un membre du conseil quand les témoins à entendre sont domiciliés dans la juridiction du tribunal. Dans le cas contraire, l'enquête est faite par une personne désignée par les arbitres.

Les témoins ne peuvent être cités et entendus qu'autant que leurs noms ont été remis par écrit au secrétaire du conseil trois jours avant l'époque fixée pour constater l'état des lieux.

La liste des témoins est rédigée en double et signée par la partie qui demande qu'ils soient entendus.

Le délégué chargé par le conseil d'instruire la cause, peut faire aux témoins toutes les questions qu'il croit nécessaire ; il peut même mettre en présence les témoins qui ne seraient pas d'accord dans leurs dépositions.

Les dépositions des témoins sont consignées au procès-verbal.

Lorsqu'une expertise est jugée utile le conseil désigne les personnes auxquelles il confie la tâche de l'éclairer. Ces experts prêteront serment en disposant leur avis, entre les mains du conseil ou du juge qu'il a désigné à cet effet.

5° Des affaires financières.

Le conseil a dans ses attributions toutes les questions relatives à la perception des contributions et au recouvrement des dépenses.

Les associés ne peuvent se pourvoir devant le conseil qu'autant que leur opposition a été faite avant l'expiration des quinze jours qui suit la publication du rôle des contribuables.

Les oppositions se font dans la forme ordinaire.

Lorsque le conseil est saisi d'une affaire concernant les redevances à payer à la société, s'il ne peut la terminer dans une seule audience, il ordonne le dépôt des pièces entre les mains du secrétaire et fixe le délai dans lequel le demandeur devra adresser ses observations par écrit.

Le délai fixé étant expiré, les comptes du demandeur et les observations qu'il a faites sont remis par le secrétaire à l'expert nommé à l'audience pour examiner les pièces et donner au conseil tous les renseignements qui pourront l'éclairer.

L'expert peut faire comparaître devant lui les parties, s'il a des renseignements à leur demander.

6ᵃ Des contraventions.

Les contraventions aux statuts sont constatées par un procès-verbal dressé sur papier libre par un irrigateur.

Les associés sont responsables des faits et délits commis par leurs locataires, agents et autres personnes à leur service.

Les irrigateurs ne peuvent verbaliser qu'après avoir prêté serment devant le conseil.

Chaque procès-verbal doit contenir :

1° Le jour et la date ;

2° Le lieu où il a été dressé ;

3° Les nom, prénoms et domicile de l'irrigateur;

4° La nature du délit ;

5° Les noms, prénoms et domicile du délinquant.

Tout procès-verbal fait foi jusqu'à preuve contraire.

Après avoir pris connaissance d'un procès-verbal, le conseil prononce contre l'associé et dit que l'amende sera payée dans la quinzaine.

Cet arrêt est notifié sous forme de citation, afin que l'associé puisse se pourvoir et faire opposition devant le conseil dans un délai de 10 jours.

7° Huissier du conseil.

L'huissier du conseil est chargé du service des audiences et de l'entretien de la salle dans laquelle elles ont lieu ; il est placé sous les ordres du président et appelle les causes inscrites sur le rôle.

Les droits qui lui sont dus par les parties sont les mêmes que ceux qu'on accorde aux huissiers près les tribunaux provinciaux.

8° Dispositions diverses.

Dans l'examen des matières qui ne sont pas prévues par le présent règlement, les juges prennent pour base de leurs décisions les dispositions du code civil sarde.

Les honoraires dus aux membres du conseil par les parties sont versés entre les mains du secrétaire.

Le conseil donne au directeur général son avis par écrit ou verbalement sur les matières contentieuses et les matières administratives.

CHAPITRE IV.

LE FROMAGE DE PARMESAN.

Le fromage dit *fromaggio parmigiano* ou *fromaggio lodigiano* et qu'on appelle aussi *fromaggio grana* ou *caccio di grana*, a été fabriqué tout d'abord à Parme. On l'a appellé *fromage de Parmesan* parce qu'il a été prôné par la duchesse de Parme. On ignore l'époque à laquelle on l'a fabriqué pour la première fois. On sait seulement que 100 pains de fromaggio parmigiano furent offerts à Louis XIII en 1499 par les habitants de Pavie.

On le fabrique aux environs de Lodi, Pavie, Milan, etc.; c'est-à-dire dans les fermes du Milanais, du Lodésan, du Crémonais, du Bergamase et du Brescian. Il forme la principale richesse de ces localités.

Sa fabrication est presque nulle en Toscane.

On estime la quantité produite annuellement dans la Lombardie à 16 000 000 kilog. ayant une valeur de 32 millions.

On fabrique deux sortes de fromage de Parmesan :

1° Le *fromaggio moggengo* dit *maggenta* qu'on fabrique aux environs de Milan, Lodi, Pavie depuis le mois d'avril jusqu'en septembre ou mieux depuis le 24 avril ou le 1ᵉʳ mai jusqu'au 30 septembre.

2° Le *fromaggio invernengo* dit *terzuolo* qu'on confectionne dans les mêmes localités depuis le 1ᵉʳ octobre jusqu'au 23 ou 30 avril.

Le premier est le meilleur, le plus recherché. On le nomme souvent *fromage gras*. Le second est bien moins estimé ; on l'appelle *fromage maigre*.

Le fromage de Parmesan est préparé dans les *Casine* ou *Bergamine*, exploitations rurales qui renferment jusqu'à 100 vaches de la race schwitz.

Il faut avoir au moins 50 vaches pour réussir dans cette industrie. Les agriculteurs qui n'ont pas ce nombre de têtes, achètent du lait au prix de 6 à 8 francs la *brenta* (75 litres) ou ils s'associent à un ou plusieurs fermiers.

On estime à 80 000 les vaches qui fournissent, dans la Lombardie, le lait avec lequel on fabrique le fromage de Parmesan.

Ce fromage contient :

Matières non organiques.	. . .	7,09
— azotées.	. . . .	35,62
— grasses.	. . . . . .	21,63
Eau	. . . .	30,31
Perte	. . . .	5,35
Total	. . . .	100,00

Le principal dépôt est à Codogno près de Milan. Ce dépôt reçoit annuellement 2 300 000 kilog. de fromage.

Ce fromage est d'abord mou ou doux, puis ferme et salé, enfin sec ou durci.

Les vaches sont traîtes deux fois par jour, le soir de 4 à 5 heures et le matin de très-bonne heure.

Sur 100 vaches, 80 fournissent ordinairement du lait.

On fabrique tous les jours dans les fermes où il existe de grandes vacheries.

1° Récolte du lait.

On porte le lait, après chaque traîte, à la *camerino* (laiterie). Ce bâtiment présente quelquefois deux parties bien distinctes, l'une est utilisée pendant l'hiver, l'autre est réservée pour la saison d'été. Dans l'un ou l'autre de ces locaux, on cherche à avoir une température constante de 14 à 15 degrés centigrades.

On transporte le lait de la vacherie à la laiterie à l'aide de petits sceaux, appelés *secchielli*. Après l'avoir passé au couloir ou *alcolatoio*, on le dépose dans un endroit abrité de la lumière du soleil, afin qu'il se caille moins vite.

Ordinairement on mêle le lait du matin au lait de la veille au soir. On opère ainsi afin que le fromage soit de bonne qualité. Lorsqu'on n'écrème pas la traite du soir, le fromage n'a pas la solidité, la consistance qu'il doit avoir pour se conserver sans altération pendant quatre ou cinq années.

On met le lait à écrémer dans de grands vases en cuivre ayant peu de profondeur, mais pouvant contenir de 6 à 7 mesures. Ces vases sont appelés *piatti*.

On opère l'écrémage avec une écuelle en bois appelée *pannarola*. La crème est versée dans le *cibro* ou baquet en bois à deux anses ; elle sert à fabriquer du beurre ou du fromage à la crème additionné de jus de citron et qu'on appelle *mascarponi*.

Les agriculteurs qui se sont associés pour la fabrication du fromage envoient journellement leur lait aux chefs fromagers qu'on nomme *capi di casone*. Les *mangini* ou vachers exécutent ce transport à bras ou à l'épaule. Ils se servent de sceaux en bois. Avant de se mettre en route ils placent sur la surface du lait un disque en bois percé au milieu d'un trou ayant $0^m,02$ à $0^m,04$ de diamètre. Ce disque (*disco* ou *anima*) empêche le lait de s'épancher au dehors du vase pendant le trajet.

2° CUISSON DE LA MATIÈRE CASÉEUSE.

Le fromage est fabriqué dans un bâtiment spécial appelé *casone* ou *casello ;* l'aire de cette pièce est couverte de dalles en pierre.

On y remarque un fourneau semi-circulaire (fig. 3) surmonté d'une *cicognola* ou potence mobile à laquelle on accroche la chaudière qui a la forme d'une cloche renversée. Ce vase contient en moyenne

Fig. 3. Fourneau servant à la fabrication du fromage de Parmesan.

de 5 à 9 *brenta* ou 375 à 675 litres de lait. La *cicognola* permet d'éloigner à volonté la chaudière du foyer.

La fabrication dure de 2 heures à 2 heures 30 minutes. Le plus ordinairement on la commence à 9 heures 1/2 du matin et on la termine à 11 heures 1/2 ou midi.

Quand le moment de commencer est arrivé, le

casan (fromager) apporte le lait de la laiterie avec un *secchione* ou grand sceau.

Lorsque la chaudière est au trois quarts pleine, on allume le feu dans le but d'élever la température du lait jusqu'à 21° quand la température atmosphérique est à 18°. Cette *chaleur de coagulation* ne doit pas dépasser 22 à 23°.

Le casan détermine la température du lait en plongeant la main dans la chaudière.

On chauffe plus ou moins la chaudière selon la température normale du lait. Quoi qu'il en soit, il faut chauffer lentement. Ordinairement on brûle du fagot et non du gros bois, afin que la flamme enveloppe le pourtour de la chaudière. Un feu clair sans fumée, est celui qu'on cherche partout à produire.

Quand le lait commence à chauffer on y jette du safran en poudre. En général, on emploie cette matière colorante à la dose de 7 grammes par 640 *bocali* ou 504 litres. Il faut que le lait soit très-coloré pour que 4 grammes puissent être regardés comme suffisants.

Le safran n'est pas indispensable, mais il a l'avantage de donner de la couleur et du prix au fromage et de rendre ce dernier plus agréable.

Lorsqu'on l'emploie en trop grande quantité, il rend le fromage trop coloré, lui communique une odeur un peu forte et une saveur particulière.

On a soin de temps à autre d'enlever les impuretés et les parties grumeuses (*patuzzo*) qui nagent à la surface du liquide.

Quand le fromager en agitant le lait avec le doigt, opération que l'on désigne par ces mots : *dare la goya*, quand, dis-je, il constate à la surface du lait quelques goutelettes ou bulles agglomérées plus blanches que le liquide, il doit retirer la chaudière du foyer et y verser la pressure ou *caglio*. Le lait est alors tiède.

Cette détermination de la température que le lait doit avoir exige une grande expérience. Il faut, en effet, beaucoup de pratique pour pouvoir dire que le lait a suffisamment chauffé.

Souvent, pour mieux apprécier la température du lait, on agite ce dernier avec un bâton à rondelle, afin que la chaleur des couches inférieures ne dépasse pas le degré voulu.

La pressure est contenue dans un morceau de toile. Alors on presse ce dernier avec les doigts en tous sens jusqu'à ce qu'elle soit en grande partie dissoute. Puis aussi on couvre la chaudière et on abandonne celle-ci à elle-même pendant une demi-heure à cinq quarts-d'heure.

La pressure agit à la manière des acides ; on l'achète ou on la prépare avec une caillette de veau. La pressure qui vient de Plaisance est la plus estimée.

On l'emploie ordinairement à la dose de 1 gramme par bocali (0 litre 787).

Lorsqu'on verse trop de pressure, le fromage est moins sec, il se gonfle et ne se conserve pas très-bien. Quand la quantité est faible, le fromage est moins bon parce qu'il a toujours trop d'yeux (*occhi*).

En général, la quantité de pressure qu'on ajoute au lait est plus forte en été que pendant l'hiver. L'expérience prouve chaque année qu'on a intérêt pendant les mois de juin, juillet et août à faire cailler le lait très-vite pour l'empêcher d'aigrir.

La coagulation du lait est terminée quand le caillé se resserre, se détache des parois de la chaudière, lorsqu'on peut le couper par tranche avec l'écuelle ou *pannaruola*, lorsqu'il nage dans le petit lait qui est alors clair et jaune citron. La coagulation laisse à désirer quand le petit lait est blanc trouble.

Alors, on rompt le caillé, on le brise, on le divise avec le *rotella* ou bâton muni à son extrémité inférieure d'une rondelle en bois, afin de l'avoir en petits morceaux ayant la grosseur d'une noisette.

Ce travail terminé, on abandonne encore la chaudière à elle-même. Pendant cet abandon, le caillé s'abaisse de $0^m,10$ à $0^m,16$ au-dessous de la surface du petit lait. Alors le fromager ne peut toucher la masse caséeuse qu'en plongeant la main dans le liquide jusqu'au poignet.

Quand le caséum est complétement formé, le fromager le brise de nouveau avec un bâton à cheville appelé *spino*. Après cette opération, il abandonne encore le liquide à lui-même pour diviser une troisième fois la masse caséeuse au bout de quelques instants.

Après cette troisième division, le casan rallume le feu pour élever la température du petit lait jusqu'à 40°. Cette *chaleur de cuisson* ne doit pas dépasser 44°, température que le fromager détermine en plongeant son bras dans le liquide. Aussitôt que le feu a été rallumé, on continue à diviser et à remuer le caséum à l'aide du spino.

Quand, en plongeant son bras dans le petit lait, le fromager constate que la cuisson est terminée, il retire aussitôt la chaudière du foyer, éteint le feu et abandonne le liquide à lui-même pendant un quart-d'heure environ pour que tous les grumeaux se précipitent ou se déposent au fond de la chaudière. Alors avec un vase en métal appelé *ramino*, il enlève les deux tiers du petit lait et remplace une partie de la quantité enlevée par du petit lait froid. Il agit ainsi, afin de pouvoir plus aisément exécuter les opérations complémentaires de la cuisson.

3° OPÉRATIONS QUI SUIVENT LA CUISSON.

Quand le petit lait a été ramené à son volume primitif le casan rassemble avec ses mains la masse caséeuse qui est alors élastique et il la pétrit pendant cinq à dix minutes. Lorsque le fromage forme une boule, le casan, aidé par un vacher, passe sous la masse une toile (*patta*) de gros fils ayant 1^m,20 sur 1^m,80, en tenant les quatre coins. Alors le fromager appuie son corps sur le bord de la chaudière, allonge les bras, retourne la matière caséeuse et la place complètement sur la toile. Après avoir réuni les quatre coins de la *patta*, il remet dans la chaudière une partie du petit lait qu'il a retiré, afin que la masse caséeuse surnage et arrive aisément à la partie supérieure du liquide et de la chaudière. C'est alors que deux hommes enlèvent la *patta* et la plongent dans un grand vase rempli d'eau froide qu'on nomme *rinsfrescatojo*.

Au bout d'une heure environ, on la met à l'égouttage dans le *casirola*, pièce attenante au *casone*.

Quand la toile et le fromage sont en partie égouttés, on les met dans la *fasciera*, forme qui est composée d'une éclisse sans fond.

Le fromage reste dans la forme avec la toile jusqu'au soir. On ne le presse pas ; on se borne à le couvrir avec le *tondello*, planche qui garantit la pâte de l'action directe de l'air.

Pendant son séjour dans la forme, la pâte se refroidit, se resserre, s'égoutte encore, se lie et jaunit.

Lorsque le fromage gonfle on élargit la forme et on la perce (*ayuchiatura*) avec une épingle en bois de $0^m,015$ de diamètre pour donner une issue aux gaz et arrêter la fermentation.

Lorsqu'on enlève le fromage de la patta, on le met sur le *pattone*, tissu de ficelles de $0^m,70$ sur $0^m,70$, afin qu'il continue à s'égoutter.

Les traces du *pattone*, c'est-à-dire les rayures qu'on observe sur le fromage facilitent l'écoulement du petit lait et aident beaucoup à la salaison, parce que le sel est alors retenu par les sillons formés par les ficelles.

Le fromage reste ordinairement quatre jours dans la forme. C'est exceptionnellement qu'il y séjourne 6 et 7 jours. Pendant ce temps, il perd 1/4 de son poids.

Quand il est égoutté c'est-à-dire vers le quatrième jour on commence à le saler en répandant du sel à sa surface. Ce sel se dissout et pénètre peu à peu toute la masse.

Pendant les 20 premiers jours on le retourne et on le sale tous les jours.

Le sel est ordinairement employé à la dose 1/28 du poids du fromage ou 35 à 40 grammes par chaque kilogramme de fromage. C'est par exception qu'on emploie 50 à 55 grammes de sel par kilogramme de caséum.

Les mois suivants, on retourne et on sale tous les deux jours.

Ordinairement 40 jours suffisent pour qu'un fromage de Parmesan soit assez salé et pour qu'il ait toute la compacité qu'il doit avoir après sa fabrication.

4° Mise en magasin.

Quand un fromage est salé, on le porte au *casara*, magasin ou l'on conserve les fromages.

Ce bâtiment est en murs de briques et voûté. Ses baies sont garnies de grillages, ou de jalousies qui empêchent le vent d'avoir accès à l'intérieur. Dans beaucoup de fermes ces ouvertures sont garnies de fenêtres qu'on ouvre pendant l'été depuis une heure jusqu'à 9 à 10 heures du matin.

En hiver la température ne dépasse pas 10 à 12°; en été, elle est aussi basse que possible.

Le soleil n'a jamais accès dans ces caves car il fait gonfler les fromages. Enfin, comme ces bâtiments doivent-être frais sans être humides et être tenus toujours très-proprement, leurs murs sont revêtus intérieurement de planches appelées *satatori*.

Les fromages déposés dans le *casara* exigent des soins d'entretien. On les retourne, on les déplace de temps à autre, afin de faire évaporer l'humidité qu'on observe sur leur face inférieure. Cette opération doit-être surtout exécutée pendant les mois d'avril et de mai; souvent on l'exécute tous les deux jours.

De plus, on graisse la surface de chaque pain avec de l'huile de lin. Ce corps gras empêche les fromages de se crevasser en maintenant la croute sans cesse molle. Quelquefois avant de huiler les fromages, on les lave avec du petit lait qu'on a fait chauffer.

Lorsque la croute se couvre de globules de lait altéré, on la soumet à l'action du feu pour faire fondre un peu la pâte et on la bat avec la *segnarola*.

Quand on observe des pustules, on gratte la croûte ou on la râpe avec une lame en fer appelée *raschia* et on la graisse de nouveau.

Enfin, lorsque les fromages sont attaqués par le *tarlo (acarus ciro)* ce qui a lieu souvent, on les lave avec du vinaigre saumuré et on les huile. La *mouche stercorale* oblige quelquefois à les soufrer.

En général, on sépare les fromages les uns des autres, on les range par ordre de fabrication, en plaçant sur les étages inférieurs les derniers fabriqués.

On colore les côtés avec le *rosetto*, composition dans laquelle il entre de l'oxyde de fer et de l'huile de lin. Cette composition a l'avantage de préserver les fromages de l'humidité.

5° Vente des fromages.

La vente des fromages de Parmesan a lieu le 29

juin, le jour de la Saint-Pierre et Saint-Paul et le 29 septembre, le jour de la Saint-Michel.

Par exception, on vend au mois d'août les fromages fabriqués pendant le mois de mai et en février ceux qu'on a fabriqués pendant l'hiver.

Les marchands qui les achètent les gardent dans de vastes magasins en partie enterrés. Ces bâtiments ou *casiere* sont garnis intérieurement de planches. On peut à volonté les aérer ou les rafraîchir pendant l'été.

Il n'est pas rare de voir à Corsico près de Milan et à Codogno près de Lodi des magasins contenant jusqu'à 1500 et même 2000 fromages de 60 à 70 livres milanaises.

Les plus gros et les plus lourds fromages pèsent 70 livres milanaises ou 53 kilogrammes ; les plus petits et les plus légers ne pèsent pas au delà de 30 livres milanaises ou 23 kilogrammes.

On les garde en magasin pendant 3 à 4 ans. Leur conservation est assurée si les soins ne leur manquent pas.

Les années se comptent par 6 mois. Un fromage de 18 mois a 3 années de fabrication.

6ᵃ RÉSULTATS ÉCONOMIQUES.

Le rendement est un peu variable. Cependant on compte généralement que 12 kilogrammes de lait donnent un kilogramme de fromage.

On compte, en outre, qu'une vache de la race schwitz donne en moyenne :

<pre>
        150 à 160 kilog. de fromage du
                1ᵉʳ octobre au 30 avril,
                c'est-à-dire pendant.   210 jours.
        160 à 190 kilog., du 1ᵉʳ mai au
                30 septembre, c'est-à-
                dire pendant   150   —
        ________________   ________
Totaux. . 310 à 350 kilog.   Total . . 360 jours.
</pre>

Une vache donne en moyenne par jour de 8 à 11 litres de lait.

Une vacherie de 60 têtes donne par jour de 500 à 650 litres de lait avec lesquels on fabrique 40 à 50 kilogrammes de fromage et 8 kilogrammes de beurre.

En général, 100 litres de lait destiné à la fabrication du fromage de Parmesan ne fournissent pas au delà de 3 kilogrammes de beurre.

Le beurre du Milanais est bien fabriqué et de bonne qualité.

7° QUALITÉ DES FROMAGES.

On emploie le marteau pour juger la qualité des fromages de Parmesan. Les endroits moisis ont une couleur cendrée et ils donnent un son creux. Les bons fromages ont la pâte dure et une bonne odeur ; en outre, ils produisent un son sec, clair sous le marteau. On se sert d'une vrille pour juger la pâte.

8° Valeur commerciale.

Le prix du fromage de Parmesan varie avec son ancienneté et sa qualité :

<pre>
100 kilog de 8 mois valent 155ᶠ »
100   —   de 3 ans   —   250 »
100   —   de 4 ans   —   300 »
</pre>

En général , on le vend 200 fr. les 400 kilog., soit 2 fr. le kilog.

La solidité, la dureté qui caractérisent ce fromage permet de l'exporter à de grandes distances.

Le moins cher est vendu pour les Calabres et les Romagnes.

Les grands fromages dits *formaggii* di *forma* sont épais, larges et pèsent 25, 30, 40 et 50 kilog. ;

Les fromages moyens dits *formaggii di robioli* ne pèsent que de 10 à 20 kilog.

Enfin, les petits fromages dits *formaggii di robiolini* pèsent seulement de 3 à 4 kilog.

9° Fromages provenant du petit lait.

Le petit lait aigri appelé *agra* sert à fabriquer un fromage qu'on nomme *ricotta*. On le fabrique en soumettant le petit lait à l'action du feu, afin de séparer la partie caséeuse (*mascarpa*) que l'acide a dissous et qui est unie à l'acide lactique.

Ces fromages servent à la nourriture des ouvriers.

CHAPITRE V.

—

Le riz (*Oriza sativa*) est la seule plante agricole
annuelle qui végète dans l'eau. Aussi sa culture
n'est-elle possible que dans les localités où l'on peut
maintenir de l'*eau presque stagnante* sur les terres
arables.

La culture de cette plante alimentaire est très-
ancienne en Italie. On a souvent rappelé qu'elle
avait été introduite dans cette partie de l'Europe
en 1522 par Théodore Triulzi, qui commandait
alors les armées vénitiennes ; mais, suivant la tradition, cette culture aurait été importée en 1521 dans
le Novarrais, lorsque Charles V passa en Lombardie pour aller prendre Milan.

Suivant une autre croyance populaire, le riz n'aurait été importé en Lombardie qu'au commencement
du seizième siècle, c'est-à-dire après la découverte
des Indes orientales, par Ludovia marquis de Saluces , capitaine des armées françaises dans le

royaume de Naples. Enfin, s'il faut en croire Petrus Crescentius, la culture du riz en Italie remonterait à 1308.

Toutes choses égales d'ailleurs, les rizières n'étaient pas encore très-multipliées au milieu du seizième siècle, ainsi que le constate le règlement fait le 28 mai 1562 par le comte Pierre Lauro, sénateur et préfet de la ville de Verceil. Ces cultures ne se multiplièrent que pendant le dix-septième et le dix-huitième siècle.

Les rizières jouent un rôle important dans le Piémont, la Lombardie et la Vénitie. Ainsi, elles occupent une surface importante dans la plaine Lombarde, elles couvrent de grandes étendues dans la vaste lagune située près d'Ostiglia sur la rive gauche du Mincio, dans le Novarrais, le Piémont, le Véronnais, etc.

En général, les rizières occupent dans ces provinces le tiers ou les deux cinquièmes des terres labourables situées dans les plaines. On évalue la production annuelle des 50 000 hectares qu'elles couvrent dans ces contrées, à 2 millions d'hectolitres.

On a aussi essayé la culture du riz sur le territoire de Lucques entre la Mugra et le Serchio, mais jusqu'à ce jour les terrains occupés par ces essais ont eu une très-petite étendue.

C'est en vain qu'on a tenté la culture du *riz sec*,

1° Divisions des rizières.

On divise les rizières en deux classes :

1° Les *rizières perpétuelles* ou *rizières permanentes* que les italiens ont appelé *Rizaje da Zappa* ;

2° Les *rizières temporaires* ou *rizières alternes* que l'on nomme *Rizaje da Vicenda*.

Les *rizières permanentes* sont communes dans les provinces de Mantoue et de Véronne. Ces rizières occupent indéfiniment le même espace ; elles sont moins importantes, moins productives que les rizières temporaires et elles ne font pas partie des successions de culture. Ces rizières sont les seules cultures possibles sur les terrains humides et même marécageux où elles existent.

Les rizières perpétuelles occupent une surface bien moins considérable que l'étendue occupée annuellement par les autres rizières.

Les *rizières alternes* couvrent annuellement des surfaces considérables dans les provinces de Pavie, Lodi, Milan, Verceil et Novare. Elles font partie des assolements et souvent elles précèdent une récolte de froment ou de maïs.

Le plus ordinairement les rizières temporaires occupent le sol pendant trois ou quatre années. Alors, elles suivent un défrichement de prairie naturelle, une jachère ou une culture de chanvre.

Voici divers assolements comprenant des rizières temporaires :

1re année	Froment.

1re année   Froment.
2e — Prairie naturelle.
3e — —   —
4e — —   —
5e — Riz.
6e — Riz
7e — Riz.
8e — Maïs.

Quelquefois, on demande à la terre une deuxième récolte de maïs ou une récolte de millet. Cet assolement est bien combiné.

1re année   Jachère fumée.
2e — Froment.
3e — Trèfle rouge.
4e — —
5e — —
6e — Chanvre.
7e — Riz.
8e — Riz.
9e — Riz.

Cet assolement est très-suivi entre Milan et Pavie.

1re année   Jachère.
2e — Riz.
3e — Riz.
4e — Riz.
5e — Froment.
6e — Maïs.
7e — Froment.
8e — Froment.
9e — Seigle.

Une telle succession de culture est très-épuisante et exige beaucoup d'engrais.

1re	année	Froment.
2e	—	Froment.
3e	—	Trèfle rouge.
4e	—	Riz.
5e	—	Riz.
6e	—	Riz.
7e	—	Maïs.

Le trèfle qui occupe la troisième sole est enfoui au mois de septembre ou octobre. Son regain assure la réussite du riz qui lui succède.

2° Nature du sol.

Les terrains qu'on destine à la culture du riz sont de deux sortes :

1° Les uns sont argileux, argilo-siliceux et humides sans constituer de véritables marécages. C'est sur de tels terrains qu'existent les rizières permanentes.

2° Les autres sont siliceux à fragments d'une grande ténuité ou silico-argileux à sous-sol peu perméable. Ces derniers terrains sont occupés par les rizières alternes.

Les rizières du Verceillais sont généralement situées sur des terres dans lesquelles domine la silice. Voici l'analyse d'un sol converti temporairement en rizière que je dois à l'obligeance de M. Caillat, sous-directeur de l'École impériale de Grignon.

La terre desséchée avait une teinte gris cendré et était très-fine. Elle renfermait des paillettes de mica argenté et les éléments suivants :

Gravier fin	39,00	
Sable très-fin . . .	22,90	
Silice impalpable .	20,05	90,95
Silice hydratée.		0,35
Alumine.		3,10
Oxyde de fer.		3,30
Carbonate de chaux		0,06
Débris organiques.		2,20
Pertes		0,04
Total		100,00

J'ai pris l'échantillon analysé par M. Caillat dans une rizière située dans les environs de Verceil.

3° ASPECT QUE PRÉSENTENT LES RIZIÈRES.

Les rizières présentent généralement des surfaces presque horizontales. Lorsque la couche arable est légèrement en pente, on se trouve dans la nécessité de la diviser en plusieurs parties à l'aide de petites digues.

En général, il est utile lorsqu'on veut établir une rizière que la configuration du sol permette aisément le renouvellement ou pour mieux dire le mouvement de l'eau.

Les rizières à eau stagnante exercent ordinairement, par suite des émanations aqueuses qu'elles produisent, une fâcheuse influence sur les popula-

tions qui habitent les localités où elles sont situées.

Toutefois, dans les deux cas, il n'est pas nécessaire, ainsi que le prouve l'analyse précitée, que la
couche arable renferme de nombreux débris organiques. C'est que le riz est généralement sujet à la
rouille quand il végète sur des fonds très-riches.

Le plus ordinairement, les rizières sont situées
dans des lieux bas susceptibles d'être inondés par
un cours d'eau, mais bien exposés au soleil. En
général, le riz demande un terrain découvert parce
qu'il ne mûrit pas ou mûrit très-mal quand il est
ombragé par des arbres.

Mais il ne suffit pas, lorsqu'on veut établir une
rizière, de pouvoir disposer d'un sol plan ou peu
accidenté, il faut aussi que ce terrain soit dominé
par un cours d'eau ou qu'il soit possible de l'inon-
der abondamment et d'une manière permanente ou
continue depuis le printemps jusqu'à la fin de l'été.

4° QUANTITÉ D'EAU NÉCESSAIRE.

La quantité d'eau exigée par le riz est considérable. En général, elle est trois fois plus forte que
le volume qui est nécessaire pour irriguer une prairie naturelle ordinaire (*prati adaquatori simplice*),
parce qu'il est indispensable que l'eau y soit toujours courante. Lorsque l'eau reste stagnante dans
une rizière, non-seulement le riz languit et rouille,

mais les effluves auxquelles cette même eau donne naissance après les fortes chaleurs, c'est-à-dire à la fin de l'été, déterminent des fièvres périodiques chez les populations qui subissent leur influence.

Voici les faits que la pratique a permis de recueillir :

Dans le Verceillais un *module d'eau* de 52 litres par seconde suffit pour alimenter une rizière ayant une surface de 20 à 22 hectares.

Dans le Piémont un *pied cube* ou un débit continu de 34 litres par seconde permet d'alimenter 16 hectares convertis en rizières.

Dans la Lombardie une *once milanaise* ayant un débit de 44 litres suffit à 25 ou 35 hectares.

Enfin, là où le sol est tout à fait imperméable 25 hectares de rizières n'exigent qu'un débit continu de 20 à 22 litres par seconde.

En résumé, si *un débit d'un litre par seconde* suffit à l'arrosage *d'un hectare de prairie*, la *même surface* en rizière exige *un débit constant de* 1 *litre* 50 à 1 *litre* 75 par seconde.

La différence qu'on observe entre les données qui précèdent résulte de l'influence exercée par la nature du sol et du sous-sol et de l'inclinaison de la rizière.

Toutes choses égales d'ailleurs, il faut toujours proportionner l'étendue de la rizière à la quantité d'eau qu'on peut disposer, et ne pas oublier que les terres siliceuses exigent plus d'eau que les terrains argileux, parce qu'elles sont plus absorbantes.

A Milan, la terre absorbe par 24 heures une couche d'eau épaisse de $0^m,05$. A Mantoue et à Vérone, elle en absorbe le double.

Les eaux chaudes chargées de principes organiques sont meilleures que les eaux froides ou crûes et d'une grande limpidité.

La valeur de l'eau que l'on utilise dans la culture du riz est aussi très-variable.

Dans le Verceillais, la redevance annuelle à payer par chaque hectare de rizière s'élève en moyenne à 50 fr.

Dans la Lombardie, elle ne dépasse pas 44 fr.

Dans le Piémont, elle varie entre 15 et 30 fr. par hectare.

5° VARIÉTÉS DE RIZ.

Le riz appartient à la famille des graminées. Il est annuel.

Ses racines sont longues et fibreuses; sa tige, élevée de $0^m,75$ à $1^m,50$, est droite et assez molle; ses feuilles sont linéaires, planes, longues, rudes au toucher, et elles ont une teinte plus pâle que celles de l'orge; sa panicule est rameuse et allongée; ses balles sont aristées ou mutiques selon les variétés; son grain est oblong, comprimé et étroitement enfermé dans les paillettes; extérieurement, il est tantôt jaune rougeâtre, tantôt rouge cuivré, tantôt noirâtre.

On cultive en Italie cinq variétés qu'on peut diviser en trois groupes.

Le *premier groupe* comprend les *variétés à barbes blanches*, savoir :

1° Le *riz commun* ou *riz aquatique* qu'on appelle.

> Riso nostrano,
> Riso nostrale,
> Riso commune.

Ce riz est le plus commun, le plus productif dans les soles maigres. Il est très-ancien. Ses barbes sont longues et blanches; sa panicule est peu serrée et les nœuds des tiges sont jaunâtres.

Cette variété est tardive et sujette au *brusone* quand elle est cultivée sur des sols riches.

Son grain est très-blanc, mais un peu court; il est de première qualité.

On cultivait autrefois à Novarre le *riso francone*, variété améliorée du riz commun de Chine; mais on y a renoncé pour le *riso nostrano* ou le *riso novarese* parce que ces variétés donnent des semences qui ont une plus grande valeur commerciale.

2° Le *riz de Piémont* est désigné sous les noms suivants :

> Riso francone,
> Riso piemontese,
> Riso nazionale,
> Riso francescone.

Ses barbes sont jaunâtres à la maturité, courtes
ou de moyenne longueur; les nœuds de sa paille
qui est forte sont jaunâtres ; son grain est oblong ,
un peu allongé et de bonne qualité.

3° Le *riz novarais* ou *riz de Novare* est désigné
dans la Lombardie sous les noms suivants :

> Riso ostiglio,
> Riso novarese,
> Riso ostigliese.

Ses barbes sont jaunâtres et quelquefois roussâ-
tres ; sa panicule a beaucoup d'analogie avec celle
du riz commun, mais les nœuds de la tige sont noirâtres.

Cette variété est un peu plus précoce que le riz
nostrano, mais son grain est de qualité secondaire.

On est forcé dans diverses localités de semer de
préférence le *riso novarese* parce qu'il est moins dé-
licat sur le terrain que le *riso nostrano* et qu'il est
peu attaqué par le *brusone*.

4° Le *riz de Mantoue* que l'on a appelé

> Riso mantova,
> Riso ostiliane.

Ses barbes sont un peu courtes ou de moyenne
longueur ; les nœuds de sa paille sont noirs ; son
grain un peu vitreux et marqué de raies rouges ,
est de quatrième qualité.

En résumé, cette variété diffère peu de la précé-

dente. On la multiplie de préférence dans les rizières permanentes.

Le *deuxième groupe* comprend les *variétés à barbes noires*.

Le *riz de la Caroline* ou *riz brun* est connu en
Italie sous les noms ci-après :

> Riso americano,
> Riso chinense,
> Riso carolinia,
> Riso moro.

Ses barbes sont noires ou noirâtres ; son grain
dépouillé de ses paillettes est blanc un peu vitreux
et marqué généralement de lignes rouges.

Cette variété est de troisième précocité et elle
fournit un grain qui est de troisième qualité. Les
botanistes l'ont désignée sous les noms suivants :

> Oriza nigra,
> Oriza nigrescens.

Le *dernier groupe* comprend les *variétés sans barbes*.

Le *riz sans barbes* ou *riz d'Afrique* est connu en
Italie sous les noms suivants :

> Riso bertone,
> Riso chineso,
> Riso cinense,
> Riso pulione,
> Riso africano,
> Riso pugliese,
> Riso mellone.

On croit cette variété originaire de la Chine.

Son grain plus aplati, plus allongé, plus vitreux, est de deuxième qualité. Les nœuds de la paille sont ordinairement noirs.

Cette variété est peu productive sur les sols maigres, mais elle est plus précieuse que le *riso nostrano* parce qu'elle est rarement attaquée par le *brusone* quand elle est cultivée sur des sols riches.

Elle est sujette à dégénérer. C'est pourquoi ses panicules ont quelquefois des barbes courtes, noirâtres ou blanc jaunâtre.

Les botanistes l'ont nommée :

> Oriza mutica,
> Oriza denudata.

On l'a expérimentée plusieurs fois dans les environs de Naples, mais sans succès, sous le nom de *riz sec de la Chine*.

Le riz commun, le riz de Piémont et le riz novarais végètent depuis le mois d'avril jusqu'en septembre. Le riz sans barbes accomplit ses phases d'existence de mai à septembre.

6° DISPOSITIONS DES RIZIÈRES.

Les rizières sont partagées en bassins plus ou moins grands selon la surface ou la déclivité du terrain qu'elles occupent par de petites digues ou banquettes (*arginelli*) plus ou moins droites et plus ou moins nombreuses.

Les rizières du Novarais, du Verceillais, du Piémont, du Milanais et de la Lumelline présentent plus de divisions ou de digues que les rizières du Mantouan, du Véronnais, du Padouan et du Ferrarais.

Lorsque le terrain sur lequel on veut établir une rizière est déclive ou accidenté, on élève des banquettes partout où cela est nécessaire pour avoir de l'eau presque dormante. Ainsi, c'est à l'aide de terrasses dirigées selon des accidents du sol qu'on rachète les différences de niveau lorsque les rizières sont établies sur des champs en pente et qu'on peut par conséquent maintenir partout une nappe d'eau épaisse au maximum de $0^m,20$ à $0^m,25$.

L'eau passe successivement d'un compartiment dans un autre, ce qui la maintient sans cesse en mouvement et lui permet de conserver la fraîcheur qu'elle doit avoir pour que le riz végète avec vigueur.

Ces divisions ont aussi l'avantage quand le pays n'est pas boisé ou lorsque les rizières sont exposées à l'action de vents violents au moment de la semaille, de la végétation du riz ou de son époque de maturité, d'empêcher que l'eau soit agitée et qu'il se forme à la surface de la rizière de fortes vagues capables de déraciner les plantes.

On ne peut avoir des compartiments ayant plusieurs hectares de superficie que lorsque la rizière

est située dans un lieu abrité. J'ai vu chez M. le
chevalier Maliverne à Valgioja une rizière de sept
hectares qui n'offrait aucune digue. Le riz y était
très-vigoureux et chargé de panicules bien développées.

Les digues qu'on construit dans les rizières alternes sont de deux sortes :

1° Les *digues longitudinales* qu'on appelle *digues
perennes ;*

2° Les *digues transversales* que l'on désigne sous
le nom de *digues temporaires.*

Les premières persistent pendant toute la durée
de la rizière ; les secondes ont une existence annuelle, parce qu'elles sont détruites par les labours
qui servent à la préparation du sol.

Ces digues ont des dimensions variables selon la
nature et l'irrégularité du terrain.

La largeur de leur base varie entre $0^m,50$ et $0^m,65$
et celle de leur sommet de $0^m,16$ à $0^m,30$. Quant à
leur hauteur elle est aussi très-variable. Lorsque
le fond est uni, peu déclive, cette élévation est en
moyenne de $0^m,50$; mais sur les rizières à rampe
un peu prononcée ou accidentée, la hauteur de ces
digues est souvent de $0^m,60$ à $0^m,65$ sur le côté
dirigé vers la partie basse de la rizière et de $0^m,16$
à $0^m,20$ seulement sur le côté opposé.

Il est utile que les digues soient bien faites, c'est-
à-dire qu'elles aient toute la solidité voulue pour

qu'elles ne s'éboulent pas sous le poids des ouvriers qui marchent sur leur sommet et que l'eau n'affouille pas leurs bases.

Ces digues de retenue doivent présenter çà et là quelques ouvertures pour la sortie ou l'entrée de l'eau.

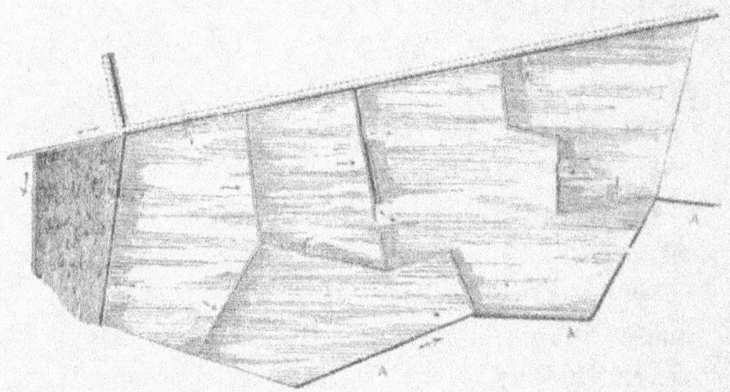

Fig. 4. — Plan d'une rizière créée sur un sol accidenté.

Fig. 5. — Coupe de la rizière.

Les figures 4 et 5 représentent une rizière établie sur un sol mouvementé sur la propriété de M. le général marquis de Sambuy. C'est à sa bienveillance que je suis redevable du dessin qui a permis de la figurer ici.

La surface de cette rizière a été divisée en cinq

compartiments à l'aide de digues (*arginelli*). Ces divisions ont toutes un fond horizontal. Les digues ont de 0^m,50 à 0^m,60 de largeur à leur base. Elles présentent de petites ouvertures (*tagli*) qui permettent de maintenir l'eau sans cesse en mouvement (*motto*). L'excès de l'eau se déverse (*tramandarue*) dans une rigole (*cavetti*) indiquée par les lettres A, A, A. La nappe d'eau a 0^m,11 d'épaisseur dans toutes les divisions. Les flèches indiquent la direction des courants.

Le grand compartiment central de droite est en contre-bas des deux bassins externes de 0^m,10 et 0^m,13.

Cette rizière est alimentée par une principale rigole (*cavo maestro*) qui traverse le chemin qui la limite au nord.

7° Préparation du sol.

La préparation du sol doit être aussi parfaite que possible ; elle est un peu compliquée.

Lorsque le sol a été labouré ou à la charrue ou à la bêche, on s'occupe de la construction des digues principales. Lorsque ces digues sont terminées, on foule la terre avec laquelle elles ont été faites, afin qu'elles soient bien étanchées et on vérifie leur solidité en faisant arriver l'eau. Cet examen terminé, on consolide ces levées, si cela est nécessaire, et avec la charrue on ouvre quelques raies pour faciliter l'écoulement de l'eau. Souvent on termine ces rigoles d'asséchement en les nettoyant à la pelle.

Lorsque le sol s'est égoutté, et avant les gelées, on laboure de nouveau en égalisant le plus possible le fond du compartiment dans lequel on opère. On agit ensuite de la même manière sur les autres parties de la rizière.

Le sol reste ainsi préparé jusqu'à la fin de l'hiver.

8° Fertilisation des rizières.

C'est en février qu'on conduit le fumier. Après l'avoir distribué très-uniformément, on l'enfouit profondément par un nouveau labour.

Le fumier qu'on destine aux rizières doit être un peu décomposé. Le fumier qui est pailleux est toujours mal enterré par la charrue et ses effets sont sans cesse inégaux.

La quantité à appliquer par hectare est très-variable. Les champs qu'on transforme pour la première fois en rizière sont fumés avec 30 000 kilogrammes environ de fumier. Les terres de bonne qualité qui ont déjà produit du riz n'en reçoivent souvent que 15 000 à 20 000 kilogrammes.

En général, on doit appliquer les engrais actifs : le guano, la poudrette, etc., avec modération, car ils activent trop le riz, retardent sa maturité et le disposent à être attaqué par le *brusone*.

Dans plusieurs localités, on remplace les fumiers par des engrais végétaux. Ainsi, après la récolte du riz, on sème de la navette d'hiver (*Ravizzone*) qu'on enterre au printemps suivant lorsqu'elle commence à fleurir. M. le chevalier Antonio Malinverni fertilise depuis vingt années ses rizières à l'aide du seigle. Cette céréale est aussi enterrée à la fin de l'hiver lorsqu'elle est en grande partie épiée. Elle a permis d'obtenir de très-belles cultures de riz sans dépenses considérables.

Enfin d'autres agriculteurs préfèrent le lupin blanc (*lupini*). Ils le sèment à raison de 300 litres par hectare et l'enfouissent pendant le mois d'avril ou au commencement de mai.

Tous les agriculteurs qui utilisent les engrais végétaux verts ont constaté que ces engrais herbacés engendraient moins de mauvaises herbes que le fumier, le tourteau de navette (*Ravettone*) et le guano, et que le riz dont-ils assuraient l'existence était très-peu sujet à la rouille.

Le tourteau est appliqué, pulvérisé, à la dose de 300 à 400 kilogrammes par hectare. On le répand après avoir imbibé d'eau le fond de la rizière. On l'enterre par un labour.

On fait aussi usage de plâtras dans le but de fournir du calcaire et des sels alcalins au sol.

Le guano est appliqué à raison de 250 kilogrammes par hectare.

9° TRAVAUX QUI PRÉCÈDENT LES SEMAILLES.

Lorsque le dernier labour qui dispose le sol en petits billons de quatre bandes de terre et quelquefois en planches bombées ayant de 2 à 3 mètres de largeur a été exécuté, on refait les digues transversales ou temporaires.

Dans plusieurs localités le dernier labour est exécuté à l'aide de la *vanga* ou bêche. Ce travail est parfait, mais il a l'inconvénient d'occasionner une forte dépense.

Quand les digues sont terminées on pioche (*zappatura*) la rizière pour régulariser sa surface. Cette opération est ordinairement exécutée par des femmes. Lorsqu'elle est terminée, on ouvre sur les *digues annuelles* les ouvertures qui sont nécessaires pendant toute l'année pour que l'eau inonde lentement la surface de tous les compartiments. Ces ouvertures (*bochelli*) ont environ $0^m,30$ de largeur. Puis on bouche les fissures que présentent les digues et on fait courir l'eau jusqu'à ce que le sol soit devenu imperméable.

Lorsque l'eau reste dans la rizière, on fait passer une planche (*asse spianatore*) que traîne un cheval dans le but d'aplanir le sol ou les billons. Le conducteur se place quelquefois sur cette planche, afin de rendre son action plus énergique sur le fond de la rizière.

10° Exécution des semailles.

On sème le riz en mars et en avril et quelquefois jusque dans les premiers jours de mai, selon la température du sol et de l'eau.

Les rizières situées sur des fonds argileux et alimentés par des eaux très-fraîches, doivent être ensemencées 15 jours environ plus tard que les autres.

Le plus communément, on sème les nouvelles rizières en mars ou au commencement d'avril et les anciennes pendant la deuxième quinzaine d'avril ou dans les premiers jours de mai.

Avant d'exécuter le semis on nettoie la semence. Le docteur Ormea recommande de la chauler afin que le riz ne soit pas attaqué par le *brusone*.

Quand l'eau forme dans la rizière une nappe épaisse de $0^m,10$ à $0^m,12$ ou $0^m,15$ au plus, on met le riz à tremper. On a pour but, en exécutant cette opération, de rendre la semence plus lourde afin qu'elle ne surnage pas après avoir été projetée dans la rizière.

Voici comment on opère ce trempage :

Après avoir mis la semence dans des sacs de toile un peu claire, on place ces sacs dans un des fossés d'alimentation. Au bout de quelques heures, on monte sur le sac et on le pile avec les pieds. Cette opération, qu'on répète plusieurs fois après avoir retourné le sac, permet à la graine de bien s'abreuver et d'être plus pesante.

Ce trempage dure de 8 à 10 heures et quelquefois 20 à 24 heures lorsque la semence n'est pas nouvelle et quand l'eau à cause du tissu serré de la toile, pénètre lentement à l'intérieur du sac.

La quantité de semence qu'on doit répandre par hectare varie selon la variété, la nature du sol et l'âge de la rizière.

Les *rizières nouvelles* doivent être ensemencées avec 210 à 230 litres ;

Les *rizières anciennes* exigent 275 à 300 litres.

Il faut des sols très-riches et une eau très-chaude et très-chargée de particules organiques fertilisantes pour qu'on puisse ne répandre que 150 à 160 litres par hectare. La moyenne dans ces conditions est de 200 litres de riz non trempé.

Quoi qu'il en soit, il est nécessaire de ne pas semer épais. Ordinairement le semeur projette une poignée de graine tous les deux pas.

Le semeur porte la semence dans un panier et il sème toujours avec le vent.

Avant de commencer la semaille, on ferme les ouvertures (*bochelli*) qui laissent arriver ou écouler l'eau, parce que celle-ci doit rester stagnante dans la rizière pendant le semis et le temps que la graine met à germer.

Si pendant le semis le vent s'élève et agite

fortement l'eau, on diminue la hauteur de sa nappe.

On couvre la semence en faisant traîner une planche par un homme ou par un cheval sur toutes les parties ensemencées. Par cette opération on trouble l'eau et on force les parties limoneuses qui se déposent sur le fond de la rizière quand celle-ci est abondonnée à elle-même, à enterrer les graines.

La graine de riz met de 12 à 15 jours à germer suivant la température de l'eau.

11° DES IRRIGATIONS.

Le *comparo* ou ouvrier chargé de régler et de diriger l'eau, visite chaque jour les rizières qu'on a ensemencées.

Si après le semis, la température de l'air et de l'eau s'abaisse, on diminue l'épaisseur de la nappe, afin de rendre plus sensible l'action du soleil sur le fond de la rizière.

Quand on voit poindre les premières feuilles à la surface de l'eau, on augmente l'épaisseur de la nappe. Alors, si l'eau est froide on la fait arriver dans le *caldana* (voir page 120), où elle s'échauffe en parcourant 40 à 50 mètres avant d'arriver dans le premier compartiment de la rizière.

Après la floraison qui a lieu du 15 juillet au 15 août, suivant l'époque à laquelle le semis a été exécuté, la température de l'eau, l'action que le soleil a exercée sur les racines du riz et selon aussi la variété cultivée, on remplace l'immersion proprement dite par une irrigation abondante et continuelle.

Si vers la Saint-Jean (24 juin) ou lorsque les tiges commencent à s'élever au-dessus de l'eau, on s'aperçoit que les plantes jaunissent, on met la rizière presque à sec pendant quelques heures au milieu du jour et même parfois durant plusieurs jours. Dans ce cas, il faut diminuer l'eau avec discernement, afin d'éviter que les plantes en s'inclinant s'attachent à la terre. On ne doit pas oublier, d'un autre côté, que les oiseaux arrachent les jeunes plantes lorsqu'on met la rizière tout à fait à sec.

Quand on irrigue, on débouche toutes les ouvertures qui ont été faites sur les digues pour que l'eau s'écoule régulièrement et insensiblement et on élève successivement l'épaisseur de la nappe jusqu'à 0^m20 et même quelquefois $0^m,30$ si la hauteur des plantes l'exige, en n'oubliant pas, toutefois, que l'épaisseur de la couche d'eau pendant le premier mois ne doit pas dépasser $0^m,12$ à $0^m,15$.

Lorsque le fond de la rizière est argileux et naturellement frais ou humide, on n'irrigue souvent que tous les huit jours.

Quand on a peu d'eau, on la règle, on la proportionne à l'étendue qu'on doit arroser. Il vaut mieux avoir de l'eau en excès et à sa disposition que d'en manquer.

Lorsque la panicule du riz est bien formée, lorsqu'elle change de couleur et prend une teinte jaune verdâtre, on diminue le courant alimentaire.

12° ENLÈVEMENT DES PLANTES NUISIBLES.

C'est lorsque le riz a quatre feuilles qu'on voit ordinairement apparaître dans les rizières plusieurs plantes indigènes très-nuisibles : le *mil des rizières* ou *Panis crus galli* que les Italiens appellent *giavone*, le *Scirpus triqueter*, le *Scirpus mucronata*, le *Scirpus longus*, l'*Alisma plantago*, etc.

Le *giavone* est la plante la plus commune et la plus difficile à détruire parce qu'elle ressemble un peu au riz. Il ne diffère de cette plante alimentaire, au moment où il doit être arraché, que par sa tige qui est plus molle et ses feuilles qui sont plus larges, plus longues et plus pointues.

On opère l'enlèvement des plantes nuisibles pendant le mois de juin. Ce sarclage dure environ trois semaines ; il est indispensable et très-onéreux parce que les mauvaises herbes sont souvent nombreuses.

Quelquefois, on sarcle les rizières une seconde fois avant le développement des panicules. Cette opération est alors plus difficile parce qu'il faut éviter de marcher sur le riz ou de le fouler.

Enfin, il arrive souvent qu'on est forcé de faire sarcler trois fois les nouvelles rizières.

Deux jours avant d'opérer, on baisse l'eau dans le but de rendre le travail plus facile. Les ouvriers doivent, autant que possible, arracher les plantes avec leurs racines et les déposer en tas sur les digues.

On commence ordinairement cette opération à trois heures du matin pour cesser de l'exécuter à trois heures du soir.

Le sarclage du riz est une opération fatigante et même pénible. Les femmes, les filles qui l'exécutent ont les pieds dans une eau chaude, le corps constamment plié en deux, la tête penchée sous un soleil brûlant et la figure sans cesse exposée à la réverbération du soleil et aux effluves qui se dégagent de la rizière.

On paye aux travailleurs la journée quand ils ne font qu'une demi-journée.

Lorsque les plantes à arracher ont des racines très-pivotantes, par exemple les scirpes, les carex, les joncs etc., on les enlève à la pioche, quitte à perdre quelques pieds de riz.

13° Insectes nuisibles.

Le riz est attaqué par un petit limaçon qu'on appelle *chiocciole*, *lumaghini*, au moment de la germination de la graine. Le professeur Gené a recommandé, pour éviter les dégats qu'il commet assez souvent dans les rizières, de tremper la semence dans de l'eau de suie avant de la répandre.

14° Maladies du riz.

Lorsque le riz commence à taller, on voit souvent jaunir (*biondeggiare*) peu à peu les extrémités de ses feuilles. Alors, il devient si jaune, il a un si mauvais aspect que les cultivateurs qui n'ont pas été à même d'observer cette altération considèrent la récolte comme perdue. Cette altération est surtout apparente quand la température atmosphérique s'abaisse subitement ou quand on alimente la rizière avec de l'eau froide.

Cette maladie appelée *grappo* est rarement pernicieuse, si on a la précaution d'abaisser l'eau et même de mettre la rizière entièrement à sec pendant quelques jours. Alors, sous l'action du soleil, les plantes reverdissent et prennent une nouvelle vigueur.

Il arrive quelquefois que la végétation devient très-forte, très-active et que les feuilles prennent une teinte verte très-foncée. Dans ce cas, on doit arrêter l'eau dans les rigoles, afin qu'elle s'échauffe et affaiblisse les plantes.

C'est une erreur de croire qu'en renouvelant sans cesse l'eau on arrive toujours à arrêter cette végétation extraordinaire. La fraîcheur de l'eau, ainsi qu'on le remarque dans les rizières sur les points où l'eau arrive directement des canaux, rend les plantes plus vigoureuses et plus élevées.

Quand, à l'aide des moyens que je viens de rappeler, on ne parvient pas à modérer la vigueur végétative des plantes, on n'hésite pas à les faire épamprer.

15° Récolte du riz.

A la fin d'août ou au commencement de septembre, le riz mûrit ses panicules qui chaque jour inclinent de plus en plus. Lorsque la maturité est complète, les tiges et les feuilles ont la couleur jaune du blé, les panicules sont jaune rougeâtre ou ont une couleur d'or et le grain se rompt aisément sous l'ongle.

Le vent produit alors sur la rizière un son aigu qui rappelle la pluie tombant sur les roseaux.

La maturité du riz n'est pas toujours uniforme, souvent elle est inégale sur les bords des compartiments ou près des *bochelli*, la végétation y étant toujours plus active, et par suite du développement du *bruzone*.

Le riz qui végète dans les endroits bas, humides et froids mûrit toujours dix ou quinze jours plus tard.

Les nouvelles rizières qui ont été fumées sont plus précoces que les anciennes.

En général, on récolte le *riz nostrano* avant le *riz ostilia* et le *riz bertone*.

Quand dans une rizière la maturité est inégale, on opère la récolte à diverses reprises.

Enfin, les grains germent souvent si les panicules restent trop longtemps en contact avec l'eau.

On ne doit pas récolter trop prématurément. Le grain du riz qui a été coupé avant sa maturité diminue beaucoup de volume et est de qualité inférieure. Ainsi, il donne beaucoup de débris ou de parties cassées (*pistino*) et de son (*bulla*), et après le blanchîment il fournit un riz terne, peu brillant.

Quand les panicules ont une couleur jaune d'or on arrête l'eau et on ouvre des raies d'écoulement pour mettre la rizière complétement à sec le plus tôt possible. Ceci fait, on attend plusieurs jours avant de commencer la récolte.

La coupe des tiges se fait à la faucille. On coupe à mi-hauteur, c'est-à-dire à 0^m,20 ou 0^m,30 au-dessous des panicules. Les ouvriers doivent déposer les javelles avec ordre sur le chaume, afin que la mise en gerbes (*convoni*) soit plus facile. Les gerbes ont de 0^m,40 à 0^m,60 de longueur et pèsent ordinairement de douze à quinze kilogrammes. Les ouvriers chargés de les faire les mettent debout en lignes régulières. Ainsi déposées, elles sont moins sujettes à s'égrener et le chargement et la circulation des voitures qui servent à les transporter à la ferme, sont beaucoup plus faciles.

Lorsqu'on charge les voitures, on doit disposer les gerbes de manière que les panicules soient au centre. C'est en agissant ainsi qu'on évite l'égrenage du riz pendant le transport.

On coupe plus tard le chaume ou on l'enfouit comme engrais végétal.

16° Battage du riz.

Quand la récolte est terminée, et souvent au fur et à mesure qu'on l'exécute, on procède au battage.

Cette opération a lieu de trois manières : en plein air, au fléau ou à l'aide de chevaux ou de bœufs sur des aires bien préparées, ou à l'intérieur d'une grange avec une machine à battre.

On opère le dépiquage en faisant marcher les animaux au trot sur des gerbes déliées, mais ayant leurs panicules en haut. Ce travail dure de deux à trois heures par chaque airée (*tresca*) ou amas circulaire de gerbes.

Le fond des aires est ferme, solide et incliné, afin que l'eau ne puisse le détériorer et y séjourner.

Après le battage ou en même temps qu'on l'exécute, on étend le riz (*risone*) sur une autre surface en couche mince pour l'exposer à l'action du soleil. On le remue afin de l'aérer, de l'ébarber sept ou huit fois par jour et chaque fois qu'on opère on le dispose en petits sillons parallèles et très-rapprochés les uns des autres. Ces sillons ont l'avantage d'augmenter la *surface de chauffe*, c'est-à-dire la masse de *risone* exposée à l'action de l'air et du soleil.

Le soir, on le relève en tas coniques ou oblongs qu'on couvre de paille, afin de le préserver du serein, de la rosée ou de la pluie.

On continue ce travail pendant trois ou quatre jours jusqu'à ce que le grain soit dur et cassant sous la dent ou qu'on le décortique en le frottant entre les mains.

Lorsqu'on est forcé de le laisser en tas avant qu'il soit sec, on le remue de temps à autre pour éviter qu'il s'échauffe.

Quand le riz est *privé* d'humidité, on le nettoie avec le tarare et on le porte dans le magasin où il est mis en tas, si on le rentrait dans ce local imparfaitement sec, il faudrait le remuer de temps à autre.

17° BLANCHIMENT DU RIZ.

On procède ensuite au blanchiment (*bianchimento*), opération qui a pour but de dépouiller le *risone* de sa pellicule roussâtre et de le rendre blanc (*brillatura*) ou comestible.

Cette importante opération se fait à l'aide de pilons (*pista*) mis en mouvement par une roue hydraulique.

Ces pilons (fig. 6) sont en chêne et ont 2^m,30 de hauteur, 0^m,15 au carré et ils sont munis à leur partie inférieure d'une pièce en fer (*musone*) qui pèse de 45 à 50 kilogrammes. Le *musone* a la forme d'un tronc de cône ; son extrémité inférieure a 0^m,07 à 0^m,08 de diamètre.

La main A appelée *manubrio* sert à arrêter le piston. La came B sert à l'élever pour qu'il puisse retomber bien perpendiculairement par son propre poids dans un mortier. C'est l'arbre de la roue hydraulique qui lui transmet l'impulsion voulue.

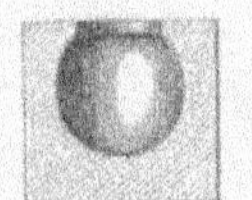

Fig. 6. — Pilon et son mortier.

La figure 7 représente huit pilons élevés alternativement par un arbre horizontal armé de segments, à l'extrémité duquel est fixé une roue dentée en communication avec une seconde roue qui est mise en mouvement par un moteur hydraulique.

La figure 8 représente le plan d'une pilonnerie double qui est aussi mise en action par une roue hydraulique.

On a perfectionné dans ces dernières années les pilonneries. Ainsi, on a remplacé les arbres qui étaient en bois et très-massifs, par des tiges en fer qui sont plus solides et moins encombrantes. Les

figures 9 et 10 représentent un des pilons de la belle
pilonnerie établie à Torre d'Arès par M. Stabilini,

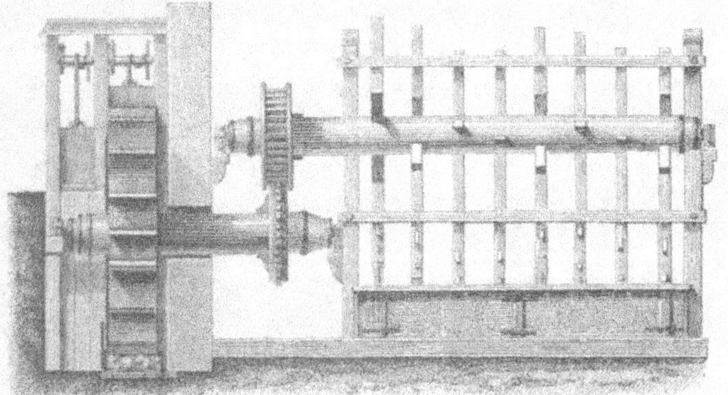

Fig. 7. — Pilonnerie simple pour blanchir le riz.

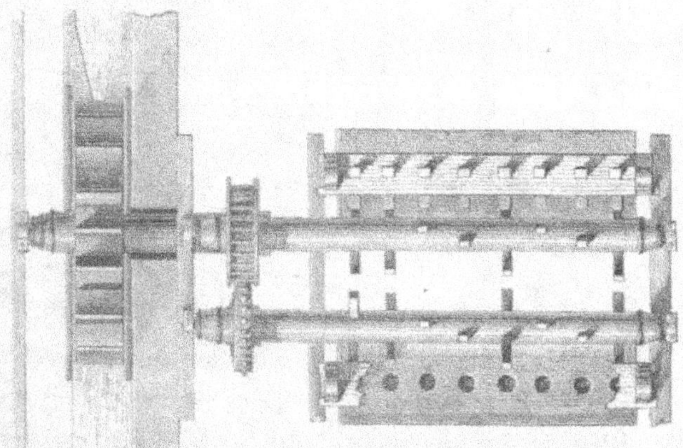

Fig. 8. — Pilonnerie double pour blanchir le riz.

l'un des plus habiles agriculteurs de la province
de Pavie.

Les pistons dans les pilonneries du Piémont et du Milanais s'élèvent et s'abaissent trente-six à quarante fois par minute. Leur course est en moyenne de 0^m,43.

Les mortiers ont intérieurement une forme un peu ovale ; ils ont 0^m,20 d'ouverture et 0^m,38 de

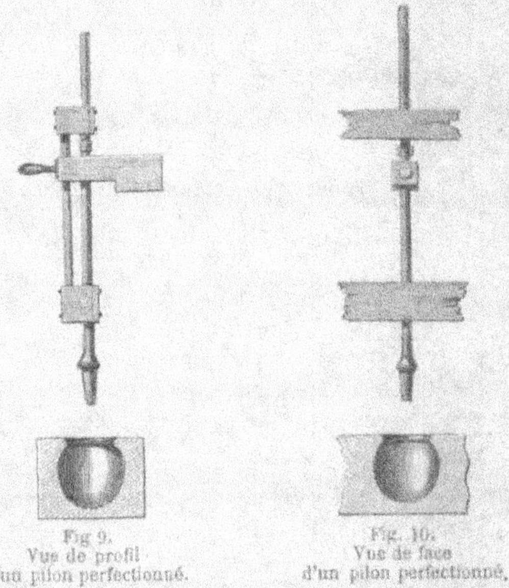

Fig. 9.
Vue de profil
d'un pilon perfectionné.

Fig. 10.
Vue de face
d'un pilon perfectionné.

argeur à leur partie médiane. Ils sont généralement en bois doublé de tôle. On a presque partout abandonné les mortiers en granite parce que les pilons y cassaient beaucoup de riz.

La figure 11 indique la position de six mortiers.

Une pilonnerie composée de six pilons, et, par

conséquent, de six mortiers exige continuellement quatre ouvriers.

Chaque mortier permet de préparer à chaque
opération seize litres de riz blanc.

Avant de déposer le *rixone* dans les mortïers, on
le crible mécaniquement ou à la main dans le but
de le débarrasser de la terre, ou de la poussière qui

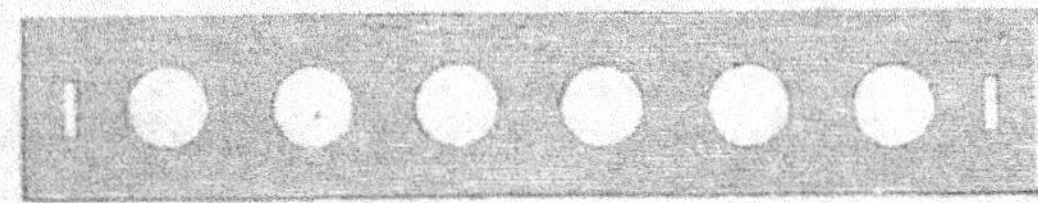

Fig. 11. — Plan de six mortiers.

y est adhérente et aussi pour séparer les grains
qui ont une teinte noire ou noirâtre et qu'on appelle *negrino*.

Quand le riz a été à moitié décortiqué ou en partie dépouillé de son écorce, opération qui dure environ quinze minutes, on le retire du mortïer.

L'ouvrier qui reçoit le *risone* à sa sortie des mortiers le débarrasse de la balle en le jetant en roue à
l'aide d'une pelle en bois et il le crible ensuite.
Quelquefois, il le soumet directement à l'action
d'un crible époudreur (*spolverizzatore*) pour le
séparer de la première écorce qui constitue le
son appelé *bullino*. Puis, par un coup de main
très-remarquable, il lance toute la masse à laquelle
il a fait subir un premier nettoyage sur un second
crible à demi-grain (*mezza grana*) pour séparer le

riz cassé (*riso frantumato*). Ce dernier tombe à terre avec les graines du mil des rizières. Ce mélange sert à la nourriture des habitants pauvres ou des animaux domestiques.

Après cette opération qu'on appelle *sbramatura*, on remet le riz dans le mortier et on le pile de nouveau pour le décortiquer entièrement. Cette seconde opération suffit toujours pour le blanchir d'une manière complète.

Quand le pilage est terminé, on retire le riz du mortier, on le crible une deuxième fois avec le *crible poudreur*, appareil ayant un grand diamètre et qu'on suspend à l'aide de cordes. La partie farineuse appelée *bulla* qu'on obtient par cette opération est donnée aux porcs, aux volailles et même aux chevaux.

Ensuite, on sépare de nouveau les grains cassés (*risìna*) et on crible une dernière fois le riz entier avec un troisième crible appelé *trabattino*. Cette dernière opération est faite dans le but d'obtenir le riz propre et brillant.

Les grains non encore entièrement décortiqués restent sur le crible et sont soumis de nouveau à l'action des pilons.

Le pilage du riz a lieu généralement pendant l'hiver, saison où l'on peut disposer d'une grande quantité d'eau. Il est très-important de surveiller cette opération d'une manière incessante. Un pilonnage prolongé de cinq minutes au delà du temps nécessaire peut occasionner une perte de 1 à 2 pour 100.

Une pilonnerie composée de 6 pilons et de 6 mortiers, desservie par quatre hommes, blanchit en moyenne 260 litres de *risone*.

En général, le riz brut donne de 40 à 45 pour 100 de riz blanchi.

Le *riz bertone* est le seul qui rende 50 pour 100 de riz blanc.

M. le marquis de Sambuy m'a fait connaître que le riz battu à la machine à battre donne moitié de son volume en riz blanc, tandis que celui qu'on a dépiqué en rend 55 pour 100.

18° Poids de l'hectolitre

Le riz non décortiqué pèse en moyenne :

Le riz commun. . . .	50ᵏⁱˡ. l'hectolitre.	
Le riz mellore	60	—
Le riz novarais. . . .	45	—

Un hectolitre de riz blanc, de belle qualité, pèse en moyenne 80 kilogrammes

19° Rendement par hectare.

Le riz est plus ou moins productif suivant la nature du sol, la qualité de l'eau, l'action de la température et la variété cultivée.

En général, les rizières permanentes de Mantoue, de Vérone, de Novare, etc., qui reçoivent peu ou pas d'engrais, ne donnent en moyenne par hectare que 28 à 32 hectolitres de riz brut.

Les rizières alternes en produisent de 45 à 60 hectolitres.

En moyenne, dans la Lombardie, on récolte par hectare :

	Riz brut.	Riz blanc.
1re année	52 hect.	18 hect.
2e —	45 —	15 —
3e —	40 —	12 —

Le riz mellone et le riz novarais, donnent quelquefois jusqu'à 75 et même 100 hectolitres par hectare.

Le prix du riz brut varie entre 18 et 26 francs l'hectolitre, suivant les localités, les années et les variétés. Le prix moyen est de 21 à 23 francs.

Le riz bertone vaut généralement de 1 fr. 50 à 3 francs de moins par hectolitre que les autres variétés.

Le riz mondé se vend en moyenne 44 à 45 francs l'hectolitre et 52 à 58 francs les 100 kilogrammes.

Le plus beau riz est désigné sous le nom de crème de riz ou *scuma*.

20° Emploi de la paille.

La *paille* de cette céréale sert de litière et de

fourrage pour les bêtes à cornes, si on y mêle 50 pour 100 de foin.

Les pailles du *riz bertone* et du *riz ostigliese* sont plus alimentaires que les autres, parce que leurs feuilles sont plus nombreuses.

21° IMPORTATION EN FRANCE.

La France importe chaque année d'Italie une grande quantité de riz. La quantité qu'elle a reçue en 1855, s'est élevée à 89 778 kilogrammes, c'est-à-dire au quart de la quantité qu'elle consomme annuellement.

Suivant le traité de commerce conclu le 17 janvier 1863 entre la France et l'Italie, le riz venant du Piémont ou de la Lombardie, paye en entrant en France un droit de 6 francs 25 ou 6 francs 50 par 100 kilogrammes, selon qu'il est brut ou blanc.

22° MESURES LÉGISLATIVES ET PROHIBITIVES.

Les rizières ont atteint aujourd'hui tout le développement qu'on peut leur donner, sans compromettre la santé des populations qui habitent les localités où elles existent, car si leurs produits ont accru notablement la fortune des Piémontais et des Lombards, elles ont fait naître souvent de cruelles épidémies.

Ce sont les fléaux pestilentiels auxquels furent exposés les habitants du Vercellais, du Milanais etc., qui obligèrent à la fin du seizième siècle d'éloigner ces cultures aquatiques des environs des villes et des villages.

En 1853, le *credenza generale* ou conseil municipal de Verceil obtint, par une requête qu'il adressa au duc Emmanuel de Savoie, la prohibition des rizières de toute la province ; mais la chambre des comptes de Turin annula cette prohibition et fixa à *dix milles* (17 840 mètres) la distance à laquelle à l'avenir les rizières devraient être éloignées de Verceil.

En 1608, le 7 octobre, le duc Charles-Emmanuel de Savoie fait connaître par un édit que les permissions de culture ne seront accordées qu'autant que les rizières seront au moins à la distance de *trois milles* (5350 mètres) des villages et de 200 trabucs ($628^m,80$) des chemins publics et que les propriétaires, fermiers et colons contrevenants payeraient une amende de 500 écus d'or (3000 fr.) et qu'ils seraient punis en cas de récidive de la peine des galères.

Le 16 mars 1656, Charles-Emmanuel II, instruit qu'on cultivait le riz en deçà des limites fixées et sans y avoir été autorisé, fait défense de semer du riz en contravention à l'édit précité sous peine de 500 écus d'or d'amende pour chaque journal converti en rizières, dont moitié pour l'État et moitié pour le dénonciateur.

Un édit publié le 8 novembre 1863, rappelle que les rizières restent prohibées aux environs des villages et près des routes, conformément aux conditions prescrites par l'édit de 1608.

Ces conditions rigoureuses ayant eu pour effet d'empêcher presque complétement la culture du riz, Charles-Emmanuel II, rendit un édit le 24 mars 1663 portant que les rizières seraient éloignées à l'avenir de *trois milles* (5350 mètres) à vol d'oiseau de la ville de Turin, de *deux milles* (3560 mètres) de Verceil et autres villes, de 300 trabucs (943 mètres) des bourgs et villages, de 10 trabucs (31^m,44) des habitations rurales, et de 25 trabucs (78^m,44) des routes et des chemins. Cet édit imposait, en outre, aux propriétaires et aux fermiers, l'obligation de curer les fossés pour donner un libre écoulement à l'eau et pour éviter qu'elle ne filtre à travers les propriétés voisines, sous peine de perdre la récolte et de payer tous les dommages.

Charles-Emmanuel ayant appris que la stagnation et la corruption des eaux provenant des rizières, avaient dépeuplé les villages de Bergaro, Settimo-Torinese, Leyni, Caselle et Volpiano, défendit le 28 avril 1667, la culture du riz à tout propriétaire sans distinction, qui n'en aurait pas obtenu la permission du président de la chambre des comptes, sous peine de 100 écus d'or (600 fr.) quant aux propriétaires ; de 25 écus (150 fr.) quant aux fermiers ; d'un trait de corde quant aux laboureurs ; et du fouet, quant aux femmes, s'ils étaient convaincus d'avoir travaillé dans les rizières prohibées.

Ces derniers édits ont été renouvellés en 1669 et 1674.

En 1675, le duc de Savoie Charles-Emmanuel, ayant égard aux malheurs que les rizières avaient causés Verceil, fixa à *trois milles* (5350 mètres) la distance à laquelle ces cultures devaient être situées de cette ville. Cet édit n'ayant pas été respecté, le roi Victor-Amédée II, défendit le 2 janvier 1697, de créer des rizières à moins de *six milles* (10 700 mètres) de distance de Verceil, sous peine d'une amende de 500 écus d'or (3000 fr.).

Le roi, constatant que les édits relatifs aux rizières n'ont pas été strictement observés, fait connaître, le 2 février 1728, les villages où la culture du riz est autorisée et il ordonne que les rizières soient distantes de *quatre milles* (7100 mètres) de la ville de Verceil, de 300 trabucs (943 mètres) des autres villages, de 10 trabucs (31^m,44) des fermes et de 25 trabucs (78^{m}60) des routes publiques, sous peine de 25 écus d'or (150 fr.), de la perte de la récolte et de dommages intérêts[1].

Le 18 août 1729, un édit de VictorA-médée pro-

---

1. Le trabuc équivaut à 3^m,144.

scrit la culture du riz sur plusieurs communes des provinces de Casal, de Verceil et de Bielle, sous peine de 200 écus d'or (1200 fr.) et de la perte de la récolte ; et, dans le but de peupler ces communes, il accorde l'immunité de toute imposition mobilière et personnelle, aux cultivateurs, qui, venus des autres provinces du Piémont, y fixeront leur domicile.

La chèreté des grains oblige le roi à déclarer dans une lettre patente adressée le 3 mars 1734 à l'intendant de Verceil, que l'édit de 1728 ne sera pas observé dans la province et que la distance prohibitive serait réduite à *trois milles* (5350 mètres) pour la ville de Verceil et à 200 trabues (628^m,80) pour les villages.

Tous ces édits, quoique souvent rappelés aux agriculteurs ne furent pas toujours observés. Dans le but de satisfaire les réclamations publiques et pour limiter le nombre des rizières, Victor-Amédée III, rendit un édit le 3 août 1793, portant défense d'augmenter les rizières dans les provinces de Novare, Vigevano, Lumelline, Verceil et Bielle sous peine d'une amende de 50 écus d'or (300 fr.) par journal et prescrivant de constater toutes celles qui existaient. Pour mieux assurer l'exécution de cet édit, il chargea les syndics des communes de dénoncer les coupables aux intendants des provinces précitées sous peine de dix écus, (60 fr.)

d'amende et de la destitution. Le 25 janvier 1795, il appliqua cet édit à la province de Casal.

Cet édit, le dernier publié sur les rizières, n'eut pas plus d'effet que les autres à la fin du siècle dernier et au commencement du siècle actuel. En 1801, les rizières n'étaient éloignées de la ville de Verceil que *d'un mille* (1780 mètres) et elles étaient augmentées de plus de moitié. Ce fait n'a rien de surprenant. A cette époque le Piémont faisait partie de la France et aucune de nos lois ne prohibait la culture du riz.

De nos jours, les rizières existent dans le Piémont, conformément aux conditions imposées par l'édit du 2 février 1728. Dans la Lombardie, elles ont été établies suivant les prescriptions du décret du 3 février 1809, approuvé par le gouvernement Autrichien le premier juin 1839, et rédigé comme il suit :

1° Nul ne peut convertir son terrain en rizière, sans une autorisation spéciale du Préfet.

2° Les contrevenants sont punis d'une amende égale au double de la valeur du produit d'une année.

3° La permission ne sera pas accordée si les terrains ne sont pas au moins distants :

1° De 8 000 mètres de la ville de Milan ;
2° De 5 000 mètres des villes de première classe ;
3° De 2 000 mètres des communes de deuxième classe ;
4° De 500 mètres des communes de troisième classe.

4° Les distances précitées se prennent en ligne droite pour les communes entourées de murailles, du pied de ces murs, et, dans celles non murées, de la dernière maison faisant partie de l'agglomération des habitations.

Ces distances prohibitives ont leur raison d'être. Sans elles les rizières se rapprocheraient d'année en année des centres de populations. Alors, elles occuperaient des terrains qui, à cause de leur richesse et de leur valeur foncière, doivent être utilisés par la culture des légumes, des prairies et des céréales. En outre, par l'eau qu'elles exigent en abondance, elles rendraient la ville ou la commune moins habitable.

Toutefois, si sous tous les rapports on doit empêcher les rizières d'arriver aux abords des agglomérations d'habitations, il n'est pas vrai de dire qu'il soit utile de les éloigner des routes et des chemins publics. Parler ainsi, c'est évidemment méconnaître l'influence favorable que les voies de communications exercent et exerceront toujours sur le prix de revient des denrées agricoles. J'ai vu dans le Novarais et le Vercellais beaucoup de rizières sur le bord des grandes routes et je n'ai pas constaté, et je n'ai pas entendu répéter ce qu'on disait encore il y a un siècle, que l'eau des rizières cause des dommages à ces voies de communications et qu'elle compromet la santé des voyageurs qui les parcourent.

En résumé, ainsi que le disait en 1860 le docteur Pisani, au conseil municipal de Verceil, les distances qui prohibent la culture du riz aux environs des villes et des villages, sont nécessaires, indispensables dans l'intérêt de l'humanité ; c'est pourquoi les populations ont le droit de les demander afin que le riz ne soit pas produit au moyen de victimes humaines ! C'est pourquoi aussi le gouvernement se doit à lui-même, en présence de cette manie d'étendre indéfiniment les rizières, de les imposer aux cultivateurs et d'être sévère afin que la loi ne soit pas violée.

23° L'insalubrité des rizières.

Personne ne peut contester aux rizières leur insalubrité. Pendant longtemps on a malheureusement reconnu qu'elles abrégeaient l'existence humaine et nuisaient à l'augmentation de la population ainsi que le constatèrent au seizième siècle saint Charles Borromée, évêque de Milan, et Bonomo, évêque de Verceil. Les édits de 1594, 1608, 1656, 1660, etc., justifient complétement l'influence pernicieuse que les rizières ont exercé sur les populations qui habitaient les localités où elles étaient situées.

Les faits statistiques recueillis au commencement

de ce siècle confirment aussi l'action pernicieuse
des rizières. Ainsi, on a constaté à San Germano,
de 1806 à 1809 que les décès ont excédé les naissances de 98.

Cet excédant avait été de 206 pour la période
décennale de 1595 à 1604. Enfin, les registres de
l'état civil du département de la Sésia permettent
de dire que les décès ont dépassé les naissances de
9596 de 1792 à 1802.

Si, de nos jours, on constate encore quelques
communes, comme Albano, Ghislarengo, Formi-
gliano, Salasco, Lenta et Lozzolo, qui ont vu leur
population décroître de 1852 à 1858 de 18 pour
100; si la commune de Benna ne possédait en 1848
que 500 habitants alors qu'elle en comptait 570 en
1838 et 900 en 1800, on peut dire d'une manière
générale, que les rizières sont bien moins malsaines depuis l'époque à laquelle on a compris qu'on
devait y pratiquer des arrosements continus et favoriser l'écoulement des eaux qui en sortent. Ainsi,
la statistique sarde donne le tableau suivant de la
population dans les provinces de Novare et de
Verceil :

		Novare.	Verceil.
1819.	habitants.	144,281	90,138
1824.	—	164,000	100,000
1830.	—	175,000	121,000
1858.	—	180,000	127,000
Augmentation.		29 p. 100	41 p. 100

L'augmentation moyenne dans la Sardaigne a été de 19 pour 100 de 1819 à 1858.

Enfin, suivant les publications officielles, les naissances dans la division de Novare qui comprend les provinces de Novare, Lomellina, Pallanza et Verceil, ont surpassé les décés de 1828 à 1837, de 32 822. Pendant la même période les naissances légitimes par mariage ont atteint 4,69.

Ces faits généraux très-favorables aux rizières subissent des modifications quand on examine les communes les unes après les autres. Ainsi, en étudiant les villages situés au milieu même des rizières, on est forcé de reconnaître que ces cultures aquatiques sont quelquefois très-nuisibles pour ceux qui y travaillent. C'est que beaucoup de rizières ont encore l'aspect qu'elles présentaient il y a un siècle. Non-seulement, leur sol est très-irrégulier, les digues qui les partagent sont couvertes de plantes aquatiques, mais l'eau qu'elles reçoivent y reste stagnante, ou, si elle peut en sortir, elle séjourne dans les fossés où elle croupit et répand dans l'air des miasmes morbides. On comprend facilement dès lors pourquoi de telles rizières rendent l'air plus froid et les brouillards plus fréquents vers la fin de l'été et pourquoi aussi les populations qui subissent leur fâcheuse influence sont décimées de temps à autre par des fièvres intermittentes et pernicieuses.

Si parmi les femmes de San Germano qui vont souvent pieds nus pendant la belle saison, on en observe ayant une jolie figure, on peut dire, en général, qu'elles ont une constitution délicate, un teint pâle et des yeux éteints. Les enfants n'ont pas une santé plus robuste. Leur chétivité rappelle la faiblesse de leurs ascendants, et elle montre bien que le village subit vers la fin de l'été et au commencement de l'automne, l'influence de vapeurs froides, marécageuses et miasmatiques.

Loin de moi la pensée d'esquisser ici le portrait de tous les habitants de ce village. Je n'oublie pas qu'un certain nombre ont de gais sourires et une bonne santé. J'ai voulu faire connaître par les lignes qui précèdent que les ouvriers qui travaillent activement dans les rizières pendant la grande chaleur, qui boivent rarement du vin et toujours des eaux de mauvaise qualité, qui se nourrissent mal parce qu'ils ont une nombreuse famille à élever, qui habitent des maisons malsaines, ou de véritables huttes, et qui se laissent surprendre le soir par la fraîcheur de la nuit, ont presque toujours le frisson de la fièvre. Il faut que l'hiver se soit écoulé pour qu'ils n'aient plus gravé sur leur visage des signes rappelant le *mortis ara*, la mort des rizières.

Si les rizières ayant conservé encore le cachet des rizières du seizième siècle, amoindrissent et le caractère moral et les forces vitales de l'homme, il faut avouer que les rizières modernes, celles où les plantes ne croupissent plus dans l'eau, où les eaux sont sans cesse courantes, où la pente du sol est dirigée vers des canaux bien entretenus, où les digues sont sans cesse exemptes des plantes marécageuses, où il existe une juste proportion entre l'eau qui entre et l'eau qui sort, doivent être regardées avec juste raison comme n'exerçant aucune action nuisible sur la contrée dans laquelle elles existent. Il en sera toujours ainsi, toutes les fois que le fond de la rizière présentera des pentes régulières et qu'il sera possible, à l'époque de la maturité du riz, de la mettre promptement à sec. Le drainage, des fossés d'écoulement bien construits, des irrigations à eaux courantes, l'ensemencement du sol en seigle aussitôt que le chaume aura été enlevé, etc., compléteront heureusement ces nouveaux procédés de culture.

Mais il ne suffit pas de se rappeler que les rizières à eaux stagnantes sont de véritables marais dans lesquels les matières organiques se putréfient et exhalent des vapeurs fétides et pestilentielles, il faut aussi doter les villages d'eau potable et limpide, engager les populations à porter des vêtements de laine soir et matin, à mieux se nourrir, surtout pendant les mois de juillet, août et septembre et à habiter des maisons saines et aérées.

Ces divers principes sont d'une application fa-

cile. Les contrées dans le Piémont et la Lombardie
où ils ont été en pratique, sont aussi favorables aux
populations que les localités où la nature offre partout et toujours de vertes prairies, un air pur et
des sites embaumés.

En résumé, si quelquefois, l'opinion publique a
eu raison de se préoccuper de l'influence exercée
sur l'homme par les miasmes que les rizières lais-
saient échapper en abondance dans l'atmosphère,
elle doit aujourd'hui regarder ces cultures comme
étant appelées avec le temps à n'avoir aucune action sur la santé publique. Toutefois, si, les populations des campagnes voient chaque année leurs
conditions d'existence devenir meilleures par suite
des perfectionnements que subissent les rizières,
le gouvernement a un devoir à remplir, celui de
déterminer les distances qui doivent les séparer
des centres de population, et de favoriser par tous
les moyens qui sont en son pouvoir le prompt écoulement des eaux qu'elles exigent. C'est en s'im-
posant ces deux missions que le gouvernement de
Turin permettra à l'agriculture septentrionale de
l'Italie, sans que les populations puissent se plain-
dre, de conserver longtemps encore la culture du
riz, l'une de ses principales richesses agricoles et
économiques.

CHAPITRE VI.

CULTURE DE LA PAILLE A CHAPEAUX.

—

La Toscane a le monopole en Europe de la culture du blé qui fournit la paille avec laquelle on fabrique en Italie les chapeaux de paille (*chapelli di paglia*).

Ces deux industries sont pour la Toscane la source de revenus importants. De plus, elles ont beaucoup contribué à l'accroissement de la valeur des terres du val de l'Arno et de l'aisance des habitants. C'est pourquoi la paille qui alimente l'industrie des chapeaux a été souvent appelée *fil d'or* (*fila dora*).

1° Historique.

Les chapeaux à l'usage des habitants des campagnes étaient au siècle dernier fabriqués en Toscane avec de la paille ordinaire, ainsi que l'a constaté Lastri dans son poëme didactique publié en 1801 à Florence.

C'est à Sigma et Brozzi, qu'on a utilisé pour la première fois la paille fournie par le blé de mars (*triticum sativum*) appelé par les Toscans *grano marzuolo*. Cette paille est fine, flexible, brillante et remarquable par sa belle couleur soufrée.

C'est en 1812 que la fabrication alimentée par cette paille spéciale prit de l'importance par suite d'importations faites les années précédentes en France et en Allemagne, contrées où les chapeaux ronds à larges bords, appelés *capelli rotondi a larga falda* ou simplement *fioretti*, furent pour la première fois très-recherchés.

Les villages qui acceptèrent cette nouvelle industrie furent *Prato*, *Campi* et *Sesto*. Les chapeaux qu'on y fabriquait étaient alors vendus sur le marché de Lipsia.

En 1818, les exportations pour l'Angleterre furent si considérables que les ouvrières très-habiles gagnaient jusqu'à quatre paoli par jour.

C'est en 1822 qu'eurent lieu les premières exportations pour New-York.

L'importance que prit alors l'industrie des chapeaux fut si grande qu'elle engagea les habitants d'Empoli, de Fucecchio et de Castelfranco à entreprendre le tressage de la paille et la couture des tresses. La main-d'œuvre nécessaire alors pour fabriquer un chapeau *fioretto*, variait entre 500 et 600 livres ou 410 à 492 francs.

C'est en 1826, que ce chapeau arriva à sa perfection, mais cette époque ne fut pas heureuse pour le commerce florentin, parce qu'on importa alors en Angleterre de la paille récoltée en Toscane.

On remédia à cette situation critique en fabriquant des tresses avec onze pailles ou fils (*fila*) en superposant une paille sur l'autre. Les chapeaux fabriqués avec ces tresses furent si recherchés que, de 1836 à 1839, les ouvrières gagnèrent par jour depuis un florin toscan, jusqu'à trois paoli, soit de 1 fr. 40 à 1 fr. 65.

Cette innovation permit au commerce de Prato de prendre une plus grande importance.

De 1839 à 1846, on fit une nouvelle amélioration. On imagina aux environs d'ell'Impruneta de fabriquer des tresses à jour et à relief. Ces tresses d'une finesse vraiment merveilleuse, d'un travail de patience, permirent au commerce des chapeaux de paille d'atteindre son plus haut point de prospérité.

Aujourd'hui cette industrie occupe annuellement environ 100 000 personnes. Une seule fabrique, celle de MM. Vyse et fils à Prato, occupe 15 000 ouvriers.

L'industrie des chapeaux de paille, forme autour de Florence, un cercle qui s'étend au nord jusqu'à Pistoia, comprend à l'ouest San Croce et enveloppe au sud Impruneta et San Casino.

Luzzara et la Rota, près Guastella, dans le duché de Plaisance, fabriquent aussi des chapeaux de paille avec les tresses que les femmes de ces localités exécutent dans leurs moments de loisir.

La petite quantité de paille qu'on récolte dans l'Emilie est importée en Toscane.

2° Culture du blé.

Le blé qui fournit la paille à chapeaux (*paglia da capelli*) est cultivé sur des terres légères, siliceuses, peu fertiles ou de qualité secondaire. Aussi constate-t-on, lorsqu'on parcourt les parties cultivées de la Toscane, qu'il existe bien peu de métairies dans les contrées où les terres sont légères qui n'aient un champ consacré à la culture de cette céréale. Les terres argileuses ou fortes comme celles des environs de Livourne se prêtent difficilement à cette production.

La culture du *grano marzuolo* diffère complétement de la culture du blé ordinaire, parce qu'on lui demande uniquement les tiges les plus grêles, les plus fines possibles.

Les semis ont lieu en février. La semence qu'on confie à la terre provient des parties montagneuses. On n'en récolte pas dans les environs de Florence, Prato, Sienne, etc., c'est pourquoi elle est toujours vendue deux et trois fois plus chère que la semence du blé destiné à la consommation.

On répand ordinairement 10 hectolitres par hectare. Cette forte proportion de semences est nécessaire. Si on semait moins dru on aurait des pailles trop élevées et trop fortes.

3° Récolte de la paille.

La récolte a lieu à la fin de mai ou au commencement de juin, lorsque le blé a developpé son petit épi, car celui-ci n'a ordinairement que $0^m,02$ à $0^m,03$ de longueur. On ne coupe pas les tiges, on les arrache à la main avec précaution, afin de ne pas les endommager.

Ces tiges sont alors très-vertes ; elles ont de $0^m,30$ à 0^m40 de longueur.

A mesure qu'on procède à l'arrachage, on met les tiges en petites bottes de la grosseur d'une poignée (*manate*). Ces bottes sont ensuite mises en tas sur le champ même où elles ont été faites.

Trois ou quatre jours après leur confection, on les écarte les unes après les autres sans les délier de manière qu'elles aient la forme d'un éventail et on les expose sur des aires très-propres et bien damées ou sur des prairies à gazon ras, pour qu'elles subissent l'action de la rosée et celle du soleil et que les tiges se décolorent.

Quelquefois, et cela vaut mieux, on étend les poignées sur les pierres qui couvrent le fond des torrents qui sont alors à sec.

4° BLANCHISSAGE DE LA PAILLE.

Le blanchissage (*imbiancantura*) constitue une opération très-importante. Il doit être sans cesse surveillé. Lorsque le temps menace de pluie ou lorsqu'un orage se forme dans le lieu où l'on opère, il faut en toute hâte amonceler les paquets en tas et les couvrir avec de la paille ordinaire, ou, ce qui est préférable, avec une toile imperméable.

On ne doit pas oublier que chaque goutte d'eau produit sur les tiges une tache que rien ne peut faire disparaître.

Quand le temps est chaud et sec, six à sept jours suffisent pour obtenir la blancheur nécessaire.

Lorsque le blanchîment est parfait on rentre les paquets dans des magasins où ils restent ordinairement pendant une ou deux semaines.

Alors, on procède à l'opération qu'on appelle *effilare* et qui consiste à séparer brin à brin la partie qui porte l'épi (*spiga*) du reste de la paille. On assortit ensuite les brins en ayant soin de ne jamais mêler la partie de la paille qui est située audessous de l'épi avec les parties inférieures. Puis on complète ces opérations en mettant les brins qu'on destine à la fabrication des tresses, en petits paquets du poids moyen de 100 grammes environ.

Ces paquets présentent les épis du même côté;

on les réunit plus tard en bottes pesant de 6 à 8 kilogrammes.

5° Produit par hectare.

Le blé de mars qui a réussi, qu'on a semé avec la plus grande régularité possible sur des terres bien préparées donne en moyenne de 7000 à 8000 kilogrammes de tiges sèches mais vertes (*paglia verda*), ou 35 000 à 38 000 poignées du poids moyen de 200 grammes.

Cette production ne donne pas en moyenne au-delà de 1000 kilogrammes de paille flexible, blanche (*paglia bianca*) et propre à la fabrication des chapeaux fins et ordinaires.

Le reste des tiges, la partie inférieure de la paille, est appelée *codini*; on la donne comme fourrage aux bêtes à cornes et aux chevaux.

Le blé de mars de Toscane, ainsi cultivé et préparé engage en moyenne par hectare.   1450 fr.

Cette somme comprend la valeur locative du sol, les frais de semailles, de culture, d'arrachage et de blanchîment.

La valeur de la paille à tresser s'élève à. . . . .   1750 fr.

Celle de la paille-fourrage.   50

Soit pour recette brute.   1800

Ce qui donne pour bénéfice. . . .   650

Les poignées après avoir été blanchies à l'air se vendent de 5 à 6 fr. le 100.

La paille de froment (*paglia di grano*) qu'on a fait blanchir à l'air et qu'on a déposée dans un local sain et à l'abri des souris et des rats, peut être indéfiniment conservée en parfait état.

En moyenne la paille fine et bien préparée se vend 1 franc 50 à 2 francs le kilogramme. Les pailles d'une grande finesse valent souvent 2 francs 50 le kilogramme.

6° Culture du seigle.

Le seigle est aussi cultivé comme le blé de mars, mais si sa paille (*paglia di segala*), est plus fine, plus blanche, elle est plus cassante et par conséquent moins durable ; en outre, elle est plus difficile à travailler. On l'emploie principalement pour faire des tresses très-étroites avec lesquelles on fabrique des chapeaux ayant une valeur de 2000 à 3000 francs.

On sème le seigle en décembre à la dose de 10 hectolitres par hectare.

7° Préparation des pailles.

Lorsqu'on veut utiliser les pailles de froment et de seigle qu'on a fait blanchir, on les soumet d'abord à l'action de l'acide sulfureux obtenu en projetant de la fleur de soufre sur des charbons incandescents.

Puis on s'occupe de les trier, c'est-à-dire de les assortir suivant leurs divers diamètres.

La paille la plus grosse porte le n° 30 ; la paille la plus fine a pour numéro : celle de froment 135 et celle de seigle 180.

Voici comment on exécute la première opération :

On met les paquets à tremper dans une cuve remplie d'eau et quand la paille s'est abreuvée on expose les paquets au soleil. Lorsque ces petites bottes sont sèches, on les place perpendiculairement les épis en haut dans une caisse au fond de laquelle on a mis un réchaud contenant du charbon allumé. Les paquets de paille reposent naturellement sur un double fond. Lorsqu'ils ont été ainsi placés, on projette de la fleur de soufre sur le feu et on ferme immédiatement et hermétiquement la caisse.

On renouvelle ce soufrage trois ou quatre fois, c'est-à-dire jusqu'à ce que la paille ait la teinte jaune-blanchâtre voulue.

Quand le soufrage est terminé on expose de nouveau les paquets au soleil pour que la paille perde toute son humidité si elle en contient encore.

8° Triage des brins.

Le classement des brins de paille selon leur grosseur, se fait à la main ou à l'aide d'appareils partieuliers. Le triage à la main est satisfaisant, quand il est exécuté par des femmes habituées à ce travail, mais il est long et coûteux.

On opère le triage mécaniquement dans la belle usine de MM. Vyse et fils à Prato, en plaçant un paquet délié dans une passoir en fer-blanc de $0^m,10$ à $0^m,12$ de hauteur ayant son fond percé de trous d'un diamètre donné. Alors à l'aide d'une pédale, on agite doucement la passoir de haut en bas et réciproquement, afin que les brins de paille ayant un diamètre plus petit que la paille qu'on veut avoir, puissent s'engager dans les opercules. Lorsqu'on a la certitude que tous les brins restant sur le fond du tamis sont plus gros que les trous de la passoir, on enlève toutes les pailles qui sont restées sur le fond pour les déposer dans une autre passoir dont le fond est percé de trous qui correspondent par leur diamètre au numéro qui vient immédiatement après la grosseur qu'on veut obtenir. Ceci fait, on retire les pailles qui sont restées de nouveau sur le fond de la passoir et on les met horizontalement dans une caisse. Quant aux pailles qui se sont engagées dans les trous du premier crible, on les place aussi horizontalement dans une caisse particulière. Les brins qui se sont engagés dans les trous du deuxième tamis sont ceux qu'on voulait avoir.

On agit de même manière pour tous les numéros ou diamètres. Le numéro qu'on a ainsi obtenu est déposé dans la boîte portant le chiffre qui correspond à la grosseur des brins.

Avant de mettre de nouveau les pailles ou fils en paquets, on les donne à des femmes qui les vérifient, c'est-à-dire qui s'assurent que tous les brins ont bien le même diamètre. Quand ces ouvrières trouvent des pailles plus petites ou plus grosses, elles les retirent et les mettent dans les boîtes qui portent leurs numéros.

Le triage terminé, on s'occupe du rognage des parties supérieures qui portent les épis, opération qui consiste à diviser en deux les pailles qui ont été assorties. L'ouvrier qui est chargé de cette opération lie d'abord les pailles, puis à l'aide d'un couteau à levier très-tranchant, il coupe la poignée qu'il tient dans la main gauche, au point qu'il a déterminé préalablement et qu'il a marqué sur la paille, au moyen de la mine de plomb.

La partie de la paille qui est attenante aux épis est regardée comme étant de première qualité ; on l'appelle pointe (*puncta*). La partie inférieure constitue la paille de deuxième qualité ; on la nomme pied (*pedale*).

Les autres pailles, celles de la partie médiane des tiges, ne sont pas divisées, elles restent entières ainsi que les pailles de l'avant dernier entre-nœud.

9° TRESSAGE DES TIGES.

Les brins qui ont été soufrés, assortis selon leur grosseur et ensuite divisés, sont livrés aux femmes qui confectionnent les tresses (*trescia*). Ainsi que l'a dit Méry, rien ne trahit chez les élégantes paysannes qui tressent la paille leur origine rustique; leurs doigts n'ont jamais fouillé la terre ni marié la vigne à l'ormeau, ils ont la délicatesse qu'exige la spécialité de leur doux travail. Certes, toutes ces jeunes ouvrières ont l'air de faire de la broderie sur la paille pour leur amusement.

Les tresses avec lesquelles on fabrique les *chapeaux d'Italie* sont faites toujours à l'aide d'un nombre impair de pailles ou de fils, soit onze ou treize, quelle que soit la finesse de ces brins.

Les tresses qui servent à la fabrication des *chapeaux de fantaisie* sont les seules qu'on confectionne avec des brins plus ou moins nombreux. Ainsi les *tresses à jour* et les *tresses en relief* sont faites avec sept, neuf ou quinze, dix-sept, dix-neuf, vingt-un, vingt-trois ou vingt-cinq fils.

On distingue après le tressage, les tresses de pointe (*treccie puncta*) et les tresses de pied (*treccie di pedale*).

Il faut 500 grammes de paille portant le n° 100 pour faire 55 mètres de tresse.

Une tresse de même longueur faite avec des brins du n° 30 en exige 1 kilog. 500.

Une femme met environ un mois pour tresser 55 mètres avec de la paille n° 105 et deux mois s'il s'agit pour elle de faire la même tresse avec des brins très-fins et portant les n°° 160 à 180.

Les tresses avant d'être réunies en chapeau ou cousues, sont soumises à un lavage à l'eau de savon. Cette opération a pour but de débarrasser les pailles des matières grasses qui y adhèrent et qui proviennent des doigts des tresseuses. Elle doit être faite avec précaution pour ne pas endommager les tresses. On termine le lavage en soumettant les tresses à plusieurs reprises à l'action d'une eau limpide. On les fait ensuite sécher sur des perches ou des cordes exposées au soleil.

10° Fabrication des chapeaux.

La couture ou la réunion des tresses est exécutée par des femmes spéciales, car ordinairement les tresseuses ne cousent pas.

Il faut autant de temps pour coudre un chapeau que pour confectionner les tresses avec lesquelles on le fabrique.

La couture des chapeaux fins exige beaucoup d'attention et d'habileté de la part des ouvrières, parce qu'il est nécessaire de bien réunir les tresses les unes avec les autres.

Un chapeau de belle qualité fait avec des fils n° 105 et disposé en cornet, exige de 125 à 130 mètres de tresse et se vend 150 francs à 200 francs. Il y a dix ans, on l'aurait vendu 400, 500 et même 600 francs. Le même chapeau rond et à large bord est fait avec trois tresses de 56 mètres, soit au total 168 mètres.

Les chapeaux extra-fins qu'on fabrique avec des tresses n'ayant que quelques millimètres de largeur sont toujours disposés en cornet. Ce dernier comprend 175 , 200 et même 220 tours (*giri*). Il exige cinq à six mois de travail à l'ouvrière qui est chargée de le coudre.

Ainsi, un chapeau confectionné avec les fils les plus fins à l'aide de tresses d'une régularité de travail réellement admirable et qui se vend 2000 à 3000 francs, occupe une tresseuse pendant six mois et une couseuse pendant le même temps.

La paille avec laquelle on fabrique ces chapeaux d'une finesse extraordinaire se vend 20 francs le kilogramme. Ce prix n'est pas excessif. 1000 kilogrammes de paille de belle qualité, bien récoltée et blanchie à l'air, ne fournissent ordinairement que 700 à 800 grammes de fils de première finesse.

En général, un chapeau fin ordinaire est le résultat de 1000 à 1200 kilogrammes de paille. Cette grande quantité de tiges explique pourquoi la paille qu'on tresse a une valeur commerciale très-élevée.

11° Apprêts que subissent les chapeaux.

Lorsque le chapeau est terminé, on le soumet à un lavage appellé *dégraissage*. Cette opération est utile, parce que le chapeau a été sali par la couseuse, malgré les précautions qu'elle a prises pendant son travail. On l'exécute à l'aide d'une lessive faite avec la potasse. Le chapeau après avoir été lavé à grande eau, est ensuite exposé au soleil. Quand il est presque sec, on le soufre de nouveau, afin de l'obtenir aussi blanc-jaunâtre que possible, en le laissant pendant trois jours dans une caisse à l'action de la vapeur sulfureuse.

Après l'avoir ainsi préparé, on le remet à une ouvrière afin qu'elle examine et qu'elle répare les défauts qu'il peut avoir. Ainsi, si elle aperçoit sur un point qu'une maille d'une des tresses a été brisée ou détruite, avec une aiguille et en agissant à l'intérieur du chapeau, elle y passe une paille de même diamètre et de même couleur.

Cet examen terminé, on encolle le chapeau pour lui donner la rigidité qu'il a toujours quand on le livre à la vente et sans laquelle il serait impossible de s'en servir. Après l'avoir encollé très-uniformément on le fait sécher lentement et quand il est presque sec, on le repasse avec un fer chaud à chapelier.

Avant d'expédier les chapeaux, on les remet à

des ouvrières pour qu'elles coupent les bouts de
paille qui saillissent intérieurement sur les tresses.

On donne aux chapeaux de fantaisie un grand
nombre de formes qui varient chaque année suivant les désirs du commerce, en les soumettant
après l'encollage et avant qu'ils soient complète-
ments secs, c'est-à-dire lorsqu'ils sont encore
flexibles, à l'action de presses françaises, mais
toutes spéciales, qu'on maintient à une température voulue à l'aide de charbons allumés.

12° COMMERCE ET IMPORTATIONS EN FRANCE.

La fabrication des chapeaux de paille et la confection des tresses donnent lieu, en Toscane, à une
industrie qui a une très-grande importance. Voici
la valeur des principaux objets travaillés en paille
qu'on a exportés de cette partie de l'Italie, pendant
les années 1851 à 1855.

Années.	Chapeaux.	Tresses.	Paille.
1851	4,371,438f »	3,195,864f »	116,315f »
1852	6,615,399 »	3,414,267 »	281,678 »
1853	9,081,966 »	4,354,015 »	167,914 »
1854	5,843,560 »	4,434,212 »	79,810 »
1855	13,300,985 »	6,612,770 »	25,664 »

Tous les objets, tresses, chapeaux, porte-cigares,
paniers, etc., etc., exécutés avec la paille pour chapeaux et exportés de la Toscane en 1855, avaient
une valeur commerciale de 19 476 928 francs.

La même année la France a reçue de la Toscane et des États Sardes ;

Toscane : Ch. de paille gros.	197,959^{kil} à	1^{f}25	247,448^{f}70
— — fins.	119,744	4,10	490,950 40
États-Sardes : — —	2,389	4,10	9,794 90
Toscane : Tresses grossières.	79,966	8,00	639,728 00
— — fines . . .	3,701	25,00	88,824 00
	Total. . . .		1,476,746 00

D'après le nouveau traité de commerce entre la France et l'Italie, les chapeaux et les tresses de paille payent les droits suivants, à leur sortie d'Italie et à leur entrée en France :

	Sortie d'Italie.	*Entrée en France.*
Chapeaux de paille. .	Exempts.	10^f p. 100 kilog.
Tresses de paille. . .	5^f p. 100 kilog.	5^f p. 100 kilog.

Les chapeaux fins à tresses cousues, payaient autrefois 1 franc et 1 fr. 25 chaque à leur entrée en France.

13° CHAPEAUX DE SAULE.

On fabrique aux environs de Carpi dans la province de Modène, des *chapeaux de copeaux de saule,* qu'on appelle *capelli di trucciolo.* Ces chapeaux sont très-durables. Ils ont été inventés au seizième siècle, par Nicolo Biondo, de Carpigiano.

Pendant trois cents ans, on a divisé le saule à la

main avec un couteau très-tranchant ; aujourd'hui on obtient les copeaux ou la paille de saule (*paglie o trucciolo*), en divisant le saule blanc (*Salix alba*) en bandes longitudinales ayant de $0^m,001$ à $0^m,004$ de largeur à l'aide d'une machine très-ingénieuse inventée en 1817 par Giovanni Bellodi, de Mirandolese.

Quand les copeaux ont été tressés, on les blanchit, on les gaufre, on les cylindre et on les tisse.

On fait des tresses avec sept, neuf, onze, treize et même trente cinq brins quand on désire fabriquer des chapeaux fins. On a poussé la division des copeaux si loin, qu'on fabrique des tresses qui portent le n° 150. Les chapeaux qu'on fabrique avec ces dernières tresses qui sont d'une finesse extraordinaire, imitent parfaitement une étoffe.

Les chapeaux fins de copeaux de saule sont connus dans le commerce sous le nom de *chapeaux de paille de riz*.

La fabrication des tresses et des chapeaux donne lieu dans la province de Modène à un commerce considérable. On estime à 600 000 francs, la valeur des divers objets fabriqués chaque année avec les copeaux de saule.

Les fabriques les plus importantes appartiennent à M. Michel Finzi, à M. Tito Benzi et à MM. Menotti frères.

Les chapeaux de copeaux de saule, sont exportés d'Italie pour l'Angleterre, la France, la Suisse, la Belgique, l'Autriche, les colonies anglaises et les Etats-Unis.

Ces chapeaux sont presque blancs.

CHAPITRE VII.

L'Italie produit chaque année une très-grande quantité de blé dans les plaines et les vallées.

La région septentrionale produit plus particulièrement le *blé tendre* ou *blé fin* qu'on appelle *grano gentile*, *grano tosello* ou *grano tenero*. Ce blé est recherché pour la fabrication des pains de luxe, parce que sa farine est très-belle, très-blanche ; c'est pourquoi il porte le nom de *grano panella* ou *blé à pain*. Il a le défaut, toutefois, de fournir des grains un peu légers. Ces grains pèsent rarement au-delà de 75 à 76 kilogrammes l'hectolitre.

L'Italie centrale et surtout l'Italie méridionale cultivent spécialement les *blés durs* qu'on désigne sous les noms de *grano duro*, *grano grosso*, *grano da paste*, *grano de semolino*. Les grains que fournissent ces blés sont riches en gluten et donnent moins de son à la mouture que les blés tendres.

Les blés durs qu'on appelle aussi blés à pâte ou

grano blanchette ou *grano saragolla*, fournissent la semoule (*semola*) qu'on utilise dans les potages, mais qui sert principalement à préparer les pâtes qu'on désigne en France sous le nom de *pâtes d'Italie*.

Ces pâtes sont fabriquées très-en grand à Florence, à Pise et à Gênes.

On les prépare en détrempant la semoule avec de l'eau chaude et en la pétrissant aussi vite qu'il est possible pendant au moins une heure. On termine la préparation de la pâte en la battant pendant environ deux heures.

Les pâtes préparées à Florence et à Gênes avec des semoules provenant de blés importés de la Sicile ou des États napolitains, jouissent d'une très-grande élasticité et elles ont la propriété de se renfler sans se désagréger à la cuisson.

Les plus belles, celles dites de *premier choix* se distinguent par leur blancheur, leur consistance et leur qualité nutritive. Les pâtes de *deuxième qualité* ont une teinte un peu brune, une structure grossière, et elles sa délayent en partie quand on les fait cuire.

Les pâtes ont toutes sortes de configurations. Ainsi, elles affectent la forme de *fils* plus ou moins déliés ou fins, de *tubes* ayant jusqu'à 0^m.02 et même 0^m,03 de diamètre, de *rubans* plus ou moins larges et plus ou moins épais et de *petits fragments* de figures variées.

Les fils plus ou moins fins sont connus sous le nom de *Vermicelli*. Ce produit que nous appelons *vermicelle* est connu sous les noms de *tria* à Ancone, *orati* à Bologne, *frumentini* à Reggio, *minutelli* à Venise, *pamardella* à Mantoue.

Les tubes constituent la pâte à laquelle on a donné le nom de *macaroni*. Le macaroni à côtes est appelé *sedamini a canna*; le macaroni en tubes unis est désigné sous le nom de *macaroni gentile*; le *macaroni* en gros tubes porte le nom de *macaroni cannoni* ou simplement *canelloni*; le macaroni disposé en gros cornets est connu sous le nom de *scoloni regati*.

Les pâtes rubanées unies ou festonnées portent le nom de *lazagna*. Bien fabriquées et bien sèches, les *lazagnes* sont plus estimées que le *vermicelli*.

Les pâtes en petits fragments se divisent en quatre classes : 1° les *taglioni* ou losanges minces ; 2° les *millefanti* ou petites boules de la grosseur d'un pois ; 3° les *andarini* qui ont la forme et l'épaisseur d'une lentille ; 4° les *stelle* ou les étoiles.

Les pâtes en petits fragments qu'on fabrique à Gênes sont désignées sous des noms différents. Les gros grains de millet sont appelés *piselli grossi*; les petits grains ou la grosse semoule porte le nom de *piselli piccoli*; les anneaux aplatis sont connus sous le nom de *anelletti*; on désigne les lentilles sous le nom de *lenticchie*, les étoiles sous celui de *stellette ;* les pâtes ayant la forme des graines de melon sont appelées *grani di meloni piccole* et celles qui rappellent les petites graines de riz portent le nom de *pontetti.* Toutes ces pâtes ont une couleur blanc-jaunâtre.

Ces diverses pâtes sont plus ou moins blanches à l'état normal selon la qualité de la farine avec laquelle elles ont été faites. J'ai vu à Florence des pâtes fabriquées par M. Ferdinando Paoletti qui étaient très-fines, très-fermes ou riches en gluten et qui se distinguaient des autres par leur blancheur éclatante. Ces pâtes étaient désignées par ces mots : *neve di pasta* (pâte ayant la blancheur de la neige).

La teinte jaunâtre ou jaune foncé qui caractérise ordinairement les vermicelles, les macaronis, les lazagnes, les étoiles, etc., n'est pas naturelle ; on l'obtient en ajoutant à l'eau qui sert au pétrissage de la semoule une quantité plus ou moins grande de safran ou de curcuma.

La *pâte de ménage* ou *pâte à la main* est fabriquée avec de la farine, des œufs et de l'eau. Elle est moins bonne sous tous les rapports et d'un usage bien moins répandu que les pâtes fabriquées à la mécanique. On ne peut les garder saines pendant longtemps. On les nomme *tortellini, capelletti, quadretti, tagliotelli,* etc., suivant leur forme ou leur manière d'être.

Quoi qu'il en soit, les pâtes fabriquées à Florence et surtout à Naples sont supérieures sous tous les rapports aux pâtes qu'on exporte annuellement de Gênes et que le commerce désigne sous le nom de *pâtes génoises, pâtes de Gênes.*

La France a fait depuis trente années de très-grands progrès dans ce genre de fabrication, mais elle n'est pas encore arrivée à la perfection à laquelle sont parvenues les fabriques de la Toscane et des États napolitains.

L'infériorité des *pâtes d'Auvergne de commerce* comparées aux *pâtes d'Italie de commerce* at-elle pour cause la qualité des blés qui fournissent les gruaux ou tient-elle à ce que le battage de la pâte est moins parfait à Clermont qu'à Pise et à Florence ? Il est hors de doute que les blés durs d'Auvergne ne possèdent pas les qualités qui distinguent à un si haut degré les blés durs qu'on récolte dans les parties méridionales de l'Italie. Ces blés sont très-riches en gluten; la farine du blé marianopoli en contient 16 à 18 pour 100, celle du blé de Tangarock 18 à 20 pour 100. Les grains de ces variétés sont très glacés et presque transparents. Le blé nonette de Lausanne ou géant de Sainte-Hélène qu'on cultive dans la Limagne est bien moins riche en gluten; en outre, son grain n'a pas cette transparence qui caractérise les blés qu'on récolte dans les plaines de la Pouille. Enfin, les blés durs et glacés qu'on emploie à Florence contiennent moins d'humidité et leur farine se conserve mieux que les blés et les farines qui servent à la fabrication des pâtes d'Auvergne.

En général, les pâtes ordinaires non colorées avec le safran qu'on fabrique à Clermont (Puy-de-Dôme) sont grises et elles manquent de finesse. Il en est de même de la plupart des pâtes que produisent les fabriques de Nice.

L'infériorité des pâtes françaises aura bientôt un terme, car les blés durs que produit l'Algérie et qu'on utilise à Marseille dans cette fabrication rivalisent par leur qualité, leur transparence, leur richesse en gluten avec les blés cornés que la Toscane reçoit chaque année des provinces méridionales de l'Italie. C'est pourquoi les pâtes fabriquées à Marseille sous un climat sec et chaud avec les blés durs d'Afrique sont désignées à juste titre par le commerce, sous le nom de *pâtes de Marseille* ou *pâtes marseillaises*.

La France importait autrefois chaque année beaucoup de pâtes d'Italie; les progrès que l'industrie des pâtes a fait en France ont diminué considérablement ses importations, et ils ont beaucoup augmenté ses exportations.

En 1836, elle a reçu des États sardes et de la Sicile 940 898 kilog. de pâtes diverses; en 1855, les mêmes importations n'ont pas dépassé 83 876 kilog.

En 1836, elle avait exporté 354 687 kilog. de pâtes dites d'Italie ; en 1855, ses exportations ont atteint 626 839 kilog.

Ces faits statistiques justifient bien la qualité qui distingue aujourd'hui les pâtes de Marseille et de Clermont, et les perfectionnements qu'a subi depuis quinze ans la fabrication des pâtes françaises.

Les pâtes ne payent aucun droit à leur sortie et à leur entrée en France et en Italie.

CHAPITRE VIII.

LE MAÏS.

—

Le maïs joue un rôle important dans le Piémont, la Lombardie, le Vicentin, le duché de Modène, la Toscane, etc. On évalue à 21 millions d'hectolitres la quantité qu'on récolte annuellement dans la Lombardie.

On l'appelle *grano turco*, *meliga*, *melgone*, *formentone*.

On ignore la date précise de son introduction dans cette partie de l'Europe. On croit qu'il a été importé en Toscane dans la seconde moitié du seizième siècle et qu'on l'a cultivé pour la première fois dans le Bolonais et le Frioul au commencement du siècle suivant.

1° VARIÉTÉS.

Le maïs a produit un très-grand nombre de variétés, mais celles qu'on cultive dans la région du maïs et dans celle de l'olivier, se réduisent ordinairement à six, savoir :

1° Le *maïs quarantain* ou *grano turco quarantino* est remarquable par sa précocité. Sa tige ne dépasse jamais un mètre ; son grain est petit, régulier et jaune pâle.

2° Le *maïs cinquantain* ou *grano turco cinquantino*, est plus tardif que le précédent et un peu plus précoce que le maïs jaune gros. Le grain de cette variété est de moyenne grosseur et d'un jaune vif. Sa tige s'élève jusqu'à 1^m,30.

3° Le *maïs d'été* ou *grano turco agostana*. Cette variété arrive à maturité en août. Sa tige s'élève jusqu'à 1^m,30 et son grain est jaune orangé. On la cultive très en grand dans plusieurs localités. On la nomme souvent *grano turco di estate*.

4° Le *maïs orange* ou *grano turco oro*. Cette variété a un grain très-arrondi et de couleur orange. On la cultive dans le Bergamasque et le Vicentais. Ses tiges sont plus élevées que les tiges du *grano agostana*.

5° Le *maïs d'automne* ou *grano turco tardivo*. Cette variété produit des tiges très-fortes, des épis allongés et des grains imparfaitement arrondis et jaune foncé. Elle est la plus tardive de toutes les variétés cultivées dans le Piémont, la Lombardie et la Toscane. Ses tiges ont de deux à trois mètres de hauteur.

6° Le *maïs blanc d'automne* ou *grano tardivo bianco*. Ce maïs est aussi tardif que le précédent. Son grain est gros et blanc terne. On le cultive principalement sur les terres fraîches.

Le maïs est très-bien cultivé dans l'Italie septentrionale et l'Italie centrale. Il occupe ordinairement les plaines et les vallées. Ce n'est que très-rarement qu'on le voit croître au delà de 600 mètres au-dessus du niveau de la mer.

2° Terrains.

Le maïs est généralement cultivé sur des terres de consistance moyenne, perméables et fertiles. Les terres légères, graveleuses, profondes et bien fumées sont regardées à bon droit comme excellentes. Les unes et les autres ainsi que les sols d'alluvion et les terres sédimentaires riches qu'on appelle à bon droit *il fior di terra*, contiennent de 5 à 12 et même 15 à 20 pour 100 de carbonate de chaux.

3° Préparation du sol.

Les terrains sur lesquels on sème le maïs est préparé à bras ou à la charrue suivant leur étendue. Les sols qui sont sablonneux et perméables sont généralement labourés à plat ou en planches. Les terres de consistance moyenne, argilo-siliceuses ou silico-argileuses, les sols humides et les terrains sur lesquels le maïs est arrosé, sont disposés en petits billons de quatre raies ayant 0^m,70 à 0^m,75 de largeur.

On donne aux terres deux et quelquefois trois labours.

Le premier que l'on exécute souvent vers la fin de l'automne, est aussi profond que le permet l'épaisseur de la couche arable et la force de l'attelage dont on dispose.

On exécute le second à la fin de l'hiver ou au commencement du printemps après avoir appliqué le fumier qu'on destine au maïs.

Après cette opération, on rattèle ou on herse les billons dans le but de les rendre plus réguliers et de diminuer un peu leur élévation.

4° ENGRAIS.

Le maïs est exigeant ou épuisant. C'est pourquoi on fume ordinairement les terres qu'on lui destine. À défaut de fumier, dans la Toscane, on fertilise le sol avec des matières fécales (*pozzonero*). Dans le Bergamasque et le Frioul, on remplace le fumier par des fientes de vers à soie ou des litières de magnanerie ou des tontisses de laine.

5° PLACE DANS LES ASSOLEMENTS.

En général, le maïs alterne avec le froment dans les localités où on le cultive habituellement. Ainsi, tantôt il suit le froment d'hiver, tantôt il le précède. Voici la place qu'il occupe dans la succession de culture la plus suivie dans le Piémont :

1re	année	Maïs fumé.
2e	—	Froment.
3e	—	Froment.
4e	—	Seigle, puis maïs quarantino.

Le maïs quarantino est semé aussitôt que le seigle a été récolté. On le fait suivre par un trèfle qu'on enfouit en vert au printemps suivant. Cet engrais végétal remplace en grande partie le fumier.

On a adopté dans le Vicentais l'assolement ci-après :

1re	année	Maïs.
2e	—	Froment.
3e	—	Trèfle ordinaire.
4e	—	Froment.

Dans les meilleures parties du Padouan on suit la succession suivante :

1re	année	Maïs, suivi du maïs quarantino.
2e	—	Froment.
3e	—	Maïs.

Voici l'assolement que j'ai rencontré dans les plaines de Pise et de Lucques :

1re	année	Maïs avec haricots fumés.
2e	—	Froment, suivi de lupin blanc.
3e	—	Froment, suivi de millet.

Le lupin blanc est semé en août et septembre.
On l'enfouit en octobre ou novembre quand il a
0^m,40 à 0^m,50 de hauteur. Il assure la réussite du
blé qui suit son enfouissement.

Sur d'autres points de la Toscane on a adopté
l'assolement ci-après :

1re année	Maïs fumé.
2e —	Froment.
3e —	Trèfle ordinaire.
4e —	Froment suivi d'une vesce.

Cet assolement est regardé comme parfait par
les Toscans qui cultivent des terres de bonne qualité.

6° SEMAILLES.

Les semis se font à des époques qui varient selon
les variétés qu'on cultive. Ordinairement, on sème
les variétés tardives à la fin d'avril si on ne craint
plus de gelées, les variétés de seconde saison dans
la première quinzaine de mai et les variétés précoces, le *quarantino* et le *cinquantino*, aux approches
de la Saint-Jean (24 juin), c'est-à-dire après la récolte du blé et du seigle.

La quantité de graines à répandre par hectare
varie suivant la variété cultivée, la nature du sol et
le mode de semailles.

En général, on répand plus de semence sur les
terres sèches que sur les terrains où le maïs peut
être arrosé. D'un autre côté, les variétés hâtives obli-

gent à répandre plus de semence que les variétés tardives.

La quantité moyenne ne dépasse pas 60 à 70 litres par hectare.

Sur les terrains labourés à plat on répand les semences en lignes distantes les unes des autres de $0^m,60$ à $0^m,80$ suivant la richesse du sol et l'élévation qu'atteignent ordinairement les tiges de la variété qu'on cultive.

Quand on laboure la couche arable en billons ayant en moyenne $0^m,75$ de largeur, on fait répandre la graine à la main dans les sillons qui séparent les billons et on laboure en adossant autour des raies ensemencées, afin que celles-ci soient situées au centre des ados.

La petite culture sème le maïs à l'aide d'un plantoir muni à la partie inférieure d'une petite barrette en bois ou en fer ayant pour but de limiter la profondeur des trous.

Quand les terres ont été labourées à plat, on répand quelquefois les graines à la main dans les angles rentrant que les bandes de terre présentent superficiellement, et on les enterre par un hersage. Les angles ouverts ensemencés doivent être naturellement éloignés les uns des autres de $0^m,70$ à $0^m,80$.

Dans le but de prévenir l'apparition du charbon (*gozzo del formentone*) qui se développe à la floraison, quelques cultivateurs font chauler ou sulfater les graines de maïs avant de les confier à la terre.

7° SOINS D'ENTRETIEN.

Le maïs exige pendant sa croissance deux ou trois façons, afin qu'il végète toujours sur une terre meuble et propre.

Le plus ordinairement quand les premières feuilles ont de 0^m,10 à 0^m,16 on lui donne un premier binage.

Lorsque les terres ont été labourées en billons, à l'aide d'une charrue, on attaque légèrement les billons à droite et à gauche de chaque sillon. Cette opération, en diminuant la largeur des billons, comble les sillons, ameublit le sol et rend plus facile le binage. Celui-ci est ordinairement exécuté par des femmes ou des enfants.

Quand les tiges ont de 0^m,30 à 0^m,50 de hauteur, on laboure de nouveau le champ dans le but de reformer les billons et butter le maïs. Puis on pioche de nouveau la partie médiane des ados que la charrue n'a pu ameublir.

8° ARROSAGES.

On arrose le maïs sur toutes les terres où les irrigations sont possibles. Ce mode de culture rend les tiges plus fortes, plus vigoureuses et il accroît notablement le produit en grain.

Un débit continu d'eau de 34 litres par seconde permet d'arroser environ 70 hectares de maïs, soit un débit d'un litre pour deux hectares.

Ainsi, si on suppose la durée de l'arrosage de cinq mois, chaque hectare pourra recevoir pendant ce temps environ 700 mètres cubes d'eau.

Les arrosements qu'on exécute dans les cultures de maïs sont peu nombreux, à moins que les terres soient très-sèches. Ordinairement ils ne dépassent pas douze par saison ou deux ou trois par mois.

Quelquefois même on n'en exécute que six à huit, soit un ou deux par mois.

Il est utile d'arroser le maïs avec modération. Une trop grande quantité d'eau à chaque arrosage ou des arrosements trop répétés, énervent les plantes et rendent leur fructification moins certaine. C'est en ayant égard à ce principe que les Milanais, les Lucquois, les Piémontais, sont parvenus à récolter, dans les cultures à l'arrosage, jusqu'à 60 et 80 hectolitres de maïs par hectare. Les maïs qu'on irrigue en temps utile, ont des tiges qui ont en moyenne 3 mètres de hauteur.

Le billonnage se prête mieux à ces arrosements que les terres labourées à plat, parce qu'il permet de faire circuler l'eau dans les sillons, disposition qui rend plus complète à chaque arrosage, l'imbibition de la couche arable.

On doit arroser toutes les fois que cela est possible entre le coucher et le lever du soleil.

9° Écimage du maïs.

Quand la fécondation a eu lieu, c'est-à-dire lorsque les étamines des fleurs femelles ont perdu leur couleur blanc verdâtre, leur éclat soyeux, pour prendre une teinte brune, on coupe ou on casse l'extrémité de chaque tige un peu au-dessus du nœud qui domine l'épi supérieur. Cet écimage a pour but d'enlever les fleurs mâles, d'arrêter le mouvement ascensionnel de la séve et de forcer celle-ci à s'arrêter dans la tige sur les points où les épis ont pris naissance. Il a l'avantage de fournir une certaine quantité de fourrage vert et de faciliter le développement des épis.

On pratique chaque année cette opération très en grand dans le Bergamasque, le Vicentin et une partie du Lucquois. Les agriculteurs qui l'ont adoptée, se plaisent à dire qu'elle ne nuit en aucune manière à la végétation du maïs et à la maturité du maïs. On ne l'exécute en France que sur divers points du département des Basses-Pyrénées.

10° Effeuillage du maïs.

Lorsque le maïs commence à mûrir et avant que tous les grains des épis aient pris la teinte qui caractérise la variété à laquelle il appartient, dans diverses localités, on prive ses tiges de toutes leurs feuilles. Ces organes sont donnés aux bêtes à cornes et leur enlèvement ne nuit nullement à la maturité des épis.

Les champs de maïs, qu'on a ainsi traités, ont un aspect particulier, puisque les tiges ne portent plus que les épis qu'on récoltera à la fin de l'été.

Cette effeuillaison a, en outre, l'avantage de permettre à la chaleur solaire de mieux agir et sur la couche arable et sur les tiges et les épis.

On doit éviter d'exécuter cet effeuillage trop tôt, car il aurait alors de graves inconvénients.

11° Insectes et plantes nuisibles.

Le maïs est attaqué par divers insectes et il est sujet à plusieurs altérations.

L'insecte qui cause les plus grands dommages dans la culture du maïs est la *taupe grillon* que les Italiens désignent sous le nom de *zuccajola*. Il faut aussi signaler le *criquet d'Italie* (Acrydium italicum) qui est très-redouté dans le Mantovan et la campagne de Rome et le *taupin du maïs* (Elater maïdis) dont la larve attaque les jeunes racines. On ne connaît pas de moyens pour prévenir les dégâts que causent ces divers insectes dans les cultures de maïs.

Les maladies qu'on observe sur cette plante alimentaire sont au nombre de trois : le *verdet* ou *vert de gris* (Sporisorium maïdis) que les Italiens appellent *verderame*, le *charbon* (Uredo maidis) que l'on désigne souvent sous le nom de *mortella* et l'*ergot*.

Le verdet est répandu dans toute l'Italie septentrionale ; on est porté à croire qu'il fait naître la *pellagre* chez les habitants qui font usage de grains de maïs qu'il a altérés[1].

Le maïs ergoté est désigné sous le nom de *grano turco peladero*.

Le charbon est très-commun dans les localités où le maïs végète vigoureusement sous l'influence des arrosages.

12° RÉCOLTE ET ÉGRENAGE.

Le maïs mûrit depuis le mois de juillet jusqu'en octobre, suivant la variété qu'on cultive et l'époque à laquelle on a opéré les semis. Le *maïs quarantino* qu'on sème à la Saint-Jean est récolté dans la première semaine de novembre.

Quand les épis ont été détachés des tiges et dépouillés de leurs feuilles, on les étend en couche mince au soleil et on les remue souvent pour qu'ils se sèchent plus promptement. Lorsque les grains et les rafles ont perdu presque toute leur eau de

---

1. Voir page 322.

végétation, on les bat au fléau sur des aires en plein soleil.

Dans diverses provinces du Piémont, on opère l'égrenage des épis en les frappant avec des gaules après les avoir placés sur des claies ayant 2 mètres de longueur et 1ᵐ,30 de largeur. Ces claies étant soutenues par des chevalets, laissent tomber à terre les grains que les gaules ont détachés des épis.

Depuis dix années environ çà et là, on a substitué à la gaule et au fléau les machines à égrener dont on fait usage depuis 1850 dans le sud-ouest de la France.

Le maïs, après avoir été égrené, est exposé à l'action du sol pendant plusieurs jours sur des aires à battre. Lorsqu'il est bien sec, on le dépose dans des greniers. En Toscane, on l'enfouit après qu'il a été récolté dans des cavités souterraines garnies intérieurement d'une bonne couche de paille, dans le but de le soustraire aux insectes qui l'attaquent et qui diminuent sa valeur alimentaire.

43° Rendement par hectare.

Cette céréale est toujours productive en Italie parce qu'elle y est bien cultivée.

Le maïs quarantain, qui est le plus précoce, est le moins productif ; en général, il ne donne pas au delà de 20 à 25 hectolitres par hectare. Le maïs d'été produit en moyenne de 40 à 50 hectolitres. La variété la plus productive est le maïs d'automne; en général, elle donne de 70 à 80 hectolitres par hectare.

14° Emploi du maïs.

Le maïs est une plante d'une grande ressource. La farine qu'on extrait de son grain est utilisée seule ou mêlée à la farine de froment.

On l'emploie pour faire : 1° la *farinata* ou bouillie épaisse au gras qu'on mange comme les gaudes ; 2° la *polenta* ou bouillie très-épaisse cuite à l'eau ou au lait.

On laisse refroidir la polenta avant de la couper par tranches qu'on fait rôtir sur le gril pendant quelques minutes. On la mange quelquefois lorsqu'elle est froide sans la faire griller. C'est par exception qu'on l'aromatise avec de la vanille ou du citron. Elle remplace souvent le pain.

Les feuilles du maïs alimentent dans la Vénétie plusieurs grandes papeteries. Le papier qu'on en obtient est de très-bonne qualité.

Le maïs est un aliment sain et salubre, ainsi que le témoignent l'agilité des habitants du Tyrol et la force athlétique des Bergamasques.

CHAPITRE IX.

LA PELLAGRE.

—

Le maïs a-t-il la propriété d'engendrer la pellagre (*pellagra*) chez les populations qui font un grand usage de son grain ?

Cette affection cutanée, véritable lèpre qu'on appelle quelquefois *male rossa*, est devenue endémique dans plusieurs vallées de l'Italie. Elle se montre ordinairement en avril et mai pour persister jusqu'à l'automne et elle débute par des rougeurs qui apparaissent sur la figure, le cou et le dos des mains, c'est-à-dire sur les parties qui sont exposées à l'action du soleil. Le plus généralement elle est précédée par un malaise et un grand abattement. Lorsque cette maladie prend plus d'intensité, le pellagreux a des vertiges et des convulsions ; il devient mélancolique, ses fonctions digestives se troublent, ses facultés intellectuelles s'affaiblissent et souvent la mort le frappe au milieu de sa folie.

La pellagre a de profondes racines, dit le docteur Pisani, dans la Lombardie, La Vénétie et l'Émilie. On a constaté, ajoute-t-il, que 1253 communes de la Lombardie, sur lesquelles vivent 1 446 702 habitants, ont eu, en 1845, 20 282 pellagreux. La province de Côme, qui compte 271 686 habitants, a, eu la même année, d'après le docteur Tassani, 2221 pellagreux.

Cette terrible maladie est-elle occasionnée par les rizières? Le docteur Pisani l'affirme, mais comme elle sévit en Italie et en France dans les localités où il n'existe aucune de ces cultures aquatiques, on est forcé de lui attribuer d'autres causes.

Strombio qui avait étudié cette endémie en 1785 avec beaucoup de soins dans l'hôpital des pellagreux de Legrano, dit qu'elle est déterminée par le maïs. Cette opinion a été confirmée par Marzari et les hommes qui ont cherché en Italie à connaître les causes qui rendent la pellagre véritablement endémique.

Toutefois, en 1844, Balardini, tout en reconnaissant que le maïs produisait la pellagre, a soutenu que c'était le maïs attaqué par le *verdet* (*verderame*) qui seul la déterminait. Le docteur Zampiceni a reconnu le bien fondé de cette opinion en constatant que la grande épidémie qui a décimé Pressaglia en 1853 et 1854, avait coïncidé avec l'arrivée de maïs altéré par le *verdet*, qu'on venait d'importer en grande quantité des provinces danubiennes. En 1357, le docteur Costellat, de Bagnères-de-Bigorre, constata que la recrudescence de la pellagre concordait avec la présence sur les marchés de très-grandes quantités de maïs attaqué par le *verdet*.

M. le docteur Landouzy, ayant observé des cas de pellagre dans l'hôpital de Reims, crut possible d'avancer que la pellagre est partout, et que si on ne l'aperçoit pas c'est qu'on méconnaît l'érythème qui la caractérise.

On ne peut mettre en doute les faits signalés par M. Landouzy, mais on est en droit de se demander si les pellagreux observés à Reims n'avaient pas habité un des départements de l'est dans lequel le maïs est cultivé en grand et où son grain entre dans l'alimentation. Nonobstant, il est constant que si la pellagre peut frapper une personne qui n'a pas consommé de maïs, ce grain rend la marche de cette maladie plus rapide et plus terrible.

Mais est-il exact de dire que cette redoutable maladie de la peau sévit principalement sur les classes rurales ? Si on a constaté à Verceil que la plus grande partie des pellagreux venait de la campagne, on a reconnu que sur 1000 pellagreux qui entrent dans les hôpitaux du Piémont, du Milanais et du duché de Modène 300 à 400 seulement appartiennent à la classe agricole. Les autres pellagreux habitent les villes ou les petites bourgades.

Enfin, un fait qu'on a constaté, c'est que sur 100 personnes affectées par la pellagre, on compte ordinairement moitié plus d'hommes que de femmes. C'est particulièrement sur les personnes qui ont plus de trente ans que sévit ce terrible fléau.

En résumé, la pellagre apparaît principalement sur les populations qui

1° Habitent des locaux humides et non aérés ;

2° Consomment des aliments de mauvaise qualité ;

3° Font usage de farine provenant de maïs avarié par le *verdet*.

On peut soutenir que la farine de maïs de bonne qualité n'a jamais occasionné aucun des symptômes qui présagent l'apparition de la pellagre chez les personnes qui en mangent depuis longtemps.

Le moyen de prévenir cette fâcheuse maladie consiste donc à examiner avec soin les épis de maïs à l'époque à laquelle on les récolte et de surveiller la vente du maïs sur les marchés. C'est en agissant ainsi qu'il sera possible de rejeter et d'éloigner de la consommation tous les grains qui ont une tache verte ou qui ont été altérés par le *verdet*.

Tous les pellagreux ne sont pas regardés comme perdus à tout jamais. Sur 1000 qui en Italie entrent dans les hôpitaux, 300 seulement succombent à l'influence du mal.

C'est en confinant les malades dans des locaux bien aérés, en les nourrissant avec des aliments dans lesquels il n'entre aucune particule de farine de maïs, qu'on est parvenu à obtenir environ 70 guérisons réelles sur 100 malades.

Le plus ordinairement la mort chez les pellagreux est précédée par la folie.

En général, on parvient à guérir cette grave affection, qu'on regarde bien à tort comme héréditaire dans le Frioul et la Vénétie, en la traitant vigoureusement à son début.

CHAPITRE X.

LE CHANVRE DE BOLOGNE.

J'ai dit en faisant connaître l'aspect du Bolonais
et du Ferrarais, que ces provinces, les deux plus fertiles de l'ancienne Cisalpine, devaient être regardées
comme le foyer de la culture chanvrière. La statistique constate que cette culture occupe annuellement 17 000 hectares dans le Bolonais et 18 000
hectares dans le Ferrarais. Ces immenses surfaces
produisent, en moyenne, 20 000 000 kilogrammes
de filasse chaque année.

Le chanvre est aussi cultivé dans la Toscane, la
Lombardie et le Piémont, mais les superficies qu'il
occupe dans ces provinces sont bien faibles si on
les met en parallèle avec les surfaces qui précèdent.

Le chanvre que l'on cultive dans le Bolonais et
le Ferrarais est la variété à laquelle on a donné le
nom de *chanvre géant* et que les Italiens appellent
canapa gigantea. On l'a appelé ainsi parce que ses

tiges ont ordinairement de 4 à 6 mètres de hauteur selon la nature, la fertilité et la fraîcheur du sol où il est cultivé.

Cette variété est souvent cultivée avec succès dans les riches vallées du Dauphiné.

La culture du chanvre dans cette partie de l'Italie est déjà ancienne, mais le professeur Botter, de Bologne, lui a fait subir d'importantes modifications depuis 1850, perfectionnements qui ont permis aux agriculteurs de réaliser de plus grands bénéfices.

1° NATURE DU SOL.

Le chanvre est difficile sur le choix du terrain. Il demande des sols profonds, frais, fertiles et de consistance moyenne. Les terres argileuses ou tenaces lui sont contraires; il en est de même des sols silicieux ou sablonneux et des terres crayeuses ou très-calcaires.

Le sol du Bolonais où le chanvre est cultivé a été formé par les alluvions successives du Pô. Il est généralement riche, profond, gris cendré, silico-calcaire et il renferme quelques paillettes de mica argenté.

Le sous-sol sur lequel il repose est brun, jaune foncé et silico-ferrugineux; il contient aussi quelques paillettes de mica blanc.

Voici deux analyses que je dois à l'obligeance de

M. Caillat ; elles indiquent la proportion des éléments constituant le sol et le sous-sol du Bolonais :

	Sol.
Sable très-fin.	45,80
Silice impalpable.	26,05
— hydratée.	0,45
Carbonate de chaux.	14,20
— de magnésie. . . .	1,47
Peroxyde de fer	2,80
Alumine	2,68
Sels acalins.	4,56
Acide phosphorique	0,32
Matières organiques	1,55
Perte.	0,12
	100,00

	Sous-sol.
Sable et gravier	48,68
Silice impalpable.	36,70
— hydratée.	0,05
Alumine	1,20
Oxyde de fer.	13,30
Perte.	0,07
	100,00

Le sol du Ferrarais est à peu de chose près de
même nature, mais il est plus riche en matières
organiques.

2° PLACE DANS LES ASSOLEMENTS.

Le chanvre fait partie de toutes les successions
de culture suivies dans le Ferrarais et le Bolonais,
et il revient ordinairement tous les deux ans sur

le même terrain. L'assolement le plus répandu est biennal ; il comprend les cultures suivantes :

1re	année	Chanvre fumé.
2e	—	Froment.

C'est par exception qu'on remplace cet assolement biennal par la succession de culture ci-après :

1re	année	Chanvre fumé.
2e	—	Trèfle.
3e	—	Froment.

Quand on cultive du maïs, on suit l'assolement quinquennal suivant :

1re	année	Chanvre fumé.
2e	—	Froment.
3e	—	Chanvre fumé.
4e	—	Trèfle.
5e	—	Maïs.

Cet assolement exige de fortes fumures.

3° Préparation du sol.

La culture du chanvre se fait au tiers ou à la moitié suivant le mode de préparation qu'on donne à la terre. Lorsque la couche arable est défoncée au moyen du pelleversage (*ravagliatura*). Les produits sont partagés par moitié entre le propriétaire et le métayer. Ce dernier n'a droit qu'au tiers de la récolte, quand la terre est défoncée à la charrue.

Le chanvre ayant une racine très-forte et pivotante exige que les terres qu'on lui destine soient bien préparées.

Pendant longtemps le défoncement du sol a été exécuté à bras. Les ouvriers qui exécutaient ce travail se servaient d'une bêche très-forte rappelant par ses dispositions le grand *louchet* des Flamands. Cette bêche est désignée dans le Bolonais et le Ferrarais sous le nom de *vanga da raviglia*. Voici comment on exécute ce pelleversage : douze hommes armés de cette bêche suivent la charrue, bêchent le fond de la raie et jettent la terre qu'ils ont soulevée sur le labour. Par cette opération, que l'on fait toujours pendant les mois de novembre et de décembre, on expose le sous-sol à l'influence fécondante des agents de l'atmosphère. Cette opération bien exécutée est très-satisfaisante, mais elle a le grave inconvénient d'occasionner une forte dépense par hectare.

M. Marion Aventi ayant importé dans le Bolonais, en 1845, l'araire Dombasle, M. Botter n'a pas tardé à constater que cette charrue, après avoir été modifiée dans quelques-uns de ses détails, permettrait de renoncer au pelleversage. Les espérances du savant professeur ont été complétement justifiées. Dans l'espace de quinze années, il a fait construire 5000 araires que les agriculteurs du Bolonais et du Ferrarais ont acceptés avec empressement.

L'araire de M. Botter est connu sous le nom d'*aratro ravagliatore*. Il est traîné par trois paires de bœufs et pénètre jusqu'à 0^m,30 de profondeur. Les cultures de chanvre qu'on fait naître sur les terres qui ont été défoncées avec cet instrument aratoire, réussissent aussi bien que si elles se développaient sur un champ qu'on aurait défoncé au moyen du pelleversage (*ravagliatura*). Au besoin on peut avec l'araire Botter exécuter des labours profonds de 0^m,50.

Voici l'ordre qu'on suit ordinairement dans la préparation des terres qu'on destine à la culture chanvrière :

1° En juillet, à l'aide d'une charrue ordinaire (*aratro ripuntatore*), on déracine et on enfouit le chaume du froment, céréale qui précède toujours le chanvre.

2° En août, avec le même instrument et après avoir fumé le champ, on laboure de nouveau et on abandonne la terre à elle-même. Ordinairement, on l'ensemence en fèves avant de la labourer, afin que les semences de cette légumineuse soient placées à 0^m,08 ou 0^m,10 de profondeur. Quand on répand les semences de fèves sur le labour, on les enterre par un hersage très-énergique.

3° En novembre ou en décembre, on enfouit les fèves qu'on a semées vers le 25 août et qui ont de 0^m,30 à 0^m,50 de hauteur. On profite de cette opération pour exécuter le pelleversage ou pour opérer un défoncement avec l'*aratro ravagliatore*.

On ne sème pas toujours les fèves seules. Quelquefois on les allie au colza, et, parfois même, on les remplace par cette crucifère.

4° FERTILISATION.

Le chanvre est une plante très-épuisante. C'est pourquoi il est nécessaire, si on veut qu'il produise des tiges élevées, de fumer fortement les terres qu'il doit occuper. Quand au second labour, on ne sème pas de fèves, on enfouit entre deux terres au troisième labour des rognures de cornes ou des pelures d'agneaux ou des plumes de dindons.

Lorsqu'on applique en même temps des plumes et une demi-fumure composée de fumier d'étable, on emploie les plumes à la dose de 100 à 400 kilogrammes. Les grosses plumes valent en moyenne 45 francs, les moyennes 30 francs et les petites 25 francs les 100 kilogrammes. On a souvent constaté, dit-on, que ces engrais donnaient du *luisant* et de la qualité à la filasse de chanvre.

Les rognures de cornes (*rotino da rizza*) sont appliquées à raison de 400 kilogrammes par hectare; on les achète de 26 à 30 francs les 100 kilogrammes. On divise les cornes, les onglons, les sabots à l'aide d'une roue placée horizontalement et dans laquelle on a fixé quatre, cinq ou six rabots. Cet appareil a été imaginé par M. Giovanni Cocchi ; on le met en mouvement à l'aide d'un manége ou d'une courroie fixée à un moteur. Les rabots ne peuvent diviser les cornes ou les sabots que lorsque ces parties on été ramollies par la vapeur ou la chaleur.

Une seule de ces machines peut diviser 480 000 kilogrammes de cornes par an.

En général, les terres du Ferrarais sont moins abondamment fumées que celles qu'on destine au chanvre dans le Bolonais.

5° SEMAILLES.

Avant de semer, on herse le champ, afin de le bien régaler et le diviser.

Les semis se font vers le 15 de mars à la main et à la volée, à raison de 70 litres de graines nouvelles par hectare. C'est par exception qu'on sème le chanvre en février et qu'on répand 125 à 150 litres de graines par hectare. On n'agit ainsi que lorsqu'on désire récolter des tiges moins fortes et de la filasse plus fine. En général, les pieds de chanvre qui proviennent de semis drus et qui par conséquent s'étiolent pendant leur végétation, fournissent de la filasse qui n'a plus cette force qui est l'apanage des filasses que produisent le Bolonais et le Ferrarais.

L'expérience prouve chaque année que la culture est bonne, quand les pieds de chanvre sont éloignés les uns des autres de $0^m,04$.

On sème ordinairement de bonne heure afin que les plantes soient déjà fortes quand arrivent les fortes chaleurs et qu'elles les supportent mieux. Dans le Bolonais comme dans le Ferrarais, le chanvre résiste bien aux gelées qui surviennent quand il commence à s'élever.

Après le semis qui doit être exécuté avec la plus grande attention, afin qu'il soit aussi régulier que possible, on herse et on roule. Quand on opère sur de petites surfaces, on enfouit la graine avec le râteau.

Après ces deux opérations, on répand ordinairement un engrais pulvérulent : de la colombine ou du guano. Ces engrais ont l'avantage de hâter le développement des jeunes plantes.

6° Soins d'entretien.

Quand, après le semis, la superficie du champ a été durcie par l'action simultanée de la pluie et du soleil, on brise la croûte qu'elle présente à l'aide d'un rouleau à pointes.

Lorsque les plantes ont de $0^m,15$ à $0^m,30$ de hauteur et qu'on observe qu'elles végètent concurremment avec des mauvaises herbes, on fait arracher celles-ci par des femmes habituées chaque année à sarcler le chanvre.

7° PLANTES ET INSECTES NUISIBLES.

Cette plante industrielle a divers ennemis.

D'une part, elle périt presque toujours quand elle est envahie par l'*orobanche rameuse* qu'on appelle *scalogna*. Ce redoutable parasite s'implante sur la racine et épuise le pied de chanvre sur lequel il s'est développé. On doit arracher et brûler avec soin tous les pieds mâles ou femelles sur lesquels on le voit croître.

De l'autre, le chanvre est attaqué dans les sols riches par un insecte qu'on appelle vulgairement *bigatella* et qui n'est autre que le *botrys sileacralis*. Cet insecte ronge l'intérieur de la tige jusqu'à ce qu'elle soit renversée par le vent. Le pied de chanvre qui a été ainsi détruit est appelé *scavezzone;* on ne peut l'utiliser dans la plupart des cas.

8° RÉCOLTE.

On arrache les pieds mâles quand leurs fleurs sont développées et lorsque les fleurs des pieds femelles commencent à jaunir. Cette opération se fait ordinairement vers la fin de juillet.

On procède à la récolte des pieds femelles quand il sont défleuris ou lorsque les graines sont mûres.

Dans les deux cas, on coupe les tiges rez de terre

avec une serpe, on les dispose en javelles sur le sol,
puis on les secoue pour faire tomber les feuilles.
Après ces diverses opérations, on les met en bottes de 10 à 12 poignées c'est-à-dire ayant environ
0^m,25 de diamètre à leur partie médiane.

9° TRIAGE DES TIGES.

Quand les pieds mâles et les pieds femelles sont
presque secs, on les assortit suivant leur grosseur
et leur longueur. Cette opération à laquelle on a
donné le nom *tirare*, se fait de la manière suivante :
on délie les bottes et on les place horizontalement
entre plusieurs piquets, en allignant tous les pieds
de telle sorte qu'ils touchent à la surface d'un mûr
ou qu'ils soient situés dans un même plan. Aussitôt que la masse est épaisse de 0^m,50 à 0^m,70, on
place sur sa surface un très-fort madrier méplat
dans le but de la presser et pour que les tiges qui
la forme ne se dérangent pas pendant l'opération.
Alors, on tire le chanvre pour ainsi dire brin à brin
en saisissant les tiges de même longueur par leurs
extrémités supérieures. Quand par cet étirement
qu'on appelle *tiratara* on possède deux fortes poignées on réunit celles-ci en une petite botte en
ayant soin de mettre ces poignées têtes bêches. Lorsque cette botte a été liée, à l'aide d'une serpe à
lame droite ou d'une petite hache et d'un billot on
coupe les extrémités des tiges qui dépassent les

22

racines. Chaque botte porte deux à trois liens selon la longueur du chanvre.

Les tiges de chanvre qui ont de 4 à 5 mètres sont coupées en deux. Les bottes ont alors en moyenne $2^m,25$ de longueur.

10° ROUISSAGE.

Le rouissage a lieu artificiellement dans le Bolonais et le Ferrarais. On le nomme *maceratoi artificiali*. On l'exécute dans des routoirs (*macero*) en pierres, en bois ou en terre. Les routoirs garnis de planches sont ceux qu'on rencontre le plus fréquemment. Ils sont ordinairement situés à l'intérieur des terres labourables. L'eau avant le rouissage y forme une nappe ayant environ un mètre d'épaisseur (fig. 11).

Ces routoirs ont en moyenne $1^m,70$ à 2 mètres de profondeur. L'eau qu'ils contiennent provient des pluies ou de sources ou d'une dérivation ayant son point de départ sur la rive d'une rivière ou d'un canal. Quoi qu'il en soit, elle est ordinairement dormante pendant la durée du rouissage.

Les pieux qui existent en grand nombre dans ces réservoirs sont reliés les uns aux autres dans le sens de la longueur du routoir par des traverses solidement fixées.

C'est sous ces pièces longitudinales qu'on engage transversalement les barres à l'aide des-

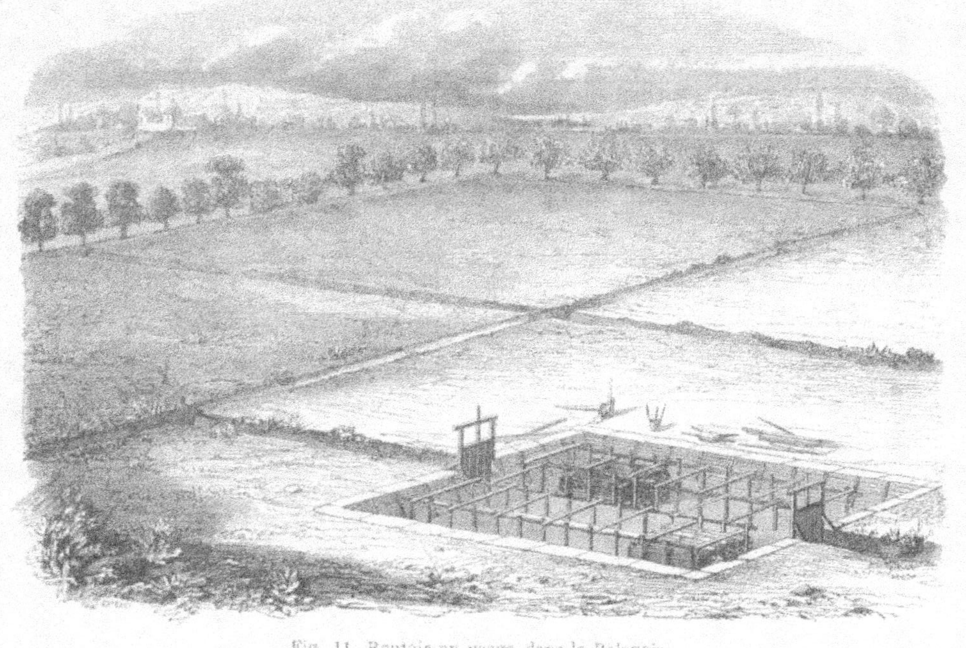

Fig. 11. Routoir en usage dans le Bolonais.

quelles on presse les bottes de chanvre les unes contre les autres.

Avant de placer le chanvre dans le routoir, on consolide les pieux qui n'ont pas la fixité voulue avec un fort pilon à trois branches appelé *becchetta*. Lorsque le routoir a été préparé, on y dépose les bottes de chanvre en les plaçant de manière qu'elles soient parallèles à la direction des pièces placées à la partie supérieure des pieux. Quand l'intervalle compris entre deux rangées de pieux a été rempli à l'aide d'un levier qu'on engage sous une des pièces longitudinales précitées, on exerce une forte pression sur les bottes afin de pouvoir les serrer les unes contre les autres, et on place les barres transversalles ainsi que l'indique la figure qui précède[1].

Lorsque le routoir a été ainsi rempli ou quand toutes les bottes ont été mises au rouissage, on fait arriver l'eau si cela est nécessaire et on abandonne le tout à lui-même.

L'eau qui s'échauffe très-promptement et qui entre vite en fermentation, rend le rouissage très-rapide. Cette opération est ordinairement terminée entre le cinquième et le septième jour quand le

1. Les routoirs, dans la vallée de Grésivaudan, sont semblables à ceux du Bolonais, à cette exception, toutefois, que leurs parois ne sont pas revêtues de planches et que les bottes de chanvre y sont maintenues à l'aide de très-grosses pierres.

routoir est garni de pierre ; elle dure de six à huit jours quand l'intérieur est revêtu de planches. Le chanvre vert (*canape verde*) exige moins de temps que les tiges qu'on a arrachées très-tardivement ; en outre, la filasse qu'il fournit est plus blanche et plus fine.

Ce rouissage artificiel rend la filasse plus souple et plus nerveuse.

Quand il est terminé, on retire les bottes de chanvre du routoir et on les dresse sur le champ le plus voisin pour les faire sécher. Cette opération dure ordinairement deux jours.

Lorsque le routoir contient de l'eau dormante on enlève celle-ci après le rouissage à l'aide d'une pompe à main.

11° Broyage des tiges.

La préparation qu'on fait subir au chanvre après le rouissage est appelée : *discanapulazione*.

L'opération qui a pour but de briser les tiges est désignée sous le nom de *scavezzatura*.

L'appareil qui sert à détacher la chenevotte (fig. 12) se compose de cinq *battes* attachées aux extrémités de cinq membrures fixées sur un arbre de couche portant à l'une de ses extrémités une lanterne qui est en communication avec une roue dentée verticale. Cette roue est située à l'extrémité de l'arbre de couche d'un manége.

Fig. 12. Appareil pour détacher la chenevotte du chanvre.

Quand on veut se servir de cet appareil on place sur le banc légèrement incliné près duquel passent successivement toutes les battes, une forte poignée de tiges de chanvre bien sèches qu'on avance graduellement afin qu'elles reçoivent l'action des battes sur la moitié environ de leur longueur. La chenevotte que cette opération détache des tiges tombe en avant du banc. Lorsque les fibres ont été mises à nu sur la moitié de la longueur des tiges, on enlève la poignée pour soumettre la partie qui n'a pas été préparée à l'action des battes. L'opération est terminée quand toute la chenevotte (*canapulo*) a été détachée. Alors, on retire la filasse de dessus le banc et on la remplace immédiatement par une nouvelle poignée de tiges brutes.

La filasse qu'on obtient par cette opération est grossière et propre seulement à la fabrication des cordages.

L'appareil dont-il vient d'être question, est désigné sous le nom de *ventaglio*. Il doit être construit très-solidement.

12° Séparation des fibres.

L'opération qui a pour but de séparer les fibres les uns des autres et de les rendre plus souples, est connue sous le nom de *maciullaturra*. On l'exécutait autrefois à l'aide de la maque ou broie ordinaire (*maciulla*); mais dans ces dernières années on

a remplacé cet appareil par des machines particulières qui ont l'avantage de rendre le travail plus
économique et plus rapide.

Ces appareils sont munis de deux ou de quatre
cylindres cannelés et placés horizontalement.

Les machines à deux cylindres (fig. 13) ont un

Fig. 13. Appareil à deux cylindres pour séparer les fibres.

bâtis à l'intérieur duquel sont situés deux montants
destinés à supporter les cylindres. Le cylindre inférieur est fixe ; le cylindre supérieur est mobile ,

mais il presse sur le précédent par son propre poids et par l'intermédiaire de deux leviers sur lesquels agit une forte pierre située en contre-bas du cylindre.

Cet appareil a été inventé par M. Franchini, de Bologne.

La fig. 14 représente un appareil du même genre perfectionné par M. Bernagozzi ; il diffère du précédent en ce que la pierre qui exerce une pression sur le cylindre mobile est placée au sommet de la machine et qu'on peut à l'aide du levier qu'on observe sous le cylindre inférieur, éloigner aisément le rouleau mobile du rouleau fixe.

Les appareils à quatre cylindres sont munis inférieurement de deux cylindres à petites cannelures et de deux cylindres supérieurs à cannelures plus grandes.

La filasse qui subit l'action de ces appareils acquière de la douceur, de la souplesse et elle est entièrement débarrassée de la chenevotte qui y était restée adhérente.

Il est nécessaire que chaque appareil soit desservi par deux ouvriers. L'un engage la filasse entre les deux cylindres et l'autre reçoit celle-ci pour la remettre au premier ouvrier. La filasse qui a subi plusieurs fois l'action des cylindres est plus ou moins ondulée selon la pression qu'elle a éprouvée.

Ces divers appareils sont mis en mouvement par
un manége à un cheval. Ils sont plus parfaits que

Fig. 14. Appareil à deux cylindres de Bernagozzi.

les machines à broyer dont on fait usage dans le
département de l'Isère.

13° Sérançage de la filasse.

On termine la préparation de la filasse en la peignant à l'aide de peignes (*pettini*) ou sérans ayant de longues dents. Cette opération (*gargiolo*) doit être confiée à des ouvriers habiles.

Le *peigne le plus gros* (fig. 15) est armé de dents

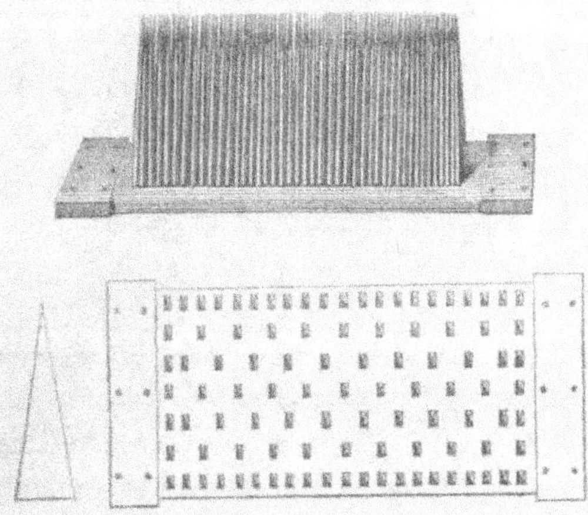

Fig. 15. Peigne grand modèle.

pointues ayant $0^m,16$ de hauteur et $0^m,009$ de largeur à leur base sur $0^m,004$ d'épaisseur. Ces dents sont écartées intérieurement les unes des autres de $0^m,028$ et sur les deux rangées externes de $0^m,0013$. Ce séran a $0^m,30$ de longueur sur $0^m,16$ de largeur.

Le *peigne moyen* (fig. 16) a des dents qui ont $0^m,16$ de hauteur et $0^m,008$ de largeur à la base

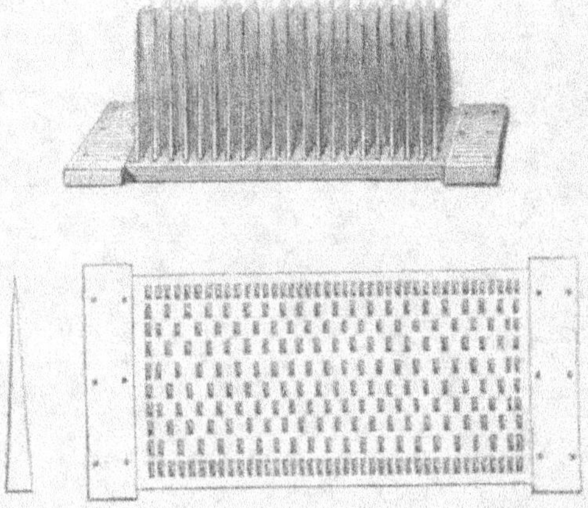

Fig. 16. Peigne moyen modèle.

sur $0^m,003$. Ces dents sont écartées intérieurement de $0^m,02$ et sur les rangées externes de $0^m,008$. Ce peigne a $0^m,26$ de longueur sur $0^m,15$ de largeur.

Le *peigne le plus fin* (fig. 17) est muni de dents très-fines ayant $0^m,10$ de hauteur et $0^m,005$ de largeur à leur base sur $0^m,0025$ d'épaisseur. Ces dents sont écartées intérieurement de $0^m,02$ et sur les deux rangs extérieurs de $0^m,004$. Ce peigne a $0^m,24$ de longueur sur $0^m,10$ de largeur.

La filasse est d'abord peignée avec le séran le plus gros, puis avec le peigne moyen et ensuite avec le séran le plus fin.

Les filasses après avoir été ainsi travaillées sont disposées en écheveaux et ces derniers en paquets

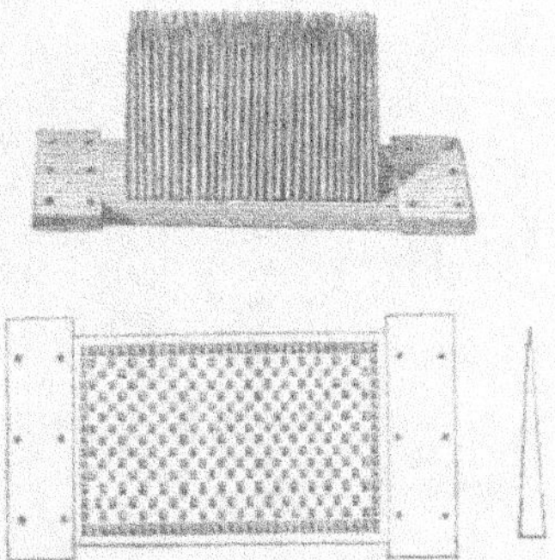

Fig. 17. Peigne petit modèle.

appelés *peso*. Ces liasses pèsent en moyenne 12 kilogrammes 50.

14° Adoucissage de la filasse.

Lorsqu'on veut obtenir une filasse de premier choix destinée à la fabrication de belles toiles à l'usage domestique, on la soumet après l'avoir peignée avec le séran à grosses dents à l'action d'un rouleau en fonte cannelé ayant la forme d'un tronc de cône, dans le but de l'assouplir et d'augmenter sa valeur commerciale. Cet appareil a été propagé dans le Bolonais par M. Paganoni. Il est employé par M. Contourmont à Chalon-sur-Saône.

Ce tronc de cône (fig. 18) roule sur lui-même

dans un bassin circulaire. Il est mis en mouvement par un arbre vertical muni d'une lanterne et

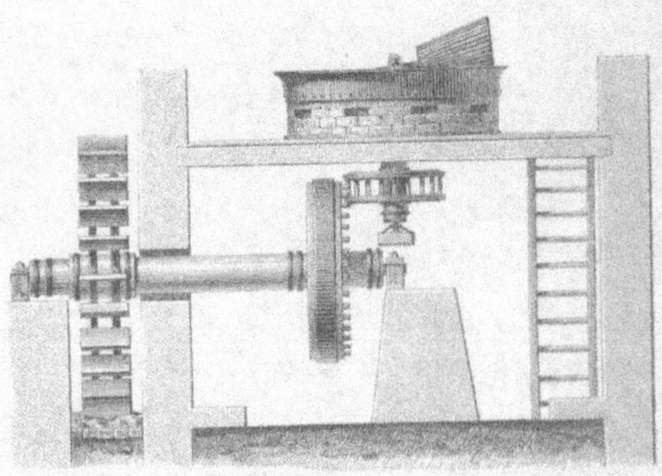

Fig. 18. Appareil pour adoucir la filasse.

ayant son pivot dans une crapaudine soutenue par une poutre. La lanterne est en communication avec une roue dentée fixée à l'extrémité d'un arbre d'une roue hydraulique. Au besoin cet arbre de transmission peut être situé dans un plan supérieur au bassin.

Le cylindre conique pèse de 450 à 500 kilogrammes ; il doit faire 60 tours par minute.

Lorsqu'on veut se servir d'un tel appareil on garnit le fond du bassin (fig. 19) qui est incliné

du centre à la circonférence d'une couche de poignées de filasse en ayant soin de bien les placer
afin qu'elles forment une couche uniforme quant à son épaisseur.

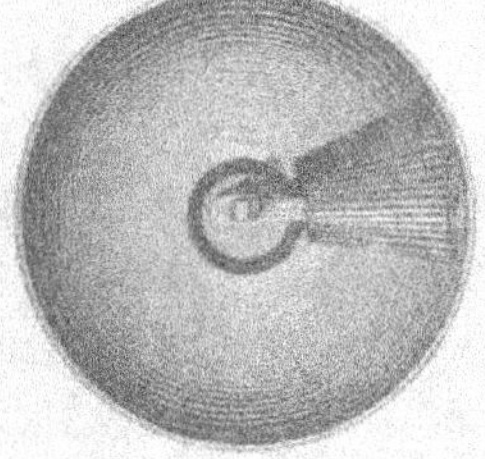

Fig. 19 vue horizontale de l'appareil à assouplir.

Lorsque le chanvre a été ainsi disposé on met la roue hydraulique lentement en mouvement pour que le cylindre presse bien également la filasse. Quand le tronc de cône tourne sur lui-même sans rebondir, on augmente la vitesse de la roue hydraulique.

Sous l'action continuelle des saillies des cannelures et de la pression qu'elles exercent sur le chanvre, les fibres se séparent les unes des autres, elles s'assouplissent et forment une filasse aussi belle que celle d'un lin de première qualité.

La filasse ainsi préparée est peignée avec le séran le plus fin. On la met ensuite en petits écheveaux pesant en moyenne 0 kilog. 400.

On la distingue des autres filasses par sa couleur qui rappelle un peu celle de la soie blanche, par la divisibilité de ses fibres, sa grande douceur, son éclat et son extrême finesse. On la vend ordinairement 3 francs le kilogramme.

La filasse peignée avec le gros séran est vendue de 0 franc 95 à 1 franc le kilogramme; celle qu'on a préparée avec le peigne moyen se vend 1 franc 25 à 1 franc 50 le kilogramme.

L'appareil dont il vient d'être question est-il d'origine italienne? Cette machine a été inventée en France ainsi que le constatent les procès verbaux des séances de la Société d'agriculture que les États de Bretagne avaient fondée à Rennes en 1755. A la fin du siècle dernier, elle était utilisée avec succès par les habitants de la partie haute de la Franche-Comté. La Société royale d'agriculture de Paris s'en est occupée en 1789, lorsque son correspondant M. Guillarboz jugea utile de lui faire connaître les avantages qu'elle offrait aux agriculteurs de l'est de la France.

Si cette machine a été abandonnée c'est que le tronc cône était alors uni et n'exerçait pas sur les fibres de chanvre une action en rapport, quant à ses effets, avec les dépenses qu'elle occasionnait. Il est vrai qu'on avait expérimenté un instant des troncs de cône portant des cannelures en spirales, mais celles-ci ne furent pas jugées utiles. Celles que présentent les troncs de cône en usage aujourd'hui dans le Bolonais sont droites ou parallèles à l'axe de ces cylindres coniques.

La filasse reste dans l'auge pendant une demi-heure. On doit la retourner au moins une fois pendant l'opération.

Enfin, il est utile d'opérer dans un bâtiment aéré,

car la filasse sous l'action répétée des cannelures produit une poussière fine un peu irritante.

15° Rendement par hectare.

Le chanvre de Bologne produit, en moyenne, de 500 à 700 kilogrammes de filasse préparée par hectare.

De plus, il fournit de 15 à 20 hectolitres de graines.

16° Emploi des produits.

Les filasses servent à fabriquer des câbles, des cordes, des toiles à voile, des filets, des toiles d'emballage et des toiles de ménage suivant leur qualité et leur degré de finesse.

La filasse fine qui est très-recherchée à cause de sa couleur, de sa blancheur et de sa parfaite préparation est désignée sous le nom de *stondrina*. Le premier choix est employé dans la fabrication des toiles fines ; le deuxième choix sert à fabriquer les toiles ordinaires.

La filasse commune est appelée *gornene*. Elle se divise en trois classes suivant sa finesse.

On livre les filasses en balles ficelées et comprimées. Ces balles pèsent de 100 à 300 kilogrammes et portent le nom de *canape ammarate*.

Les étoupes que recueillent les peigneurs (*gargiolai*) sont aussi préparées à l'aide de la machine à assouplir. Après avoir été peignées, elles rappellent un peu par leur blancheur, leur éclat soyeux, leur finesse et leur propreté la bourre de soie préparée.

Elles servent à la confection d'excellents fils dans les filatures anglaises et celles du Bolonais.

Les fortes tiges de chanvre qu'on a teillées à la main servent à la fabrication d'un charbon spécial appelé *carbone di canapuli* et qu'on nomme en France *charbon de chènevottes*. Ce charbon est très-pur, très-léger et très-recherché pour la fabrication de la poudre fine. On ne le prépare pas dans notre pays.

17° VALEUR COMMERCIALE DES PRODUITS.

Les filasses brutes du Bolonais ont une valeur commerciale plus grande que les filasses du Ferrarais. Les premières sont vendues de 60 à 80 francs les 100 kilogrammes ; le prix des secondes varie entre 50 et 70 francs le quintal métrique.

Les belles étoupes se vendent 70 francs les 100 kilogrammes.

Le prix des toiles d'emballage et des toiles à voile varie de 0 franc 38 à 0 franc 54 le mètre ; les toiles de ménage valent de 0 franc 58 à 0 franc 98 la même mesure.

Ces dernières toiles sont souvent fabriquées avec des fils faits à la main, avec beaucoup de soin.

Le charbon de chènevottes fabriqué par M. Bisi
est vendu 1 franc le kilogramme.

18° IMPORTATIONS EN FRANCE.

La France reçoit chaque année d'Italie une grande
quantité de filasse. Voici les quantités qu'on y a
importées en 1855 :

Chanvre teillé :	Toscane.	1,409,971	kilog.
	Etats Sardes . .	166,609	—
	Deux Siciles . .	166,538	—
	Total . .	1,743,118	kilog.
Chanvre peigné :	Toscane	123,820	kilog.
	Deux-Siciles . .	158,279	—
	Total. .	282,099	kilog.

Les tableaux de douane font connaître qu'il entre
en France du charbon de chanvre, mais ils n'indiquent pas la quantité qu'on reçoit annuellement de
la Toscane, le centre commercial de la culture chanvrière en Italie.

Le chanvre brut ou peigné est exempt de droits
à sa sortie en Italie et à son entrée en France.

Le lin (*lina*) est cultivé sur des étendues importantes dans les provinces de Brescia, Crémone,
Lodi et sur divers points du Piémont, dé la Valteline, des Romagnes, de l'Ombrie et des Marches.

Les semis ont lieu soit en automne, soit au printemps, selon la variété cultivée.

Le rouissage se fait à l'eau stagnante ou à l'eau courante suivant les circonstances.

Les lins les plus estimés sont récoltés dans les environs de Crêma, ville assez importante située à 22 kilomètres nord-ouest de Lodi.

La production par hectare ne dépasse pas 500 kil. de tige et 300 kil. de graines,

La Flandre française n'a rien à envier à l'Italie septentrionale. Les lins qu'elle produit sont aussi fins et élevés et aussi bien préparés que les plus beaux lins qu'on récolte à Crêma.

CHAPITRE XI.

LES PLANTES A BALAIS ET A BROSSES.

On utilise dans l'Italie septentrionale diverses
graminées dans la fabrication des balais et des
brosses fines.

Le sorgho à balais appelé *sorgo, sagina, sainella*,
y est très-cultivé.

L'espèce commune (fig. 20) produit de longues
panicules qui servent à confectionner des balais
blancs analogues à ceux dont on fait usage en France
à l'intérieur des habitations.

Ce sorgho ordinaire a fourni une variété à panicule moins longue, plus droite et plus résis-
tante. Les balais qu'on fabrique avec les panicules
de cette variété sont plus recherchés parce qu'ils
durent plus longtemps.

A côté de cette espèce et de sa variété, on rencontre trois sorghos à épis ou à panicules très-
serrées longues seulement de 0^m,15 à 0^m,25.

Les glumes et les graines de ces épis sont 1° noires, 2° rouge-brun (fig. 21) ou blanchâtres (fig. 22).

On cultive ces trois sorghos principalement dans le Vicentin et le Padouan.

La résistance des pédicelles de ces variétés est telle qu'elle permet de fabriquer d'excellents petits *balais à main*.

Il serait à désirer que les deux dernières variétés à épi fussent introduites en France ; elles sont plus précoces que le sorgho à balais à longue panicule.

J'ai conservé le nom de sorgho aux variétés qui ont des épis, parce que, autrefois, elles appartenaient au genre *Holcus*. De nos jours, on les désigne sous le nom de *Penicillaria*. Ces trois variétés dérivent de l'espèce appelée : *Penicillaire à épi* (Penicillaria spicata).

Cette graminée est originaire de Indes orientales, où elle est fréquemment cultivée ; elle a été introduite en Europe au dix-septième siècle. Ses tiges sont simples, dressées, arrondies, hautes de 1^m,50 à 2 mètres ; ses feuilles sont grandes et planes ; ses fleurs forment une panicule cylindrique, spiciforme et dressée.

Le sorgho à balais est aussi originaire de l'Inde, mais sa panicule qui a 0^m,20 à 0^m,40 de longueur est très-lâche et composée de rameaux verticillés. On le désigne sous les noms de *Sorghum vulgare* ou *Andropogon sorghum*.

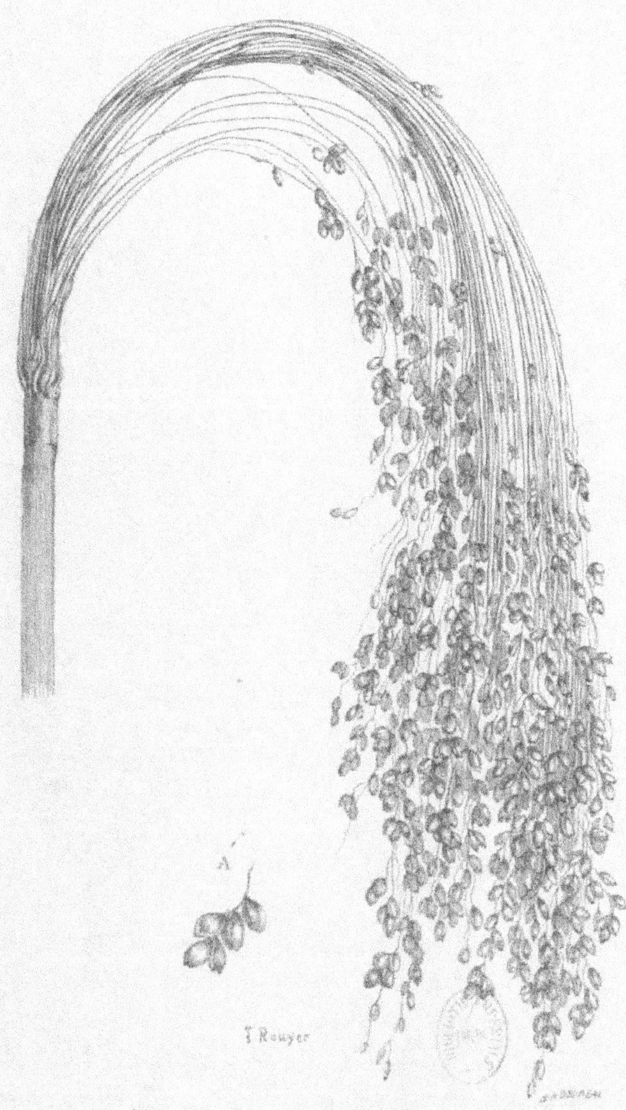

Fig. 20. — Sorgho à balais ordinaire.
(A. Semences de grandeur naturelle.)

Fig. 21. — Sorgho à épi rouge brun.   Fig. 22. — Sorgho à épi rougeâtre.

La culture de ces divers sorghos est en tous points semblable à la culture du maïs. On coupe les tiges qui portent les panicules de manière que celles-ci aient des queues de 0^m,20 à 0^m,30 de longueur.

Quand elles sont sèches, on les met en paquets ou en bottes qu'on conserve dans un endroit sain à l'abri des rats et des souris.

C'est pendant l'hiver qu'on procède à la confection des balais.

La graine du sorgho est utilisée dans l'alimentation du bétail et des volailles.

On importe chaque année en France depuis longtemps des brosses et des vergettes faites avec des racines jaunâtres, assez résistantes et déliées.

Les plantes qui produisent ces racines qu'on appelle vulgairement *racines de chiendent*, ont été désignées par les botanistes italiens sous les noms suivants : 1° *Andropogon ischœnum* ; 2° *Chrysopogon gryllus*.

L'*Andropogon ischœnum* est très-commun dans l'Émilie ; il est vivace, très-traçant ou envahissant et végète avec une grande vigueur sur les sols sablonneux et arides. On arrache ses racines avant la maturité des graines, on les fait sécher au soleil et on les fait blanchir ensuite à l'aide de l'eau bouillante. Alors elles sont propres et ont une teinte jaunâtre ou gris jaune.

Les racines de l'*Andropogon ischœnum* sont plus

longues, plus régulières et surtout plus fines que celles du *Chrysopogon gryllus*.

On fabrique aussi en Italie des balais à main et des brosses très-douces avec les sommités des panicules du *Phragmite commun* (*Phragmites communis*), plante qui abonde sur les bords des marais et le long des cours d'eau et qu'on nomme *Cannella*.

La France importe annuellement une certaine quantité de panicules de sorgho à balais et de racines d'andropogon ou de chrysopogon.

En 1855, elle a reçu de la Toscane 151 328 kilogrammes de tiges de sorgho propre à la fabrication des balais. Ce poids avait une valeur de 15 132 francs.

La même année, elle a importé des États sardes 124 691 kilogrammes de racines à vergettes. Ces racines avaient une valeur de 14 963 francs.

CHAPITRE XII.

—

L'Italie septentrionale possède un grand nombre d'arbre fruitiers. Je dirai quelques mots de l'olivier, du châtaignier, de la vigne et du mûrier.

1° L'OLIVIER.

L'olivier (*olivo*) occupe les montagnes méridionales des Apennins et il est aussi la parure des collines des environs de Gênes. Son aptitude à réussir sur les rampes peu fertiles exposées au midi, a permis depuis longtemps de l'adopter pour utiliser les plus mauvais coteaux. Son élévation est plus ou moins grande selon la somme de température qu'il reçoit annuellement, l'altitude du lieu où il a été planté et le mode d'éducation auquel on l'a soumis. Les oliviers des environs de Florence ont beaucoup d'analogie, quant à leur forme, avec les oliviers des environs d'Aix et de Toulon.

A Gênes comme à Florence, Pise et Tivoli, les oliviers sont généralement plantés en quinconce et espacés de 5 ou 6 mètres.

On ne soumet pas partout cet arbre à la taille. Dans plusieurs localités de la Toscane et des États romains, on se contente de l'émonder. Cette manière de conduire l'olivier est aussi celle qu'on a adoptée dans l'ancien comté de Nice et les États de Gênes; elle lui permet d'avoir chaque année plus de branches inclinées vers le sol ou de rameaux fructifères. Quoi qu'il en soit, on a constaté partout qu'il était utile qu'il subisse le plus possible l'action de l'air et de la lumière pour fournir des récoltes annuelles satisfaisantes. Les coteaux de Tivoli, Albano et Frascati offrent des oliviers très-développés[1].

Cet arbre fleurit en mai et les olives arrivent à maturité complète à la fin de l'hiver. La récolte des fruits a lieu ou à la main ou à la gaule. Généralement, les esprits éclairés blâment les agriculteurs qui font tomber les olives en les frappant avec une gaule. Dans quelques localités on ne commence la récolte de ces fruits que vers le mois d'avril. Les

1. Pie VII a beaucoup favorisé la culture de l'olivier. Par un décret en date du 4 août 1820, il accorda un paolo (0f,54) pour chaque pied en bon état après trois ans de plantation. Le nombre de pieds qu'on a plantés dans les États romains par suite de ce décret a dépassé 200 000.

Toscans qui opèrent la cueillette des olives aussi tardivement soutiennent qu'on obtient plus d'huile si ces fruits restent aussi longtemps sur l'arbre.

On rend les oliviers aussi productifs que possible, en les fumant avec des lupins blancs enterrés au moment de leur floraison ou au moyen de débris de cuirs, de cornes ou des chiffons de laine.

Un hectare comprenant 400 oliviers déjà âgés et bien cultivés permet de récolter de 600 à 800 litres d'huile par année moyenne. Sur les collines un peu élevées le produit ne dépasse pas ordinairement 400 à 500 litres.

100 kilogrammes d'olives donnent en moyenne 12 kilogrammes d'huile fine.

Les métayers toscans ont droit à la moitié ou aux deux cinquièmes de la quantité récoltée, quand tous les frais de culture sont à leur charge.

La France reçoit annuellement beaucoup d'huile d'olive de l'Italie. Voici les quantités qu'elle a importées en 1855 :

États sardes	4,648,441	kilog
Deux-Siciles	3,365,254	—
Toscane	1,474,529	—
Total	9.488,224	kilog.

L'huile venant des États sardes avait une valeur de 1 franc 70 le kilogramme ; celle qui avait été importée de la Toscane et des Deux-Siciles était cotée 1 franc 10 le kilogramme.

Les olives fraîches importées des États sardes se sont élevées à 84 246 kilogrammes.

L'huile fine d'olive paye aujourd'hui à sa sortie d'Italie et à son entrée en France un droit de 3 francs par 100 kilogrammes.

L'huile que les olives fournissent en Italie est excellente. On cite avec raison comme étant de première qualité l'huile vierge qu'on récolte dans le Lucquois, la Toscane et le duché de Gênes, sur les coteaux bien exposés au midi.

2° LE CHATAIGNIER.

Le châtaignier ou *castagno* est commun dans les Apennins et dans les montagnes génoises. Dans ces localités, il occupe toujours une zone supérieure à celle où l'on rencontre l'olivier et la vigne.

Les marrons ou *marroni* que fournissent les châtaigniers de la Toscane et surtout du Lucquois, sont desséchés (*mettito*) dans des étuves spéciales pendant environ vingt-cinq jours à l'aide d'un feu régulier, continu et modéré. Quand ces fruits sont secs, on les met dans des sacs de moyenne grandeur qu'on bat à l'aide de fléaux jusqu'à ce qu'ils soient débarrassés de leur enveloppe. Lorsque tous les marrons n'ont pas été complétement dépouillés, on sépare ceux qui ont été *blanchis* et on bat les autres de nouveau.

Quand tous les marrons ont été ainsi préparés,
on les réduit en farine au moyen d'une paire de
meules ordinaires. La farine qu'on obtient alors est
gris-jaunâtre ou jaune-blanchâtre, douce et sucrée
lorsqu'elle est sèche ; elle est jaune-brun et de
qualité secondaire quand elle est chargée d'humidité.

La farine de châtaignes ne conserve ses qualités
que lorsque, après avoir été préparée, elle a été
placée dans un lieu sec et privée complétement de
l'action de l'air. Abandonnée à elle-même dans un
local ordinaire, elle prend généralement pendant
l'été une amertume qui la rend peu alimentaire. Les
Toscans disent que la farine est de bonne qualité
quand elle se durcit lorqu'on la presse dans la
main. La farine qui jouit de cette propriété est désignée sous le nom de *farina dolce*.

La châtaigne des montagnes du Lucquois contient moins de matière ligneuse, et davantage
d'azote que les fruits récoltés dans les plaines de
Lucques.

La farine de châtaigne sert à préparer :

1° La *polenta*, bouillie très-recherchée en Italie
et surtout en Toscane parce qu'elle est plus alimentaire, plus agréable que la polenta faite avec la farine de maïs ;

2° Les *necci* ou gaufres particulières ;

3° Les *pattoni*, gâteaux que l'on fait cuire dans un four.

La pâte qui sert à faire les *necci*, est délayée dans de l'eau froide. On la fait cuire entre des pierres rougies au feu après l'avoir enveloppée de feuilles seches de châtaignier préalablement trempées dans l'eau.

Cette pâte disposée en petits gâteaux et cuite au four, constitue les *pattoni*.

Un hectare de châtaigniers espacés de 8 mètres les uns des autres en tous sens produit en moyenne chaque année 200 hectolitres de marrons.

Deux hectolitres de châtaignes blanchies donnent un hectolitre de farine.

La France a importé des États sardes, en 1855, 221 928 kilogrammes de marrons et de farine de châtaignes ayant une valeur de 66 578 francs.

3° La vigne.

La vigne ou *vite* couvre de grandes surfaces dans les plaines et sur les collines.

On la rencontre partout, végétant très-vigoureusement excepté sur les parties élevées qui appartiennent à la zone forestière ou à celle des pâturages et dans les localités où les terres sont copieusement arrosées.

Dans les plaines, elle festonne ordinairement d'arbre en arbre. Sur les coteaux, elle est généralement

dirigée en treilles soutenue par des échalas ou roseaux (*canna*) ou en berceaux (*pergoli*).

Les variétés de cépages qu'on rencontre en Italie
sont très-nombreuses. La remarquable collection
que possède le docteur Salvagnoli, à Florence,
comprend des cépages qui produisent des grappes
d'un développement remarquable. Beaucoup de
ces variétés, encore inconnues en France, sont
dignes très-certainement d'être expérimentées en
Algérie.

La vigne est cultivée en Italie de vingt manières
différentes. Nonobstant, on la multiplie ordinairement au moyen du provignage.

La taille des hautains ou des ceps en lignes distantes les unes des autres de 3 à 5 mètres a lieu
l'hiver. On l'exécute à l'aide du *pennata*, instrument qui rappelle l'outil qui est en usage dans les
vignes du Languedoc et de la Provence. En général, la taille de cet arbrisseau n'est pas rai-
sonnée ; tout ce qu'on peut dire, c'est qu'elle est
d'autant plus longue que la vigne se rapproche du
niveau de la mer.

En Toscane, on *incline souvent les sarments au-
dessous de l'horizontal*, dans le but de les faire produire davantage de raisins. Ainsi, lorsque la vigne
est dirigée en hautain on conserve au sarment de
l'année précédente toute la longueur possible, on le
coude avec précaution pour le diriger obliquement

vers le sol. Quand il a été ainsi *incliné* on l'attache avec un osier à l'arbre le plus voisin. Les sarments des étages supérieurs quand il en existe sont fixés comme le précédent. Cette manière de conduire la vigne est particulière au val de Nivéole et à la plaine de Fucecchio; si elle rend sa végétation plus vigoureuse, elle a l'inconvénient, comme l'a constaté Simonde en 1800, d'amoindrir la qualité des raisins et par conséquent du vin.

La vigne échalassée est souvent dirigée de la même manière dans les plaines de la Toscane quand on veut obtenir des produits abondants. Le sarment qu'on a attaché à l'échalas ou au tronc du cep après l'avoir *très-fortement incliné au-dessous de l'horizontal* est remplacé l'année suivante par la pousse qui s'est développée pendant la floraison et la maturité des grappes. Les yeux que présente le sarment incliné, a dit M. le marquis de Ridolfi dans la leçon qu'il a professée le 13 juin 1860 à Empoli, donnent beaucoup de fruits puisqu'ils ne peuvent absorber beaucoup de séve; ceux qui sont situés au point d'attache du cep étant en contact direct avec la séve ascendante poussent vigoureusement et constituent d'excellentes branches fruitières pour l'année suivante. A la taille on supprime le sarment qui a produit des raisins et on le remplace par une des deux pousses verticales de l'année précédente.

L'*oïdium* a sévi avec intensité sur un grand nombre de points de la région vinifère. Dans la Lombardie elle a diminué la production du vin de plus de moitié.

Les vendanges ont lieu à la fin de septembre ou au commencement d'octobre. Elles ne présentent aucune particularité à signaler.

Les raisins sont ensuite déposés dans une cuve (*tini*) qui est ordinairement en maçonnerie. Après les avoir foulés, on les abandonne entièrement. Quand le vin a fermenté, on le soutire dans des tonneaux où il accomplit sa seconde fermentation. Le marc qui reste dans la cuve est soumis à l'action d'un pressoir. C'est à l'aide de cette opération qu'on obtient le demi-vin qu'on nomme *stretto*. Les vins blancs sont fournis par les cépages blancs.

On termine la fabrication en ajoutant du moût concentré par la cuisson ou des raisins très-sucrés qu'on a fait en partie sécher à l'air.

Si les grappes que fournissent les nombreux cépages qu'on rencontre entre Milan et les Alpes, entre la Méditerranée et les Apennins, etc., etc., frappent les regards par leur développement, et la grosseur et le coloris de leurs grains, les vins qu'on en obtient sont ordinairement de qualité très-secondaire et de mauvaise garde, parce qu'ils sont mal gouvernés (*governo*).

En général, les vins rouges de la Toscane, des

duchés de Parme et de Modène, de la Lombardie et de la Vénétie sont très-colorés et peu spiritueux. Les vins des États-Romains sont plus estimés et moins chargés en couleur.

Espérons que les tentatives faites en ce moment pour perfectionner et les procédés de culture et les procédés de vinification, révèleront à l'Europe des vins qui répondront, par leur bouquet, leur saveur, leur délicatesse et leur force, à la beauté des cépages qu'on admire partout en Italie.

4° LE MURIER.

Le mûrier (*gelso*) est très-répandu dans l'Italie septentrionale. On évalue les cocons qu'il permet d'obtenir à plus de 50 000 000 kilog. Les provinces qui possèdent le plus de mûriers peuvent être classées comme il suit : la Lombardie, le Piémont, la Vénétie et l'Ombrie.

L'Italie a peu de grandes magnaneries. Le plus ordinairement l'éducation des vers à soie est faite à moitié fruit; alors, le propriétaire fournit les feuilles et les locaux nécessaires, et le métayer toute la main-d'œuvre exigée par la cueillette des feuilles, l'alimentation et le délitement des vers.

Le mûrier est planté jeune après avoir été greffé en flûte deux ou trois ans avant dans la pépinière. C'est à la quatrième ou à la cinquième année qu'on

commence à le tailler. On lui donne généralement
la forme d'un gobelet régulier.

Indépendamment des mûriers qu'on a greffés et
plantés en lignes à l'intérieur des champs ou sur
les bords des chemins ruraux, on possède des
mûriers blancs ordinaires, appelés *gelso sylvatico*,
maintenus très-bas ou formant des haies (*siepi*).
Ces mûriers donnent moins de feuilles que les
mûriers à larges feuilles : le mûrier Moretti, le
mûrier Dandolo ou le mûrier des Philippines ou
multicaule, mais celles qu'ils produisent sont plus
précoces et ont l'avantage de permettre aux vers
de fournir des soies d'une grande finesse et de
très-belle qualité.

Dans la Lombardie, on taille les mûriers tous
les quatre ans, aussitôt après la montée des vers
à soie, et on s'abstient l'année suivante de récolter
des feuilles sur les pousses qui se sont développées
après cette opération. Dans le Bergamasque on
taille chaque année les extrémités des branches.
Dans la Vénétie on rabat tous les ans les pousses
sur les branches sur lesquelles elles ont leurs
points d'insertion.

En général, le mûrier est très-bien cultivé dans
toute l'Italie septentrionale. Dans les terres riches,
un peu fraîches et profondes, il acquiert un développement remarquable qui lui permet, quand
il est bien taillé, de présenter une charpente sy-

métrique, une forme très-régulière ayant l'avantage de rendre sa production en feuilles plus abondante et la récolte de ces organes plus facile et plus expéditive.

Un mûrier ainsi dirigé donne en moyenne chaque année de 15 à 20 kilogrammes de feuilles à l'âge de 10 ans, et de 60 à 80 kilogrammes quand il a atteint 20 années.

La maladie qui sévit sur les vers à soie depuis plusieurs années a arrêté en Italie comme en France les progrès de la sériciculture.

CHAPITRE XIII.

Le colmatage ou comblées, si connu en Italie sous
le nom *colmata*, est cette opération à l'aide de laquelle on exhausse successivement les terrains bas,
marécageux et insalubres.

Ce puissant procédé de desséchement a été appliqué à Meleto (Toscane) sur des terrains en pente,
par Agostino Testaferrata.

On l'exécute en maintenant presque stagnante
une eau trouble, c'est-à-dire chargée de parties
limoneuses ou de sable fin et d'argile, pendant
plusieurs jours sur le terrain qu'on veut assainir
et exhausser. C'est en agissant ainsi qu'on a exécuté de véritables remblais naturels, qu'on a con-
stitué d'excellents terrains agricoles sur les marais.
Le val di Chiana, ce pays si riche et si riant, a été
exhaussé à l'aide de *comblées* successives; les plaines de Padoue et de Ferrare ont été aussi assainies

au moyen d'atterrissements artificiels obtenus à l'aide des eaux limoneuses de l'Adige et du Pô.

Le colmatage ou *limonement* est très-connu dans la basse Toscane, partie où il existe de nombreuses montagnes argileuses qui s'éboulent souvent sous l'action des pluies, et qui rendent les eaux des ruisseaux et des rivières si troubles pendant l'hiver. Ces eaux, d'une couleur blanchâtre ou blanc bleuâtre, laissent un abondant dépôt limoneux sur les terres où elles séjournent.

Ainsi, lorsque les pluies violentes ont arraché aux montagnes des environs de Sienne de nombreuses particules d'argile bleuâtre, quand les eaux qui descendent des montagnes du Lucquois sont chargées de limon, on les fait arriver sur le terrain dont le niveau est en contre-bas de la surface des terres voisines. Ce terrain étant circonscrit de digues munies d'écluses ou simplement de bourrelets en terre ou de petites levées, reste sous l'eau jusqu'à ce que celle-ci ait abandonné la plupart des matières terreuses qu'elle tenait en suspension. Alors, on ouvre les écluses ou on pratique des émissaires dans les petites levées, l'eau s'écoule et on constate bientôt qu'elle a laissé un dépôt qui a exhaussé le sol de $0^m,05$, $0^m,10$, et, par exception, de $0^m,16$.

Quelquefois, on ne colmate que pendant les grandes crues. Alors on n'ouvre les vannes d'écoulement, pour faire disparaître le lac qu'on avait formé, que lorsque le ruisseau ou la rivière ou le fleuve est rentré dans ses limites ordinaires. On répète cette opération, remarquable par sa simplicité et sa puissance extraordinaire, chaque fois que les eaux pluviales, tombant avec violence sur les coteaux et les montagnes, arrivent troubles et limoneuses dans les vallées.

On cesse de colmater quand le niveau du sol de la plaine, du marais ou de la vallée, est au-dessus du niveau moyen des eaux du cours d'eau qui rendait la contrée humide ou marécageuse.

L'eau, dans les canaux d'amenée, doit avoir une vitesse modérée. Il faut éviter qu'elle s'écoule par déversement sur le terrain à colmater, afin qu'elle ne produise pas çà et là des affouillements. Dans la plupart des cas, elle arrive sur le sol qu'on veut combler au moyen d'émissaires pratiqués à fleur du sol dans les digues des canaux ou des cours d'eau.

Cette féconde opération doit être répétée plusieurs fois sur le même terrain. Il faut que les eaux charrient des boues très-liquides pour qu'on se borne à l'exécuter deux ou trois fois avec l'espérance qu'on élèvera suffisamment le niveau du sol et que ce dernier ne sera plus marécageux.

Certains torrents, après des pluies torrentielles, contiennent jusqu'à 20 et 30 pour 100 de limon.

On a quelquefois utilisé le colmatage pour rendre fertile des terrains graveleux ou caillouteux privés de parties terreuses.

Les comblées ont produit de féconds résultats dans les maremmes de la Toscane, bien qu'on les ait souvent interrompues. Elles ont aussi permis d'exhausser des surfaces très-étendues dans la plaine de Pise et dans le val de Nivéole, à une faible distance deš marais de Fucecchio. Les grands marais de Caglione près de Grosetto ont été comblés par Fantoni avec les parties limoneuses entraînées par les eaux de l'Ombrone et des rivières qu'ils avaient dérivées, à l'aide des canaux San-Leopoldo et San-Bocco. Enfin, le colmatage a été pratiqué avec succès aux environs de Massa, et près d'Imola dans les Romagnes.

Les dépenses occasionnées par les comblées varient entre 300 et 400 fr. par hectare.

CHAPITRE XIV.

LES MAREMMES ET LES MARAIS PONTINS.

—

L'Italie centrale possède, ainsi que je l'ai rappelé, d'immenses terrains marécageux entre Livorno et Terraçina. Ces véritables plages forment deux parties bien distinctes que l'on a appelées :

1° Les maremmes ; 2° les marais pontins

1° LES MAREMMES.

Les maremmes ou *maremma toscana* occupent un sixième environ du sol toscan ; elles sont séparées des marais appartenant aux États-Romains par la rivière *la Fiora*. Leur longueur est de 175 kilomètres.

Ces terrains ont une surface plane légèrement ondulée ; ils sont formés d'une argile pure dont la blancheur a été modifiée plus ou moins par des combinaisons sulfureuses. Les eaux qui y arrivent des coteaux qui les limitent au nord-est, y restent stagnantes et infectes sur divers points. C'est pourquoi elles y produisent des effluves pernicieuses, et rendent ces immenses plaines insalubres.

Avant la domination romaine, on y observait des villes très-importantes : Saturnia, Populonia, Ancedonia, etc.

Une route chargée de débris d'albâtre traverse les maremmes et conduit à l'antique Volterra, cette ville Étrusque, autrefois si peuplée et si florissante, cet ancien monde, si connu des peuples du Nord et du Midi, et où l'on jouit, comme sur toutes les parties élevées de la Toscane, d'un ciel toujours pur, d'un air toujours salubre.

C'est à Volterra que l'on domine aisément les maremmes de la Toscane, véritables lieux lugubres où la population est si cruellement décimée depuis le xvi° siècle.

Pierre-Léopold a fait de nombreuses tentatives pour rendre ce désert à la culture; mais s'il a complétement réussi sur plusieurs points, grâce au colmatage et à des travaux de desséchement bien entendus, il faut reconnaître qu'il reste beaucoup à faire pour empêcher les habitants de se décourager. Ainsi que Fossombroni le proposait à Napoléon Ier, on doit sur divers points *rétablir les pentes et combler les parties basses*, si l'on veut faire disparaître à jamais les endroits où l'air est le plus pestilentiel. De grands canaux et de nombreuses plantations compléteront utilement les comblées.

Mais les maremmes ne sont pas insalubres à toutes les époques de l'année. L'hiver, le climat y est superbe et la végétation sans cesse active. Aussi, est-ce avec raison qu'on a dit depuis longtemps que ces terres saturniennes n'étaient pas infécondes, et qu'elles ne demandaient qu'à être complétement assainies pour se couvrir de récoltes luxuriantes.

Les parties desséchées et transformées en véritables terres labourables par le gouvernement toscan de 1827 à 1832, sont utilisées par la culture des céréales.

Les labours, les semailles et la récolte s'y font avec une rapidité surprenante. Ainsi, un jour, la maremme a l'aspect d'une immense jachère; quelques semaines plus tard, cette vaste surface est labourée et ensemensée; enfin, à peine constate-t-on que les tiges du froment commencent à jaunir sous l'action du soleil, qu'on s'occupe déjà de la récolte de cette céréale.

On comprendra aisément l'activité que déploient tous les travailleurs, si on se rappelle que chacun a hâte de s'éloigner de ces terres bleuâtres, pour se soustraire à l'action pernicieuse des miasmes qui s'y développent sous l'influence des chaleurs de l'été.

Tous les travaux concernant la récolte des céréales sont exécutés par des ouvriers qui descendent de la Sabine et des Abruzzes ou qui viennent du Lucquois.

Après la moisson, la plaine redevient ce qu'elle était avant la semaille, une campagne sans verdure, un véritable désert au milieu duquel on n'entend que le mugissement des vagues de la Méditerranée, et sur lequel le rare bétail qui y vit alors ne trouve que quelques plantes, produites comme à regret, par une nature souffrante!

Les parties, non encore fécondées par les comblées, la charrue et les feux perpendiculaires du soleil, les surfaces sur lesquelles le vent souffle çà et là dans les roseaux, servent à la compascuité de nombreuses bêtes à cornes, de 30 000 chevaux et de 400 000 bêtes à laine. Ces derniers animaux y arrivent quand la neige les oblige à quitter les élévations apennines sur lesquelles ils vivent pendant l'été.

Comme dans les maremmes de Rome, les bœufs qu'on rencontre dans ces plaines interminables portent des couvertures blanches ornées de broderies rouges.

2° LES MARAIS PONTINS.

Les marais pontins ou *pomptina palus* ou *paludi pontini*, ont pris naissance par suite de la forma-

tion des dunes qui les séparent de la mer et qui
ont bouché les rivières qui les traversent. Ces marais s'étendent des limites de la Toscane aux fron-
tières des États napolitains et appartiennent aux
États-Romains. Ils sont bordés au sud par les lacs
Fogliano, Monaci, Caprelaccia et Paola, et limités à
l'est par les montagnes de Sonnino-Piperno, au
nord par les coteaux de Sezza et de Sermonette et
à l'ouest par les campagnes de Cisterna.

Le sol de ces marais pernicieux a peu de pente.
Les 2 269 100 000 mètres cubes que les eaux qui
descendent des monts Lepini y versent annuellement, ayant peu d'écoulement, couvrent souvent,
d'octobre à mars, les parties les plus basses d'une
nappe ayant parfois jusqu'à 2 mètres d'épaisseur.
Cette partie inférieure des marais pontins est véritablement la terre de la famine.

Cette partie des États-Romains n'a pas toujours
été aussi marécageuse, aussi insalubre. Autrefois,
elle était le séjour des Volsques, nation puissante,
qui, suivant Pline, y avait fondé 26 villes importantes, et y obtenait, chaque année, de belles moissons, sous l'influence des vapeurs dorées du soleil.
Tite-Live rapporte, en rappelant que les Lacédémoniens ont cultivé les marais pontins, qu'on les re-
gardait de son temps comme le grenier des Romains.

J'ajouterai qu'à l'époque où vivait Pline, on n'y
observait qu'un lac et un marais d'une faible éten-

due appelé *Pontia*, c'est pourquoi cette immense plaine insalubre, cette terre pour ainsi dire inhabitée, est désignée de nos jours sous le nom de *Pontine*.

Les empereurs romains, Apius Claudius, Auguste et Trajan y ont fait exécuter des travaux de desséchement qui ont persisté jusqu'en 287 de l'ère chrétienne. Suivant un édit du préteur, rapporté par Aulu Gelle, les canaux et les rivières qu'on y avait créés étaient curés avec soin tous les ans.

Boniface VIII est le premier pape qui a repris les travaux des desséchements commencés sous les Romains. Ces travaux ont été poursuivis sous les règnes de Sixte V et Innocent XII. Pie VI fit restaurer le canal d'Auguste de 1777 à 1781, mais cette restauration et la *Linea-Pia* que fit ouvrir Gaëtano Rapini, ne diminuèrent pas l'insalubrité de ces marais et n'empêchèrent pas les exhalaisons d'arriver à Rome pendant l'été.

Pie VII s'est aussi vivement préoccupé de l'influence pernicieuse exercée par ces plages marécageuses sur la santé publique. En 1801, il a ordonné par son *motu-proprio* des travaux de desséchement et des plantations; mais ces travaux n'ayant pu être terminés faute de capitaux suffisants, il en est résulté qu'ils n'ont pas répondu à l'attente générale. Aussi constate-t-on chaque année, au printemps, quand les eaux ont disparu dans la partie basse appelée *Pontano d'inferno*, par suite de l'action du soleil, combien il serait utile d'ouvrir de nouveau les anciens canaux cités par l'histoire, ou d'élargir et de creuser les trois rivières à cours déréglés qui les traversent : la *Cavata*, le *Portatore* et le *Fosso longo*.

Ces vastes marais à nappes souterraines, à sources nombreuses et d'une grande fertilité, offrent d'immenses pâturages coupés çà et là par des rideaux d'arbres et des champs d'une grande étendue. Ils sont traversés par la voie Appienne, chaussée construite par Appius Claudius, que suivirent les légions de Pompée et de César, et qui conduisait de Rome à Brindes.

La voie Appienne (*via Appia*) aboutit à Terracine, ville des États romains où l'on cultive en pleine terre les *agrumi* ou les orangers et les citronniers; elle est parallèle à un large canal et éloignée des Apennins de 2 kilomètres et de la mer de 12 à 15 kilomètres. Comme le canal, elle est bordée d'ormes et de platanes très-remarquables.

Les terres agricoles sont affermées à rente fixe, mais c'est à peine si l'on compte 500 fermiers sur les 18,846 hectares qui forment ces marais.

Ces agriculteurs sont appelés *mercanti di campagna;* ils ont sous leurs ordres des agents spéciaux. Ceux qui s'occupent de la culture des terres sont connus sous le nom de *ministri* ; ceux qui surveillent le bétail sont appelés *massari*. Souvent le *ministro* et le *massaro* ont une part dans les bénéfices que donnent les spéculations qu'ils surveillent.

Les terres labourables sont occupées par la jachère, le froment et les pâturages. La culture du blé occupe 30,000 ouvriers à l'époque de la moisson. Ces travailleurs viennent de la province d'Aquila et des montagnes de l'Abruzze ; ils s'engagent pour 14 jours, temps que dure la moisson, à raison de 4 francs par jour, outre la nourriture.

Les gerbes sont foulées au pied par des chevaux, et le grain, après avoir été nettoyé, est déposé dans les magasins de la ferme.

En général, le blé donne dans les maremmes romaines de 8 à 9 pour 1.

Le bétail vit à l'état demi-sauvage en nombreux troupeaux. Les buffles y sont au nombre de 3000. Leur viande est un peu coriace et de qualité secondaire.

Le temps est arrivé de puiser dans le sol fécond des marais Pontins les richesses qu'il renferme. C'est dans son assainissement que réside l'avenir de Rome[1] ; c'est en pratiquant de nombreux canaux de desséchement qu'on empêchera les eaux

1. La population de Rome n'a pas augmenté depuis un siècle. De 1734 à 1757 on y comptait, selon l'almanach appelé *Chracas*, en moyenne 150 000 habitants et chaque année le nombre des

d'y rester stagnantes à sa surface pendant l'hiver et qu'on préviendra la réapparition de l'*aria cattiva*. Qu'on ne l'oublie pas, de nos jours comme au temps de Tite-Live, les marais Pontins donnent naissance, à l'époque des solstices, sous l'influence du vent du sud, à des épidémies fiévreuses, à des miasmes mortels qu'exhalent le marécage intérieur et le marais situé près du littoral. Ainsi, la *malaria* se fait sentir plus particulièrement dans les marais Pontins comme dans les maremmes de la Toscane : 1° au printemps, quand le soleil, par ses rayons brûlants, vivifie de nouveau la terre; 2° à la fin de l'été, lorsque les pluies tombent en abondance sur la couche arable, alors qu'elle a été, pour ainsi dire, brûlée ou calcinée par les feux perpendiculaires du soleil pendant les mois de juillet et août.

C'est dans les marais Pontins et à la fin de l'hiver que l'honorable M. Regnault, inspecteur des écoles impériales vétérinaires, mort à Bologne, en 1863, a été frappé par le mauvais air, le mal mystérieux.

Quoi qu'il en soit, cette partie des États Romains est sombre à toutes les époques de l'année. Partout la nature y est pleine de silence, et partout aussi le gardien des buffles a les traits voilés d'un nuage

décès surpassait celui des naissances de 1000 environ. On attribuait cette grande mortalité à la malignité des fièvres intermittentes, engendrées en été par le mauvais air.

de tristesse qui rappelle la pâleur de la mort. Ce n'est pas comme à Tivoli, à Albano, où le vent du matin embaume l'air de ses brises parfumées, où l'on observe de temps à autre des jours de fête, des éclats bruyants, des joies enfantines!

Plaise à Dieu que le temps soit proche où les troupeaux de *boufalis* seront remplacés par des bœufs, où les maremmes formeront le territoire le plus fertile de l'Italie centrale, où les marais Pontins ne seront plus regardés comme le tombeau des agriculteurs qui s'imposent la noble mission de changer leur surface à fièvres mortelles en riches et salubres campagnes!

CHAPITRE XV.

LES JARDINS.

L'Italie a été longtemps célèbre par ses jardins. On cite encore les jardins de Lucullus, ceux immenses et fastueux de la splendide maison dorée (*domus aurea*) de Néron, ceux non moins remarquables que Mécène avait créés à Tibur.

Ces beaux jardins émerveillaient par leurs magnifiques bassins de marbre, les scènes variées qu'ils permettaient d'admirer et le murmure des nombreuses fontaines jaillissantes qu'on y observait; mais, malgré leur étendue, la richesse de leur ornementation, leurs belles ceintures d'orangers et de citronniers, ces vastes jardins furent moins naturels que ceux d'Adrien, ainsi que le constatent les écrits de Sabinius.

C'est Caïus Marius, l'ami d'Auguste, qui imagina le premier l'art de tracer un jardin et de tailler les arbres; mais c'est sous le règne de Tarquin le Superbe qu'on commença à aimer les roses avec passion. Cet amour extraordinaire des fleurs prit un tel développement que Cléopâtre dépensa un talent pour importer d'Égypte les roses avec lesquelles elle fit un lit épais d'une coudée dans la salle où elle convia ses amis à souper. Cette passion pour les roses alla jusqu'à la folie sous Néron qui dépensa un jour quatre millions de sesterces (840,000 fr.) pour avoir les pétales qui lui étaient nécessaires pour que ses appartements et ses portiques en fussent couverts. On sait que Cicéron a reproché justement à Verrès d'avoir inspecté la Sicile sur une litière jonchée de roses et la tête ceinte d'une couronne de fleurs. Toutes ces dépenses, ainsi que celles que fit Héliogabale, contribuèrent pour une large part à la ruine de l'empire romain.

Si Rome ne possède plus les jardins de Salluste et de Mécène, si remarquables au temps où les Césars luttaient de prodigalités, elle peut citer encore les jardins de la villa Pamphili-Doria, de la villa Borghèse, de la villa Albani où se révèle dans toute sa pureté l'élégance italienne, où les ombrages, les eaux vives et la lumière se marient partout au marbre, au bronze et au porphyre. Toutefois, si les chênes verts, le mimosa farnèse, le tamarix, etc., qui décorent ces vastes jardins, sont dominés par de vieux pins pignons très-remarquables par leur large parasol ou par les feuilles dentelées et soyeuses des platanes qui se jouent du matin au soir sous le poudroiement doré de la lumière, si, comme ailleurs, on y admire des portiques, des fontaines, des statues, admirables dépouilles du vieux monde romain, ces grands parcs offrent des tableaux qui laissent beaucoup à désirer. En effet, presque partout, la nature y est forcée dans les parties accidentées et les endroits à découvert ne frappent les regards que par leurs broderies de buis, leurs bassins de marbre et leurs vases de porphyre.

La France horticole a puisé dans l'ouvrage de La Quintinie tout ce qu'elle devait savoir pour sommer la terre de produire annuellement deux ou trois récoltes de légumes, mais il fut une époque où elle s'adressa à l'Italie centrale, afin de connaître comment on traçait et dirigeait un jardin à fleurs. Pendant plusieurs siècles, ces jardins dans cette partie de l'Europe ont été renommés par leur disposition particulière et leur aspect enchanteur.

François Ier qui, pendant son séjour en Italie, avait été à même d'admirer la beauté des *parterres à broderies* parce qu'ils présentaient des rinceaux et des arabesques faits avec du buis, introduisit ces *parterres toujours fleuris* au château d'Anet, à Fontainebleau, à Saint-Germain-en-Laye. Ces jardins frappèrent les regards de tous, surtout lorsqu'ils encadraient une demeure royale décorée par des artistes de l'école florentine, et quand les broderies de buis étaient garnies intérieurement de fleurs peu élevées.

On cite à Florence comme une merveille, le jardin du palais Pitti, qu'on désigne ordinairement sous le nom de *jardin Boboli*. Ce jardin ne répond pas à sa réputation. Qu'on se représente un coteau rapide sur lequel on a tracé des allées sinueuses ou droites bordées d'arbres à feuilles persistantes formant tantôt des haies très-élevées, tantôt des berceaux qui rappellent les *gestationes*, avenues ombragées ou couvertes des Romains. Puis, çà et là, quelques statues, des vases antiques, quelques bassins et divers escaliers de vingt à trente marches. Ainsi, ce jardin, avec ses escaliers roses bordés de statues de marbre, monte vers un ciel d'azur entre deux charmilles vertes, et peut être comparé aux jardins suspendus (*horti pensiles*) qu'on observait autrefois à Rome.

Le parc de Versailles ne possède pas d'allées toujours vertes en forme de berceaux, mais il est d'une facture autrement grandiose et imposante.

Le jardin Boboli n'a qu'un mérite, qu'il doit, non pas à Tribolo et à Buontalente, ses créateurs, mais au terrain sur lequel il est situé. Ainsi, au sommet de la rampe qu'il occupe, existe un pavillon qui permet de dominer la ville, de suivre le cours de l'Arno et d'admirer les accidents si variés et si pittoresques, que présentent les Apennins.

Les palissades et les berceaux y sont formés de lauriers-tins, de lauriers francs, de chênes verts et de phylliria, arbres à feuilles persistantes et toujours verts.

Florence est bien réellement la ville des fleurs (*Fior della citta*). Les jardins qu'on y observe, par leur position en amphithéâtre, se détachent le soir sur les coteaux que le soleil éclaire de ses rayons pourprés. On y admire des haies fleuries, près desquelles gazouille souvent une petite fontaine rustique, des lauriers-roses non loin des charmilles formées par le phylliria, des *pergoli* ou berceaux de roses, véritables promenades ombreuses qui, portent à la rêverie sous un ciel constellé de brillantes étoiles. A Florence, plus que partout ailleurs, l'air caresse légèrement les fleurs et les gouttes de pluie suspendues aux corolles se changent en autant de rubis que la brise agite et fait scintiller comme des diamants.

Si les jardins de l'Italie sont sans cesse verdoyants, leurs plates-bandes symétriques et régulièrement alignées, n'offrent pas cet agréable assemblage de fleurs, ces massifs de plantes qui émerveillent dans les jardins irréguliers, par la vivacité de leurs couleurs. Dans bien des cas, ces plantes ne frappent les regards que par cette sorte de désordre, de confusion qu'on y observe. Les jardins traversés par des allées sinueuses, produisent plus d'effet. La vue, en errant sur leur ensemble, contemple toujours un délicieux tableau et elle constate que les corbeilles de fleurs y forment de riches broderies encadrées par un tapis de verdure.

En résumé, si, en Italie, les roses au printemps, pendant l'hiver et l'automne, forment réellement des boutons de pourpre sur des tapis d'émeraude, si ces parterres toujours fleuris et parfumés font aimer les beaux-arts, les jardins, en France, frappent les regards par leur simplicité et le grand nombre des espèces qui les décorent. C'est pourquoi la nature y est plus belle, plus vraie ; c'est pourquoi aussi elle pénètre partout l'âme d'un sentiment profond.

Les fruits qu'on mange dans toute l'Italie ne sont pas tous remarquables par leur qualité. Si les poires ont généralement une chair fondante et parfumée, si les figues y sont délicieuses, il n'en est pas de même des pêches. Ces fruits sont loin de rivaliser avec ceux qu'on récolte dans la région septentrionale de la France.

La culture des légumes est bien entendue dans toute l'Italie, surtout dans les localités qui, comme Novare, Milan, Bologne, Lucques, etc., ont beaucoup d'eau courante. Dans ces contrées, les planches occupées par les légumes sont séparées les unes des autres par des rigoles profondes, dans lesquelles, matin et soir, on fait arriver l'eau qu'on maintient dormante, pour qu'elle s'infiltre à travers la couche arable, ou qu'on laisse ruisseler, afin qu'elle se déverse en nappe mince sur la surface qu'on veut arroser.

Quelquefois le jardinier arrête l'eau dans la rigole qui limite le carré qu'il se propose d'arroser, et quand cette rigole est pleine, avec une écope ayant un manche de 1^m,30 environ de longueur, il projette l'eau suivant une ligne courbe ou en ligne droite sur le terrain, jusqu'à ce que la couche arable soit bien abreuvée.

Ces divers moyens de remplacer les arrosages qu'on exécute en France dans la plupart des jardins avec des arrosoirs, sont aussi en usage aux environs de Cavaillon, Aix, Fontainebleau, etc.

Ces arrosages particuliers et naturels, obligent à ameublir sans cesse la terre, afin qu'elle ne forme pas de croûte sous l'action du soleil et que l'eau la pénètre facilement à chaque arrosage.

Les déjections humaines jouent souvent un rôle important dans la culture des légumes. On les laisse macérer dans une citerne avec de l'eau pendant plusieurs mois avant de les employer.

Ainsi travaillées et arrosées, les terres produisent très-promptement des légumes tendres et savoureux, à l'exception, toutefois, des salades, chicorées, laitues, etc., qui sont inférieures en qualité à celles qu'on mange à Paris, Tours, etc.

En résumé, les jardins de l'Italie doivent leur antique réputation, plutôt à la latitude sous laquelle ils sont situés et aux objets d'art qui les décorent qu'à leur disposition et aux arbustes et aux fleurs qu'on y remarque. Sous un ciel plus septentrional ces jardins n'auraient jamais permis de dire : qu'on y vit comme au milieu d'un printemps éternel !

CHAPITRE XVI.

BIBLIOGRAPHIE AGRICOLE.

On a publié depuis le seizième siècle, dans l'Italie septentrionale, un grand nombre d'ouvrages d'agriculture. Les
noms de ces livres, que je sache, n'ont pas été jusqu'à ce
jour réunis. J'ai cherché à combler cette lacune en publiant
les titres des ouvrages les plus intéressants. Cette liste, je
ne l'oublie pas, est loin d'être complète ; nonobstant telle
qu'elle est, elle pourra être utile au voyageur qui se propose
d'étudier dans tous leurs détails quelques-unes des branches
de l'agriculture du Nord de l'Italie.

1° — TRAITÉS GÉNÉRAUX.

Pietro Crescentio..	Agricultura vulgare. Venetiis, 1511.
A. Gallo.........	Le vinti giornate dell' agricoltura. Venezia, 1559.
Ignazio Ronconi..	Dizionaro d'agricoltura. Venezia, 1796.
Filippo Re........	Elementi di agricoltura. Parma, 1798.
Cosimo Tinci.....	L'agricoltore sperimentato. Lucca, 1759.
Marco Lastri.....	Corso di agricoltura. Firenze, 1804.

Targioni Tozzetti. Ragionamenti sull'agricoltura Toscana. Lucca, 1759.

Vincenzo Ferrario. La verra agricoltura pratica della Lombardia. Milano, 1830.

G. Gagliardo..... Vocabolario agronomico italiano. Milano, 1804.

Pasi............ Economica agraria. Milano.

Jacopo Ricci...... Catechismo agrario. Firenze, 1815.

Cosimo Ridolfi.... Lezioni orali di agraria. Firenze, 1857.

Antonio Campini.. Saggi d'agricoltura. Torino, 1774.

Guiseppe Giuli.... Memorie economica statistiche delle Maremme Toscane. Firenze, 1846.

J. Bottari........ Della cultivazione dei littorali. Padova, 1843.

Mazzarosa........ Le pratiche della campagna Lucchese. Lucca, 1846.

Battara.......... Pratica agraria. Roma, 1778.

Re.............. Novi elementi di agricoltura. Milano, 1820.

Gera............ Della economica sociale e rurale, Venezia, 1840.

Fabroni......... Ventidue lezioni elementari di agricoltura. Milano, 1846.

Sanverino........ Notizie statistiche agronomiche della cita di Crema e suo territoria. Milano, 1843.

Gera .... Nuovo dizionnario universale di agricoltura. Venezia, 1840-1850.

Ant. Cattaneo.... Biblioteca agraria (23 vol.). Milano.

Lombardini, etc... Notizie naturali e civili sulla. Lombardo. Milano 1844.

Scrofani......... La verra richezza delle campagne ossia corso d'agricoltura. Venezia, 1807.

Visconti Venosta... Notizie statstiche sulla Valteline, 1844.

Ottavi. . . . . I segreti di dom Rebo lezioni d'agricoltura pratica. Casale, 1856.

2° — IRRIGATION, PRAIRIES ET ENGRAIS.

Colombani . . . . Manuale pratico di idromatica. Milano, 1861.

Casanora . . . . Aviso sopro la coltura e adaquamento
de prati. Vercelli, 1783.

Arduini . . . . Memoria sopro la coltura dell'erba
pimpinella. Firenze, 1773.

Giorgini . . . . Ragionamento sopra il regolamento
idraulico delle pianure Lucchese e
Toscane. Firenze, 1841.

Berra . . . . Dei prati del basso milanesa detti a
marcita. Milano, 1822.

Muratori . . . . Tentativo por determinare la fertilita
relativa del suolo senza ricorrere
all'analisi chimica. Bologna, 1841.

Milano . . . . Lezioni popolari sulla coltivazione dei
prati. Biella, 1842.

Filippo Re . . . . Dei letami e delle altre sostanza ado-
perate in Italia per migliorare i ter-
reni. Bologna, 1810.

Lombardini . . . . . . Sull' applicazione dell' aque ai motori
idraulici in Lombardia. Milano.

Tartini . . . . Memorie sul bonificamento delle maremme Toscane. Firenze, 1838.

Cerini . . . . Nozioni teorico-pratiche sull' irrigazione. Milano, 1837.

Fossombroni . . . . . Sopra la distribuzione delle alluvione.

Bruschetti . . . . Storia dei progretti e dei Lavori per
l'irrigazione del Milanese. Lugano.

Masetti . . . . Notizie statistiche sulle aque di Lombardia.

3° — PLANTES ALIMENTAIRES ET INDUSTRIELLES.

Spolverini ....   La coltivazione del riso. Verona, 1758.

Giovanni Guida. ..   Manuale di risocultura. Novara, 1861.

Morosi. ....   Memoria sul pettine del riso.

G. Mazzucato. ...   Sopro alcune specie di frumenti. Padova, 1807.

Pietro Arduini. ...   Del genere delle avene. Padova, 1790.

G. Biroli. ....   Del riso trattata economico rustico. Milano, 1807.

Bonafous ....   Storia naturale agronomica ed economica dal formentone. Milano, 1838.

Harasti di Buda. .   Della coltivazione del maiz. Vicenza, 1788.

Morabelli. ......   De zea mays pianta analytica disquisitio. Pavia, 1793.

Spolverini ....   La coltivazione del rizo. Verona, 1758.

Luigi Doria. ......   Istituzioni georgiche per la coltivazione de grani, ad uso delle campagne romane. Roma, 1790.

G. Bettoni. ....   Notizie sulla coltura della paglia da cappelli. Firenze, 1826.

G. Francalanci. ...   Sulla coltura paglia da cappelli. Firenze, 1825. .

Navolone ....   Della coltivazione del cotone. Torino, 1808.

Pergarno ....   Ragionamento pratico sopra la coltivazione, macerazione e preparazione del canape. Torino, 1795.

Sitologia, owero racolta di osservazioni sopra la natura e qualita dei grani e delle farine per il panificio. Livorno, 1765.

Matteo Losano. . . .   Saggio sopro il carbone del maiz. To-
                         rino, 1818.

Vassalli Landi. . . . Saggio teorico pratico sopro l'arachis
                         hypogea. Torino, 1807.

Vedi. . . . . Istruzioni sulla coltura del guado in
                         Toscane. Firenze, 1813.

Targioni Tozetti. . . Notizie istoriche sulla introduzione di
                         diverse piante. Firenze, 1855.

                    4° — ARBRES FRUITIERS.

Carlo Veri. . . . . .   Saggi di'agricoltura pratica sulla col-
                         tivazione de gelsi e delle viti. Mi-
                         lano, 1810.

Boschi. . . . . Istruzioni per la coltivazione delle vi-
                         gne. Torino, 1772.

Gallesio. . . . . Pomologia italiano ossia trattato degli
                         alberi fructiferi. Pisa, 1840.

De Vecchi. . . . . . . Della mecanica olearia in Italia e del
                         suo perferzionamento, ricerche teo-
                         riche ed esperimentali. Firenze,
                         1840.

J. Lomeni. . . . . . . Tratto del vino, sua fabricazione, con-
                         servazione sue degenerazioni. Mi-
                         lano, 1834.

G. Moretti. . . . . . . Prodoma di una monografia della spe-
                         cie del genere morus. Milano, 1843.

Pietro Vettori. . . .   Tratto delle Lodi e della coltivazione
                         de gli ulivi. Firenze, 1569.

Giovane. . . . . Memoria sulla rogna degli olivi. Roma,
                         1790.

Fabroni. . . . . Del arte di fare il vino. Firenze, 1790.

G. Sylvestri. . . . .   Enologia owero l'arte di fare, conser-
                         vare e far viagere i vini. Milano,
                         1812.

G. Tavanti...... . Trattato teorico pratico completo
sull'ulivo. Firenze, 1819.

Carlo Verri...... Saggi di agricoltura pratica sulla coltivazione dei gelsi et del viti. Mi-
lano, 1813.

J. Alberti........ Dell'epidemica mortalita de'gelsi et
della cura et coltivazione loro. Salo,
1773.

Griselini......... Istruzione sopra la coltura de'mori
brianchi. Venezia, 1768.

Ridolfi........... Sulla preparazione dei vini Toscani.
Firenze, 1821.

Manni............ Ragionamento della piantagione et
coltivazione dei gelsi in Toscana
cagione di ricchezza. Firenze,
1767.

E. Carnalia...... Monografia del bombice, del gelso.
Milano, 1856.

A. Ciccone....... Della coltivazione del gelso. Torino,
1854.

5° — ANIMAUX DOMESTIQUES ET INSECTES.

Riciardini....... . Della specie bovina del Piemonte.
Torino, 1797.

Zambenedetti ..... Dissertazionne sopro i mezzi di molti-
plicare i bovini. Venezia, 1780.

Andreucci........ La moltiplicazione del bestiame Tos-
cano. Firenze, 1773.

Berra............ Memoria sul bestiame bovino della
Lombardina. Milano, 1827.

A. Cattaneo...... Del latte e dei suoi prodotti. Milano,
1835.

L. Cattaneo...... Il caseificio o la fabricazione dei for-
moggi. Milano, 1834.

Peligrini. . . . . . .　Intorno al miglioramento dei formaggi. Milano, 1835.

Savani. . . . .　Modo pratico per conservare le api.
Milano, 1811.

A. Fabroni. . . . . .　Del bombice e del bisso degli antichi.
Perugia, 1782.

Civati. . . . .　Istruzione pratica per la coltivazione
de'bachi da seta. Monza, 1820.

Griselini. . . . .　Il setificio. Verona, 1783.

Rocco . . . .　Del gouverno delle pecore. Venezia,
1785.

Dandolo . . . .　Dell' arte di goverьare i bachi da seta.
Milano, 1815.

A. Gera. . . . .　L'arte seropedica. Milano, 1827.

Bayle-Barelle. . . . .　Saggio interno la fabbricazione del
cacio detto Parmigiano. Milano,
1808.

Ferrari. . . . .　Modo di migliorare le fabbriche dei
formaggi. Milano, 1816.

D. Tosa. . . . .　Della utilita delle pecore. Verona,
1790.

Maggi . . . .　Sopro a nuovo methodo di far nascere
e vermi da seta. Brescia, 1790.

Vercotti. . . . .　Codice dei bacchi da seta. Venezia,
1840.

Chiolini . . . .　Sui gelsi e sui bacchi da seta. Milano, 1840.

Toggia. . . . .　Trattato delle malatti esterne del ca-
vallo. Bologna, 1841.

J. Saccardo. . . . . .　Trattato delle muscadine. Padova,
1846.

Bonafous . . . .　Cenni sull' introduzionne delle capre
del Thibet in Piemont. Torino, 1827.

N. Fontana. . . . . .　Saggio sopra le malatti de bacchi da
seta. Milano, 1819.

Carlo Castelli......	L'arte di filare la seta a freddo. Milano, 1795.
Carena...........	Osservazionni ed esperienze intorno alla parte mecanica della trattura della seta nel Piemonte. Torino, 1837.
Salvarezza.......	L'industria ed il commercio delle sete del Piemonte. Torino, 1833.
Harasti.........	Educazione delle api per la Lombardia. Milano, 1788.
Metexa........	Osservazionni naturali intorno elle cavallette nocere della campagna Romana. Roma, 1825.

6° — HORTICULTURE.

Ferrari.........	Flora, overo cultura di fiori. Roma, 1638.
Moretti Chiolini...	Istruzione teorico-pratica nell'arto de'giardini di piacere. Milano, 1841.

Les mémoires de la Société royale d'agriculture de Turin, les annales de la Société des géorgophiles de Florence et les mémoires de la Société d'agriculture de Padoue renferment des études très-intéressantes sur les diverses parties de l'agriculture de l'Italie septentrionale.

FIN.

TABLE DES MATIÈRES.

DEUXIÈME PARTIE.

FIN DE LA TABLE.

PARIS. — IMPRIMERIE GÉNÉRALE DE CH. LAHURE
Rue de Fleurus, 9